Bakteriologie und Sterilisation im Apothekenbetriebe.

Mit eingehender Berücksichtigung der Herstellung steriler Lösungen in Ampullen

bearbeitet von

Dr. C. Stich, und **Dr. C. Wulff,**
Apothekenbesitzer, früher Oberapotheker am Städt. Krankenhaus in Leipzig,   Oberapotheker an der Zentralapotheke der Berliner städt. Krankenanstalten in Buch.

Zweite, vollständig umgearbeitete und wesentlich erweiterte Auflage.

Mit 105 teils mehrfarbigen Textabbildungen und 3 Tafeln.

Springer-Verlag Berlin Heidelberg GmbH
1912.

Softcover reprint of the hardcover 1st edition 1912

ISBN 978-3-662-36225-9   ISBN 978-3-662-37055-1 (eBook)
DOI 10.1007/978-3-662-37055-1

Vorwort.

Seit dem Erscheinen der ersten Auflage hat sowohl die Bakteriologie wie die Sterilisation für den Apotheker eine beträchtlich größere Bedeutung erlangt. Was u. a. Virchow vor längerer Zeit aussprach, daß der Apotheker, wenn er seiner erweiterten Berufsaufgabe gewachsen sein und bleiben wolle, sich auch mit der Bakterienkunde vertraut machen müsse, ist nicht ohne Beachtung geblieben. Viele Apotheker haben seitdem während oder nach ihrem pharmazeutischen Studium an bakteriologischen Kursen teilgenommen. Manche deutsche Apotheker haben auch in Gemäßheit der vom Reichskanzler am 4. Mai 1904 erlassenen Bestimmungen über das Arbeiten und den Verkehr mit Krankheitserregern den erforderlichen Ausweis der wissenschaftlichen Ausbildung erbracht und sich ein kleines Laboratorium eingerichtet, in dem sie bakteriologische und neben diesen vielfach auch physiologisch-chemische Untersuchungen für vielbeschäftigte Ärzte, denen es an Zeit für Laboratoriumstätigkeit zu Hause fehlt, ausführen. Die Verwertung der Ergebnisse für die Diagnose wird natürlich immer Aufgabe des Mediziners bleiben.

Durch die Tatsache, daß die Neuausgaben des Deutschen Arzneibuches und der Pharm. Helvet. unter den neu aufgenommenen, für den ärztlichen Gebrauch bestimmten Reagenzien auch die zum Nachweis der Bakterien und Protozoën gebräuchlichen Färbemittel aufgeführt hat, ist die Bakteriologie neuerdings der Interessensphäre der Apotheker wesentlich näher gerückt. In gleicher Weise, wie der Apotheker es stets als seine Aufgabe betrachtet hat, sich die Kenntnis der allgemeinen Wirkungsweise der in seine Pharmakopöe aufgenommenen Arzneimittel anzueignen, werden ihm die bei den Reagenzien berücksichtigten Farblösungen nunmehr Anlaß geben, mindestens theoretisch sich mit dem Wesen der bakteriologischen Färbetechnik vertraut zu machen. Daß der heutige Apotheker sich aber auch in die Praxis der Bakteriologie einarbeiten muß, ergibt sich aus folgenden Erwägungen. Sowohl das Deutsche Arzneibuch als auch Pharmakopöen anderer Länder schreiben für bestimmte Arzneimittel Sterilisation vor. So ist der Apotheker verpflichtet, Arzneien keimfrei zu bereiten. Bei der Verantwortlichkeit für seine Arbeiten muß er befähigt sein, festzustellen, daß die vorgenommene Sterilisation einer Arznei einwandfrei ist, d. h. daß die darin vorhandenen Keime abgetötet sind.

Da aus dem angeführten Grunde die Zeit nicht mehr fern sein dürfte, daß die bakteriologische Wissenschaft ein Prüfungsgegenstand beim pharmazeutischen Staatsexamen wird, ist bei der grundlegenden Umarbeitung des ersten, der Bakteriologie gewidmeten Teils u. a. dahin gestrebt worden, das Buch auch für Lehrzwecke auf den Hochschulen geeignet zu machen. Für eingehende Untersuchungen sei auf die bakteriologischen Lehrbücher von Günther, Hueppe, Heim und Lehmann-Neumann hingewiesen. Besonders sei das umfangreiche Handbuch: „Migula, System der Bakterien" erwähnt.

Daß die Sterilisation, die im zweiten, ebenfalls von Grund aus umgearbeiteten Teile des Buches behandelt ist, im Laufe der Zeit für den Apotheker sehr an Bedeutung gewonnen hat, weiß jeder Fachgenosse, dem die Art der heutigen Rezeptur nicht fremd ist. Auch ein Blick in die verschiedenen, in den letzten Jahren neu erschienenen Pharmakopöen bestätigt dies. Fast ausnahmslos haben diese auf die Sterilisation Bezug genommen. Während in einigen von ihnen, wie Pharm. Helvet., Belgic. und Italic., für die verschiedensten Gruppen von Arzneimitteln spezielle Sterilisationsregeln angegeben sind, finden sich im Codex medicament. Gallic. solche nur für die offiziellen Injektionsflüssigkeiten. Das Deutsche Arzneibuch und Pharm. Austriac. haben sich darauf beschränkt, hinsichtlich der Ausführung der Sterilisation kurz auf die Regeln der bakteriologischen Technik hinzuweisen. Die Apotheker Deutschlands, Österreichs und Frankreichs werden daher einen diese Regeln enthaltenden Leitfaden am wenigsten entbehren können. Aber auch die Fachgenossen in der Schweiz, in Belgien und Italien werden die Erfahrung gemacht haben, daß die von ihren Pharmakopöen gegebenen Sterilisationsregeln zu dürftig sind, um sich in **der** Praxis als ausreichend zu erweisen.

Der Wert solcher Regeln für die Praxis ist um so größer, je spezieller sie gehalten sind. Wir haben es deshalb für richtig erachtet, in diesem Buche die für die Sterilisation in Betracht kommenden flüssigen Arzneizubereitungen in einer alphabetisch geordneten tabellarischen Übersicht unter Beifügung der für sie zu empfehlenden Sterilisationsmethoden zusammenzustellen. Die für den Apothekenbetrieb überaus wichtig gewordene Herstellung steriler Lösungen in Ampullen ist in einem besonderen Kapitel auf das Eingehendste erörtert.

Ein großer Teil der Abbildungen der ersten Auflage ist beibehalten worden. Die Bakterienbilder sind zumeist dem von Rolly bearbeiteten Abschnitt „Bakteriologische Untersuchungsmethoden" in dem demnächst erscheinenden „Taschenbuch der klinischen Diagnostik von L. Mohr", Verlag von J. Springer, Berlin, entnommen; einige davon sowie die drei Tafeln sind nach Originalpräparaten von Herrn Dr. F. Etzold, Kustos an der Kgl. Sächsischen Landesuntersuchungs-Anstalt Leipzig, gezeichnet worden. Die Druckstöcke für die Apparate wurden von den betreffenden Firmen in liebenswürdiger Weise zur Verfügung gestellt.

Allen, die uns freundlichst unterstützt haben, sei auch an dieser Stelle bestens gedankt.

Möge das in zweiter Auflage völlig umgestaltete und wesentlich erweiterte Buch die Fachgenossen zum Studium der Bakteriologie anregen und ihnen bei bakteriologischen Untersuchungen und Sterilisationsarbeiten ein guter Berater sein!

Leipzig und Buch b/Berlin, im November 1911.

Die Verfasser.

Inhaltsübersicht.

Seite

Zweiter Teil: Sterilisation.

I. Teil.
Bakteriologie.

A. Allgemeiner Abschnitt.
I. Einrichtung der Arbeitsstätte.

Als bakteriologische Arbeitsstätte richte man einen getrennt von den Apothekenräumen gelegenen, gut belichteten und verschließbaren Raum ein, dessen Fensterseite am besten nach Norden zu liegt. An Bodenfläche genügen 8—10 qm (s. Abb. 1). Die Wände läßt man vorteilhaft mit weißer Emaillefarbe streichen und den Fußboden mit Glas, Schiefer, Xylolith, Fliesen oder Linoleum belegen. Der letztgenannte Belag eignet sich auch für den am Fenster aufzustellenden Arbeitstisch. Als zu diesem gehöriger Arbeitsstuhl empfiehlt sich ein Drehschemel, der so hoch geschraubt werden kann, daß es dem darauf Sitzenden keine Mühe macht, in das auf dem Tische vertikal aufgestellte Mikroskop hineinzublicken. Wünschenswert ist, in dem Raum auch Wasserleitung, womöglich mit eingeschaltetem kleinen Heizkörper zur leichten Beschaffung warmen Wassers zu haben; mindestens aber muß ein hochgestellter Wasserbehälter vorhanden sein, aus dem man jederzeit und bequem Wasser in ein handliches Becken einlaufen lassen kann. Nicht fehlen dürfen Gasbrenner (Bunsen- und Mikro-), die nötigenfalls durch Spiritus-, Benzin- oder Petroleumlampen zu ersetzen sind. Für die Desinfektion von Abfallstoffen diene ein Bottich mit Karbolseifenlösung $(5 + 3$ ad 100) oder Sublimatlösung (1%ig). Reichlich sei ferner für entfettete Watte, hydrophile Gaze, alte Leinwand, Fließpapier, Wisch- und Handtücher sowie Schwämme gesorgt. Nicht unerwähnt bleibe auch der leinene, öfter zu reinigende Arbeitsmantel, der beim Aufenthalte in dem bakteriologischen Arbeitsraume stets zu tragen ist und hier verbleiben soll. Einer häufigen gründlichen Reinigung des Raumes mit Karbolseifenlösung ist besonderer Wert beizumessen.

Von größeren wichtigen Gebrauchsgegenständen seien außer dem Mikroskop und der Sterilisationsapparatur, die an anderer Stelle eine eingehendere Besprechung findet, das Mikrotom und der

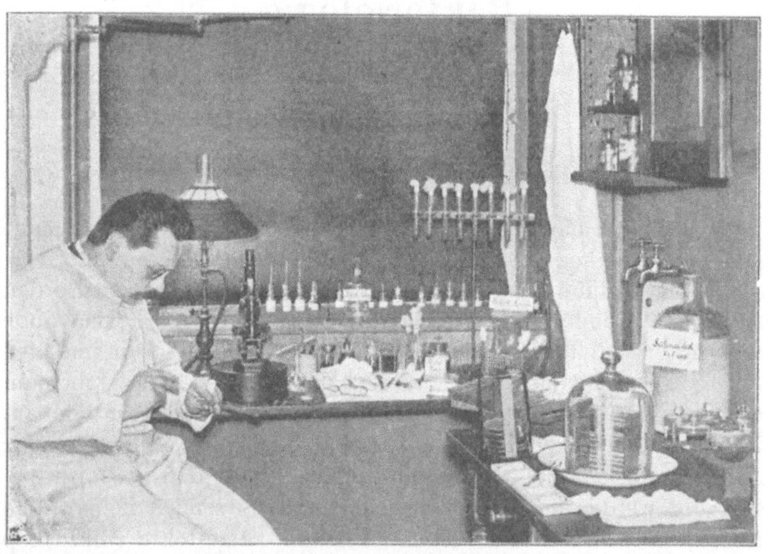

Abb. 1. Einrichtung der bakteriologischen Arbeitsstätte in der Apotheke.

Brutschrank oder Thermostat (Brutofen, Vegetationskasten) genannt. Die zur Zucht von Bakterien bei einer bestimmten, sich gleich bleibenden Temperatur dienenden Thermostaten sind doppelwandige, meist aus Metall (am besten Kupfer) hergestellte, außen mit Filz, Asbest oder Linoleum bekleidete Schränke, deren Tür Riegel oder Flügelschrauben unter Mitwirkung angebrachter Gummi- oder Filzdichtungen fest verschließen. In der oberen Wandung befinden sich vier Öffnungen. Von diesen führen zwei in den Mantel und dienen zum Eingießen von Wasser, Glyzerin, Paraffin oder Öl; durch die beiden anderen ragen Thermometer

und Thermoregulator in den Innenraum hinab. Zur Erhitzung
der Brutschränke auf niedere (bis 40 °) oder mittlere (50—80 °)
Temperaturen sind Gassparbrenner (s. Abb. 2 rechts) vorzusehen.
Ein guter Notbehelf für diese sind sowohl die kleinen Petroleumlampen mit beweglichem Oberteil (s. Abb. 2 Mitte), die eine Brenndauer von ungefähr 24 Stunden haben, als auch die altbekannten
kleinen, auf Öl schwimmenden Nachtlichter (s. Abb. 2 links), insbesondere die vor einigen Jahren in den Handel gebrachten Dort-
munder Nachtlichter mit achtstündiger Brenndauer.

Abb. 2. Heizvorrichtungen für Thermostaten.

Der Thermoregulator, der für den Apotheker auch von
Wert ist bei Pepsinuntersuchungen und bei Ausführung von Sterilisationen, namentlich Tyndallisationen, ist eine Vorrichtung zur
Erhaltung gleichmäßiger Temperaturen in Brut- und Sterilisations-
schränken, Wasserbädern etc. Von den verschiedenartigen Gasregulatoren sei der viel gebrauchte Reichertsche abgebildet
(s. Abb. 3) und beschrieben. Der Apparat wird in die Gasleitung
eingeschaltet, und zwar so, daß das Gas bei Z 1 einströmt und bei B
nach dem Brenner hin austritt. Innerhalb des Apparates kann
das Gas entweder durch den das thermometerähnliche Glasrohr

oben abschließenden und nach unten kanülenartig auslaufenden hohlen Glasstopfen streichen oder den weiteren Weg durch die Gummischlauchverbindung und den Glashahn H nehmen. Der Apparat muß für jede Temperatur besonders eingestellt werden. Kommt z. B. eine solche von 40 ⁰ in Betracht, so stellt man sein

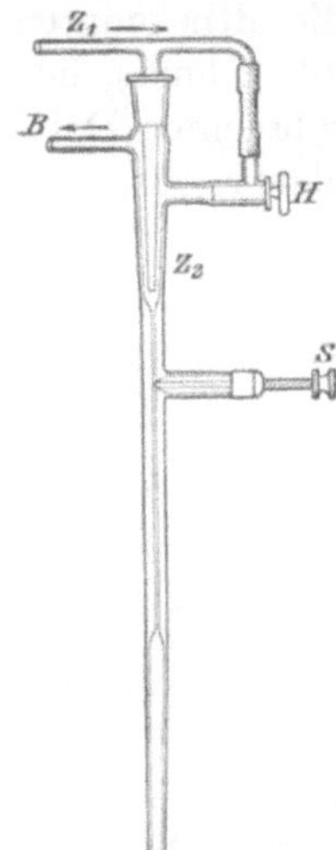

Abb. 3. Reichertscher Gasregulator.

mit Quecksilber gefülltes Unterteil zunächst eine Zeitlang in Wasser von genau 40⁰ und bewirkt dann durch Drehen an der Schraube S, daß die Quecksilbersäule steigt, bis sie die untere Öffnung des Glastöpsels fast abschließt. Der Glashahn H wird zweckmäßig nur soweit geöffnet, daß gerade die zur Unterhaltung einer kleinen Notflamme hinreichende Menge Gas hindurchstreichen kann, was nach völliger Absperrung des anderen Gaszuflußkanals (Z 2) durch Ausproben festzustellen ist. Wird der so eingestellte Apparat durch die in der oberen Wandung des Brutofens befindliche Öffnung in den auf 40 ⁰ zu erwärmenden Innenraum hinabgeführt, so wird, falls die Temperatur über diesen Wärmegrad hinausgeht, alsbald ein Ansteigen der Quecksilbersäule die Gaszufuhr zum Brenner verringern bezw. ganz unterbrechen, und hierdurch ein Sinken der Temperatur im Brutofen bewirken. Dies hat wieder zur Folge, daß die Quecksilbersäule fällt und dem Gas wieder ein breiterer Weg zum Einströmen geöffnet wird.

Andere gebräuchliche Gasregulatoren sind der von Lothar Meyer verbesserte Bunsensche [1]), der v. Kalescewsky-Bolmsche [2]), den man sich bequem selbst herstellen kann, der Sutosche [3]) und der Stocksche [4]).

Weit zuverlässiger in ihrem Gebrauch sind die elektrischen Thermoregulatoren. Der von van't Hoff und Meyerhoffer konstruierte Apparat [5]) ist ein sogenanntes Kontaktthermometer, d. i. ein Thermometer, dessen Quecksilbersäule beim Ansteigen auf eine bestimmte, beliebig einzustellende Temperatur in Be-

---

[1]) Real-Enzyclopädie d. ges. Pharm. Bd. XII. S. 165.
[2]) Zeitschr. f. anal. Chem. 25. S. 190 u. 39. S. 315.
[3]) Zeitschr. f. physiol. Chem. 41. S. 363.
[4]) Chemiker-Ztg: 25. S. 541.
[5]) Zeitschr. f. physikal. Chem. 27. S. 77.

rührung mit einem Platindraht tritt. Ein hierdurch geschlossener galvanischer Strom wirkt auf einen Elektromagneten derart ein, daß durch Vermittelung eines drehbaren Ankers der Gasschlauch zusammengedrückt und so die Gaszufuhr verringert wird. Wieder sinkende, den Kontakt aufhebende Temperatur schaltet die Wirkung des Elektromagneten aus, wodurch die Brennstärke der Flamme wieder zunimmt. Durch eine vorhandene kleine Neben-

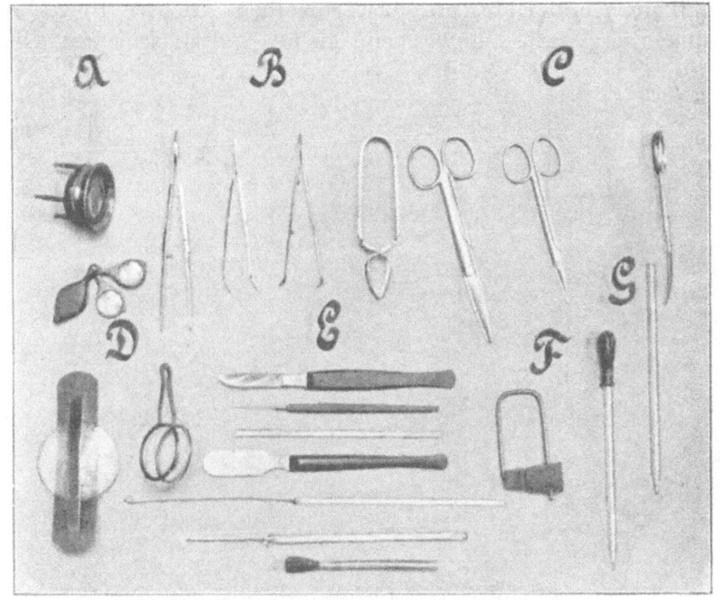

Abb. 4. Utensilien.

leitung wird das völlige Erlöschen der Gasflamme unmöglich gemacht.

An Stelle des Mikrotoms, auf das hier nicht näher eingegangen werden soll, da es in den bakteriologischen Arbeitsstätten der Apotheken in der Regel nicht anzutreffen sein wird, kann ein auf einer Seite flach geschliffenes Rasiermesser Verwendung finden. Zum Schleifen des letzteren eignet sich besonders der C. Zimmersche[1]) chinesische Streichriemen, der auf seinen vier Seiten mit verschiedenem Schleifmaterial belegt ist.

---

[1]) Berlin. W., Taubenstr. 32.

Von kleineren Gebrauchsgegenständen der bakteriologischen Arbeitsstätte seien folgende genannt (s. Abb. 4): Setz- und Handlupe (A), gerade und gebogene Pinzetten, auf Druck sich öffnende, sogenannte Cornetsche Pinzette (B), gerade und gebogene Schere (C), Klemmen für Uhrgläser (D), Präpariermesser (Skalpell), Nadel, Glasstab, Präparierspatel, Platindraht und Stopfnadel, in Glasstäbe eingeschmolzen, Pinsel (E), Deckglaspresse (F) und Pipetten (G). Von Glasgegenständen kommen weiter in Betracht Standkolben und Erlenmeyersche Kolben, Trichter, Spitzgläser (Sedimentiergläser), Uhrgläschen, kleine Spritzflasche mit Glas-

Abb. 5. Petrischalen und Reagenzgläser nebst Behältern.

stopfenverschluß, Meßzylinder, Petrischalen und Reagenzgläser. Zur Aufnahme der letzteren bei der Sterilisation ist ein Drahtkorb vorzusehen, während die Petrischalen zweckmäßig in zwei rechtwinklig gebogenen Blechrahmen, die kreuzweise gestellt und in Nieten drehbar sind, fest übereinander gelagert, in einer Blechbüchse (alten Antipyrinbüchse) sterilisiert werden (s. Abb. 5). Sehr wichtige Gebrauchsgegenstände sind Objektträger und Deckgläschen. Beide sollen aus fehlerfreiem weißen Glase geschnitten sein. Die Objektträger, von denen auch hohlgeschliffene nötig sind, haben am besten das sogenannte englische Format (76 × 26 mm)[1])

---

[1]) Leipziger Format 70 × 35, Gießener Format 48 × 28 mm.

und die Deckgläschen eine Größe von 18 mm im Quadrat bei
einer Dicke von 0,15—0,18 mm.

Reinigungsweise der Objektträger und Deckgläschen.
Neue Gläser reinigt man mit einem Weingeist-Äthergemisch
($\overline{a}$ part.) oder billiger mit Benzin und Nachtrocknen mit Leinwand und weichem Fließpapier. Zeigen die Gläser auch nach
dieser Behandlung noch einen Anflug von Fett, so wiederholt man
das angegebene Reinigungsverfahren. Man kann die letzten Fett-

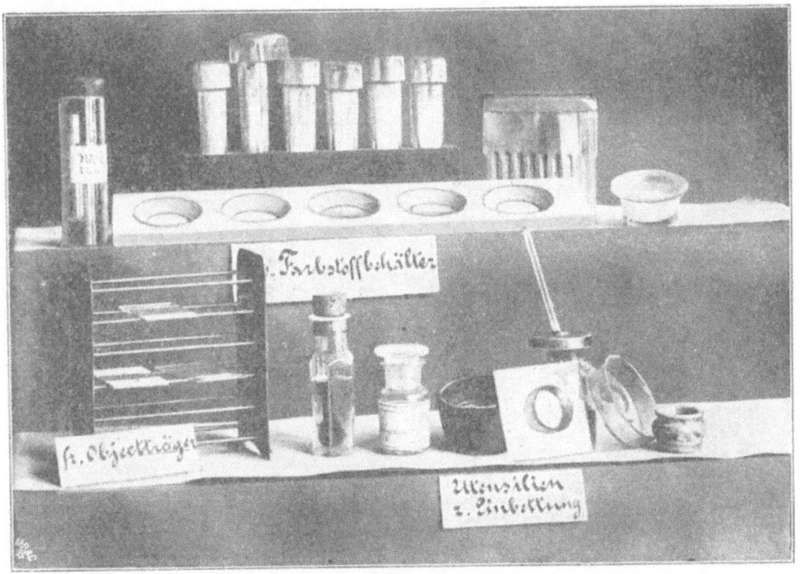

Abb. 6. Hilfsmittel zum Färben und Einbetten der Präparate.

spuren häufig auch leicht dadurch entfernen, daß man die Gläschen
langsam durch die nicht leuchtende Flamme zieht oder sie zwischen
zwei schwach eingeseiften Fingerkuppen zart reibt, dann mit
Weingeist abspült und abtrocknet. Gebrauchte Objektträger
und Deckgläschen werden zunächst einige Zeit in rohe Schwefelsäure gelegt, dann, nach mehrmaligem Waschen mit Wasser, mit
heißem Sodawasser entsäuert und gereinigt und schließlich mit
Wasser gut abgespült. Oder man kocht (nach Zettnow) die
alten Gläschen 10 Minuten mit einer Lösung von 100 g Kaliumdichromat in einer Mischung von 100 g roher Schwefelsäure und

1 Liter Wasser, wäscht sie dann gut mit verdünnter Natronlauge, und läßt, nachdem dieser Reinigungsprozeß nötigenfalls noch einmal vorgenommen ist, ein gutes Abspülen mit Wasser folgen. Nicht mit Öl oder Balsam bedeckte Gläser können in 5 %ige Karbollösung gelegt werden. Die auf die eine oder andere Weise gereinigten Gläschen werden schließlich noch dem für neue Gläschen vorgeschriebenen Reinigungsverfahren unterworfen. Am besten hält man zwei breite Präparatengläser mit eingeriebenem Stopfen, eins

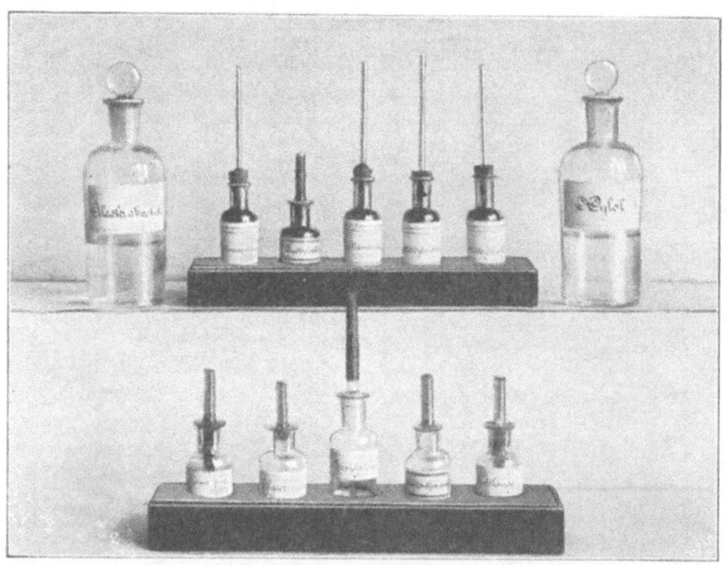

Abb. 7. Farbstoffbehälter und Waschflüssigkeiten.

mit konzentrierter Schwefelsäure, das andere mit 5%iger Karbollösung, auf dem Arbeitstisch zum Ablegen der Gläser bereit.

Als weitere Gebrauchsgegenstände für bakteriologisches Arbeiten sind noch zu erwähnen die zum Färben von aufgeklebten Schnitten im Gebrauch befindlichen kleinen viereckigen Glaskästchen mit übergreifendem Glasdeckel (s. Abb. 6, obere Reihe) und die größeren am unteren Teile gefurchten Kästchen, welche mehrere Objektträger hintereinander aufnehmen können, ferner ein Holzklotz, in den die zwecks Färbung der Deckglaspräparate mit Farblösung gefüllten Uhrgläser oder Glas- bezw. Porzellanschalen hineingesetzt werden (s. Abb. 6, obere Reihe), weiter ein Gestell zur Aufnahme der zu trocknenden Objektträger und der zur Einbettung der Präparate bestimmten Utensilien (s. Abb. 6, untere Reihe), sodann die Farbstoffe, die an anderer Stelle näher besprochen werden, und eine Anzahl Chemikalien und Drogen,

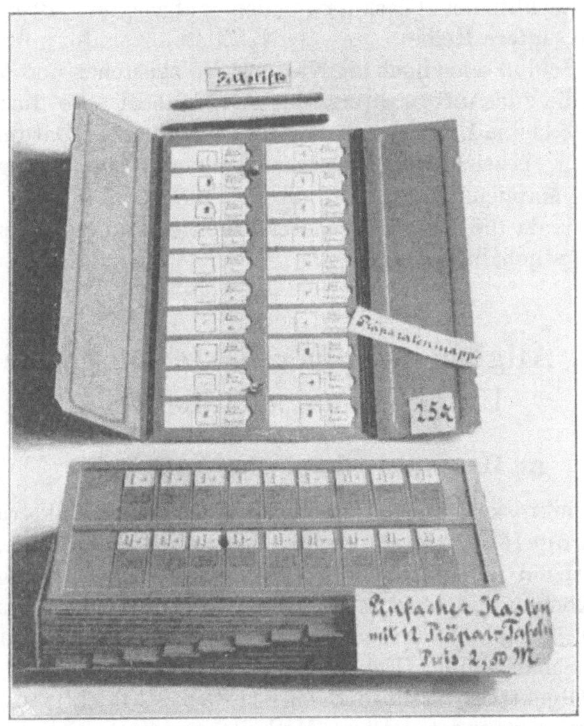

Abb. 8. Mappen zur Aufbewahrung der Dauerpräparate.

u. a. Äther, Ammoniakflüssigkeit, Anilin, arabisches Gummi, Chloroform, konzentrierte Essigsäure, Formaldehydflüssigkeit, Glyzerin, Jod, Jodkalium, Kali- und Natronlauge, Kaliumazetat, Kaliumdichromat, Kanadabalsam, Karbolsäure, Kollodium, Nelkenöl, Quecksilberchlorid, Salz-, Salpeter- und Schwefelsäure, Vaselin, Verschlußlack, Weingeist und Zedernöl. Als Gefäße für Farbstofflösungen, die man gern durch Einstellen in Holzklötze gegen Umfallen schützt (s. Abb. 7), sind verschiedene im Gebrauch. Solche mit eingeschliffener Pipette sind die haltbarsten und saubersten; jedoch erfüllen gewöhnliche Arzneigläser mit Korkstopfen und durchgesteckter langer (20 cm) Augenpipette denselben Zweck billiger. Zedernöl, Kanadabalsam und Verschlußlack befinden sich am besten in Weithalsflaschen mit übergreifender und aufgeschliffener Glaskappe oder aufgelegtem Blechdeckel (s. Abb. 6, untere Reihe).

Zum Schluß seien noch die Kartons, Holzkästchen und Mappen genannt, die zur Aufbewahrung der mit Fettstift oder durch eine aufgeklebte kleine Etikette, auch unter Beifügung des Datums ihrer Herstellung, bezeichneten Präparate dienen. Abb. 8 zeigt eine praktische Mappenkonstruktion, die sich besonders für den Transport eignet, da die Präparatengläser durch eine angebrachte Vorrichtung festgehalten werden.

II. Allgemeines über bakteriologische Untersuchungsmethoden.

a) Der mikroskopische Nachweis.

Zur mikroskopischen Untersuchung gelangen Bakterien sowohl in ungefärbtem als auch in gefärbtem Zustande. Ungefärbt, lebend und auf keine Weise in ihren Lebensbedingungen gestört, können die Bakterien erstens in Form einer Plattenkultur[1]) betrachtet werden, indem man eine die Kultur enthaltende Schale ohne Deckel, mit der Bodenseite nach oben, auf den Objekttisch stellt und ein schwaches Objektiv und den Hohlspiegel verwendet. Diese Methode gestattet, sich über die morphologischen Eigenschaften und die Wachstumseigentümlichkeiten der Bakterien zu unterrichten.

Ein zweites Untersuchungsverfahren der ungefärbten und lebenden Bakterien besteht in ihrer Beobachtung in flüssiger Suspension. Es läßt neben den morphologischen Verhältnissen insbesondere erkennen, ob die Bakterien Eigenbewegung und Streben, sich zusammenzulagern, haben.

Das zur Untersuchung vorliegende Material ist, falls es flüssig

---

[1]) Vgl. S. 34.

ist (z. B. animalische Sekrete, Wasser), meist direkt verwendbar; festes Material (z. B. eingetrocknete Sekrete, Kahmhaut) macht man erst durch Verreiben mit steriler physiologischer Kochsalzlösung oder Bouillon [1]) zur Untersuchung geeignet. Die Untersuchungsflüssigkeit darf nur geringe Mengen Bakterien enthalten, wenn ein gutes mikroskopisches Bild erhalten werden soll.

Man untersucht die Suspension am besten unter Anwendung der Methode des hängenden Tropfens und verfährt dann, wie folgt: Mit der sterilen Platinöse bringt man einen kleinen flachen Tropfen der Untersuchungsflüssigkeit in die Mitte eines gut gereinigten, insbesondere auch fettfreien [2]) Deckgläschens und drückt auf dieses einen hohlgeschliffenen Objektträger, den man um den äußeren Rand des Ausschliffs mit Vaselin eingefettet hat, so auf, daß die Ausschliffhöhlung den Tropfen luftdicht einschließt. Den Objektträger wendet man nun schnell um, so daß der Tropfen, ohne zu zerfließen, nunmehr hängt. Durch ganz schwache Erwärmung des zu benutzenden Objektträgers vermeidet man die oft störende Erscheinung, daß sich an der Innenwand der Ausschliffhöhlung infolge schneller Abkühlung ein feiner Belag von Kondenswasser ansetzt.

Unter dem Mikroskop sucht man nun zunächst, und zwar unter Verwendung eines schwachen Objektivs und einer engen (stecknadelkopfgroßen) Blendenöffnung und des Planspiegels, den Tropfenrand auf. Auf diese Weise gelingt die Einstellung am leichtesten. Außerdem aber ist der Tropfenrand für die mikroskopische Beobachtung besonders deshalb geeignet, weil hier die Flüssigkeitsschicht am dünnsten ist und im Vergleich zur Mitte des Tropfens die Bakterien sich mehr in Ruhe befinden, so daß auch die Erkennung von Einzelheiten der morphologischen Beschaffenheit möglich ist.

Hat man den Tropfenrand genau in die Mitte des Gesichtsfeldes gebracht, so schraubt man den Tubus mit der groben Einstellschraube etwas in die Höhe, wechselt mit Hilfe der Revolvereinrichtung das schwache Objektiv gegen die Immersionslinse, sowie den Planspiegel gegen den Hohlspiegel aus und erweitert die Blendenöffnung bis auf Erbsengröße. Nunmehr bringt man auf

---

[1]) Destilliertes Wasser beeinträchtigt die Bewegungsfreiheit der Bakterien.

[2]) Um die Gläschen vollständig von anhaftendem Fett zu befreien, erhitzt man sie zweckmäßig stark in einer nicht leuchtenden Flamme.

das bei gleicher Zentrierung der beiden Objektive in Gesichtsfeldmitte verbliebene Deckgläschen einen Tropfen Zedernöl [1]), schraubt den Tubus mit der groben Einstellschraube so weit herab, daß die Frontlinse gerade in das Öl eintaucht, und beendet, sobald die Umrisse eines Bildes im Mikroskope sichtbar werden, die Einstellung mit der Mikrometerschraube.

Für ein weniger mikroskopisch geschultes Auge wird das Einstellen des Präparates erleichtert, wenn dem zu untersuchenden Tropfen ein ganz geringer Zusatz einer Farblösung (Fuchsin, Methylenblau) [2]) gemacht wird, der von keiner nachteiligen Wirkung auf die Bakterien ist; andererseits kann der geübte Mikroskopiker gleich mit der Immersionslinse die Einstellung des Tropfens vornehmen. Nach Durchmusterung des Tropfenrandes geht man unter langsamer Verschiebung des Präparates dazu über, auch das Tropfeninnere zu betrachten, das eine eventuelle Eigenbewegung und Neigung der Bakterien, sich zusammenzulagern, erkennen läßt.

Ist die Untersuchung beendet, so wird das Deckgläschen ein wenig um seine Querachse gedreht, dann mit der Zange an einer der über den Rand des Objektträgers hinausragenden Ecken gefaßt, abgehoben und bis zur später erfolgenden Reinigung in eine bakterientötende Flüssigkeit gelegt.

Man kann ungefärbte und lebende Bakterien auch in der Weise zur mikroskopischen Betrachtung bringen, daß man einen kleinen Tropfen der Untersuchungsflüssigkeit auf einen gewöhnlichen Objektträger bringt und ihn durch Auflegen eines Deckgläschens zerteilt. Die Methode des hängenden Tropfens ist aber vorzuziehen, denn der luftdichte Verschluß des Tropfens schützt ihn einerseits vor Verdunstung und ermöglicht so seine längere Beobachtung [3]), andererseits schließt er Täuschungen aus, die hinsichtlich der Beweglichkeit der Bakterien leicht durch Verdunstungsströmungen hervorgerufen werden können. Auch ist die Möglichkeit einer Infektion der Hände und Instrumente beim hängenden, nach außen abgeschlossenen Tropfen viel geringer als beim Deckglaspräparat.

---

[1]) Hierzu wird im Gegensatz zu dem zum Aufhellen benutzten dünnflüssigen Öl, eingedicktes Öl verwandt.

[2]) Von den verschiedenen Methylenblau-Präparaten des Handels seien genannt: Methylenblau medic. (Merck), Methylenblau Koch, Methylenblau Ehrlich, Methylenblau B.-pat.

[3]) Über die Kultur im hängenden Tropfen vgl. S. 37.

In gefärbtem Zustande kommen die Bakterien zur mikroskopischen Untersuchung in sogenannten Ausstrich-, Klatsch- und Schnittpräparaten. Bei Herstellung der Ausstrichpräparate geht man wiederum von in Flüssigkeiten suspendierten Bakterien aus. Mit Hilfe des sterilen Platindrahtes bringt man einen kleinen Tropfen flüssigen Untersuchungsmaterials (z. B. Sputum, Gewebssaft, bakterienhaltiges Wasser) auf ein sauberes, insbesondere auch völlig fettfreies [1]) Deckgläschen und streicht ihn dünn und möglichst gleichmäßig aus. Von konsistenterem Material (z. B. Bakterienkulturen von festen Nährböden, zentrifugierte Harnsedimente) wird ein ganz kleines Partikelchen mit einem Tropfen Wasser oder physiologischer Kochsalzlösung auf dem Deckgläschen verrieben. Zähflüssige Massen (z. B. dicke Sputa, Blut, Eiter) kann man auch in der Weise verteilen, daß man sie zwischen zwei reine Deckgläschen bringt, diese schwach aneinander drückt und dann voneinander trennt, indem man sie mit Hilfe zweier Cornetscher Pinzetten in der Richtung ihrer Berührungsebene voneinander zieht. Beabsichtigt man, keine Dauerpräparate herzustellen, so empfiehlt es sich, statt der Deckgläschen zwei Objektträger zu verwenden. Gewebsstückchen kann man mit einer Pinzette erfassen und mit ihnen mehrmals über das Deckglas streichen (s. auch S. 51: Sputum bei Tuberkulose).

Die auf die eine oder andere Weise mit dem Untersuchungsmaterial beschichteten Deckgläschen bezw. Objektträger legt man nun mit der beschichteten Seite nach oben an einen staubfreien, trockenen Ort, bis sie vollständig getrocknet sind. Zur Beschleunigung des Trocknens kann eine Chamottefliese, ein Asbestdeckel oder ein Drahtnetz benutzt werden, die auf einem Dreifuß mit untergestelltem Sparbrenner oder durch irgend eine andere vorhandene Wärmequelle erwärmt werden.

Die weitere Behandlung des Präparates richtet sich erstens darauf, der schleimigen Hüllensubstanz der Bakterien, die ihr Anhaften an die Deckgläschenwandung bewirkt, ihre Quellbarkeit in Wasser so weit zu entziehen, daß die Bakterienschicht nicht mehr durch wässerige Flüssigkeit vom Deckgläschen heruntergespült wird, zweitens darauf, das Eiweiß zu „homogenisieren", damit bei der späteren Färbung sich keine Trübungen und Niederschläge

---

[1]) Vgl. Fußnote 2 auf S. 11.

störend bemerkbar machen. Das „Fixieren" des Präparates, wie man diesen Behandlungsprozeß nennt, geschieht meist durch Erhitzung, so zwar, daß man das mit der beschichteten Seite nach oben gekehrte Gläschen dreimal mit der beim Brotschneiden üblichen Geschwindigkeit durch die nicht leuchtende Flamme eines Bunsenbrenners oder eine kräftige Spiritusflamme hindurchzieht. Als Maßstab für die hierbei erforderliche Hitzewirkung kann gelten, daß an den Fingern, welche das Deckgläschen halten, ein geringes Brennen verspürt wird.

Zu hohes Erhitzen beeinträchtigt die Eigenschaft der Bakterien, sich mit Farbstoff zu imprägnieren. Auf sichererem, aber mehr Zeit raubenden Wege kommt man durch kurzes Einlegen des Deckgläschens (2—10 Minuten) in einen auf 120—130 ⁰ erhitzten Trockenschrank zum Ziele. Statt durch Erhitzen kann man die Fixierung auch so bewirken, daß man die Deckgläschen mit der eingetrockneten Bakterienschicht einige Zeit in absoluten Alkohol, Alkoholäther ($\overline{\overline{aa}}$ part.) oder 10%ige Formaldehydlösung einlegt.

Das nun folgende Färben des Präparates geschieht in folgender Weise: Man träufelt auf die)beschichtete Seite des zweckmäßig mit der Cornetschen Pinzette gehaltenen Deckgläschens mit Hilfe der Pipette, die das Präparat nicht berühren darf, einige Tropfen der Farblösung[1]) auf und spült letztere nach einer bei Zimmertemperatur ¼—5 Minuten, bei gelinder Erwärmung 10 Sekunden bis 1 Minute betragenden Einwirkungsdauer mit Wasser ab[2]). Das Deckgläschen kann aber auch, mit der Schichtseite nach unten, in mit Farblösung beschickte Uhrgläser oder besser in feststehende Glasschälchen (eventuell kleine Salznäpfchen) hineingelegt werden.

Das fixierte und gefärbte Präparat kann sowohl in Wasser als auch in Kanadabalsam mikroskopisch betrachtet werden. Im ersteren Falle legt man das mit Wasser abgespülte Deckgläschen-Präparat mit der beschichteten Seite auf einen Objektträger und trocknet die obere Seite des Deckgläschens mit Fließpapier ab. Bei der Untersuchung in Kanadabalsam läßt man dagegen das Deckgläschen zunächst an der Luft völlig trocknen, beschleunigt eventuell das Trocknen, unter Vermeidung des Wischens, durch vorsichtiges Abtupfen mit Leinwand oder Fließpapier oder auch

---

[1]) Näheres über Farblösungen S. 21 u. f.

[2]) Vor dem Fortgießen ist das Spülwasser, wenn es pathogene Keime zu enthalten verdächtig ist, keimfrei zu machen.

durch schwaches Erwärmen hoch über einer Flamme und legt es schließlich mit der beschichteten Seite auf einen gut gereinigten Objektträger, auf dessen Mitte man vorher einen kleinen Tropfen mit Xylol bis zur dicken Sirupkonsistenz verflüssigten Kanadabalsam gebracht hat. Nach einiger Zeit, während welcher man das Deckgläschen zweckmäßig mit einer Spitzkugel beschwert, sind Deckgläschen und Objektträger infolge Erhärtung des Balsams fest verbunden. Ein solches Präparat, das, vor Licht geschützt aufbewahrt, gute Haltbarkeit zeigt[1]), pflegt man auch als gefärbtes Deckglasdauerpräparat oder Deckglastrockenpräparat zu bezeichnen.

Zum Zwecke der mikroskopischen Betrachtung legt man die so hergerichteten Präparate auf den Objekttisch in die Mitte des Gesichtsfeldes des Mikroskops, bringt auf das Deckgläschen einen Tropfen Zedernöl und vollzieht nun unter Verwendung der Immersionslinse die Einstellung, wie es bei der Untersuchung des hängenden Tropfens angegeben wurde. Der Abbesche Beleuchtungsapparat tritt jedoch hier unter Ausschaltung der Blenden und unter Anwendung des Planspiegels voll in Wirksamkeit.

Nicht unerwähnt soll bleiben, daß man vielfach Trockenpräparate auch auf den leichter zu handhabenden Objektträgern fixiert und färbt, indem man, nicht zum wenigsten auch aus ökonomischen Gründen, von der Benutzung der teuren und leicht zerbrechlichen Deckgläschen völlig absieht. Man bringt in diesem Falle das Immersionsöl direkt auf die fixierten und gefärbten Präparate, die man auch zu mehreren auf einem Objektträger herstellen kann, und untersucht genau so, wie oben beschrieben wurde. Mit starken Trockensystemen, die mit Rücksicht auf die Benutzung der Deckgläschen korrigiert sind, können diese Präparate nicht untersucht werden.

Die zweite Art der gefärbten Präparate sind die Klatschoder Kontaktpräparate, die sogenannte bunte Situsbilder liefern, d. h. die Bakterien in ihrer natürlichen Lage gefärbt zur Veranschaulichung bringen. Man legt auf eine bei Betrachtung einer Plattenkultur[2]) als geeignet befundene Stelle unter gelindem Druck ein Deckgläschen, hebt es, ohne daß es sich verschiebt, vorsichtig ab, läßt es trocknen und fixiert und färbt es wie ein

---

[1]) Über das Abblassen der Methylenblaupräparate vgl. S. 19.
[2]) Vgl. S. 37 u. 38.

Ausstrichpräparat. Sollten, was bei dicker Lagerung der Bakterien vorkommt, nur ihre obersten Schichten gefärbt erscheinen, so kann man zwecks Verdeutlichung des Situsbildes die Färbung wiederholen.

Da Schnittpräparate in der Regel im bakteriologischen Laboratorium des Apothekers nicht angefertigt werden, soll, dem Rahmen dieses Buches entsprechend, nur das Wichtigste hiervon mitgeteilt werden. Ganz über diese Präparate hinwegzugehen, scheint nicht angezeigt.

Die Schnittpräparate, die dritte Art der gefärbten Präparate, ermöglichen eine Orientierung über die natürliche Lagerung der Bakterien im tierischen Gewebe. Um schnittfähiges Material zu erhalten, werden die möglichst frischen, also eventuell bald post mortem dem Körper entnommenen Organe in nicht über haselnußgroßen Stücken zunächst gehärtet. Dies geschieht meist durch Lagerung in absolutem Alkohol[1]), der vorher auch wohl noch eine Behandlung mit 10%igem Formalin voraufgeht. Von den der Härtungsflüssigkeit entnommenen Organen werden kleine Stücke von etwa 1 qcm Grundfläche und 5 mm Höhe geschnitten und nach kurzer oberflächlicher Abdunstung mit Glyzeringelatine[2]) oder Gummischleim auf kleine Korkstückchen oder Holzklötze geklebt. Kleine Gewebsstücke oder Gewebe, die im Innern Hohlräume enthalten, bettet man, um zusammenhängende Schnitte daraus gewinnen zu können, in geeignete Massen, als welche vornehmlich Zelloidin[3]) und Paraffin in Frage kommen, ein.

Das Zelloidin-Einbettungsverfahren besteht darin, daß man die gehärteten Organstücke eine Zeitlang in eine sirupdicke, mit Alkoholäther (aa part.) angefertigte Lösung von Zelloidin hineinlegt, dann die der Lösung entnommenen, durch kurzes Lagern an der Luft und darauffolgende längere Einwirkung von 60—70%igem Alkohol etwas erhärteten und schnittfähig gewordenen Stückchen mit Zelloidinlösung auf kleine Holz- oder Korkstückchen aufklebt.

Das Paraffin-Einbettungsverfahren verlangt, daß die

---

[1]) Zweckmäßig wird der absol. Alkohol, um ihn möglichst wasserfrei zu erhalten, über ausgeglühtem Kupfersulfat aufbewahrt.

[2]) Zu bereiten aus 10 T. Gelatine, 20 T. Wasser und 40 T. Glyzerin.

[3]) Zelloidin ist weingeisthaltiges, von Äther befreites Kollodium in Tafelform.

gehärteten Organstücke nacheinander in Xylol[1]), in eine Lösung von Paraffin[2]) in Xylol und endlich im Thermostaten bei ca. 50 ⁰ in geschmolzenes Paraffin gelegt werden. Nach ihrer Durchtränkung mit Paraffin werden die Stücke in kleine Einbettungsrahmen aus Metall oder steifer Papiermasse (eventuell Deckgläschenschachteln) gebracht, die dann mit Paraffin vollgegossen werden. Die nach einiger Zeit dem Rahmen entnommenen festen Blocks sind schnittfertig.

Die Herstellung der mikroskopischen Schnitte geschieht entweder mit dem Rasiermesser, oder vorteilhafter mit dem Mikrotom[3]), in dessen Klemmen die mit den Organteilen verkitteten Holz- und Korkstückchen eingespannt werden. Man gibt den Schnitten meist eine Dicke von 0,02—0,03 mm, doch kann man mit dem Mikrotom auch Schnitte von nur 0,005 mm Dicke erzielen.

Ein aus nicht eingebetteten Gewebsstücken und Zelloidinblocks erhaltener Schnitt kommt zunächst in etwa 60%igen Alkohol, dann entweder direkt oder nach vorheriger Wasserbehandlung in eine geeignete Farblösung[4]), die sich in Uhrgläschen oder besser in kleinen feststehenden Glasschälchen befindet.

Nach erfolgter Färbung wird der Schnitt mit Wasser abgespült, darauf differenziert[5]) und, nachdem er noch kurze Zeit erst in absolutem Alkohol, dann in als Aufhellungsmittel wirkendem Xylol gelagert hat, auf den Objektträger gebracht, um nach Auftragung eines Tropfens Kanadabalsam, mit einem Deckgläschen überdeckt, zur mikroskopischen Untersuchung zu gelangen.

Präparate, die statt mit Xylol mit Zedern-, Nelken-, Bergamott- oder Origanumöl aufgehellt wurden, können zwischen Objektträger und Deckgläschen im Öl, ohne Verwendung von Kanadabalsam, untersucht werden.

Im Gegensatz zu den Zelloidinschnitten, in denen das Einbettungsmittel beim Färben verbleibt, muß aus Paraffinschnitten das Paraffin vor dem Färbeprozeß entfernt werden. Mit Wasser oder ganz wenig Eiweißglyzerin[6]) klebt man die Schnitte auf den

---

[1]) Siedepunkt 140°.
[2]) Schmelzpunkt circa 50⁰.
[3]) Brauchbare Mikrotome sind im Handel schon für ca. 40 M. zu haben.
[4]) Vgl. S. 21 u. f.
[5]) Näheres hierüber s. S. 22 u. 23.
[6]) Eine filtrierte Lösung aus gleichen Teilen Glyzerin und Eiereiweiß.

Objektträger und erwärmt im Trockenschranke zunächst bei 37 ⁰ bis zur Trockne, dann bis zum Schmelzpunkte des Paraffins, entfernt letzteres durch Einlegung des Objektträgers in Xylol und läßt dann nacheinander noch eine Behandlung mit absolutem Alkohol und Wasser folgen.

Ein Einbettungsmittel, in das aus wässeriger Lösung entnommene Gewebsstücke unmittelbar eingebettet werden können, ist eine aus 1 Teil Gelatine, 6 Teilen Wasser, 7 Teilen Glyzerin und 1 Teil Karbolsäure bereitete Glyzeringelatine [1]).

Bemerkt sei noch, daß es auch möglich ist, Gewebsstücke durch Einwirkung von Äther oder flüssiger Kohlensäure durch Gefrieren zu härten und schnittfertig zu machen. Dieses Verfahren findet namentlich unter Verwendung des Jungschen Kohlensäure-Mikrotoms vielfach zur Stellung von Diagnosen in der Fleischschau Verwendung.

Bei der mikroskopischen Untersuchung der Schnittpräparate verwendet man zunächst, um die öfters nur in Haufen an einzelnen Stellen anzutreffenden Bakterien leichter aufzufinden und ein allgemeines Bild der ganzen Schnittfläche zu bekommen, ein schwaches Linsensystem, das dann für die nähere Betrachtung der Bakterien später durch das Immersionssystem ersetzt wird.

Farbstoffe und Färbeverfahren. Die Tatsache, daß Pharm. Helvet. IV und, ihrem Beispiele folgend, das Deutsche Arzneibuch (V. Ausgabe) im Anschluß an das Verzeichnis der Reagenzien und volumetrischen Lösungen ebenfalls den zum ärztlichen Gebrauch bestimmten Reagenzien einen Abschnitt gewidmet und hierin auch die zum Nachweis der Bakterien und Protozoën gebräuchlichsten Färbemittel und Färbemethoden berücksichtigt hat, macht diesen Abschnitt zu einem sehr wichtigen.

Wie es die Berufspflicht des Apothekers ist, die verschiedensten Arzneimittel nicht nur arzneilich zu verarbeiten und zu verabfolgen, sondern sich auch über ihre allgemeine Wirkungsweise zu unterrichten, so wird er es nunmehr als seine Aufgabe betrachten, sofern er zurzeit weitere praktische und theoretische Kenntnisse in der Bakteriologie noch nicht hat, sich mit dem Wesen der bakteriologischen Färbemethoden wenigstens soweit vertraut zu machen, daß er über die Anwendungs- und Wirkungsweise der in sein Arzneibuch aufgenommenen Färbemittel orientiert ist.

---

[1]) Über Glyzerin-Gelatine als Klebemittel vgl. S. 16.

Für das Färben der Bakterien in den verschiedenartigen mikroskopischen Präparaten dienen neben einigen anderen Farbstoffen, von denen namentlich das Karmin erwähnt sei, zumeist Anilinfarbstoffe. Von letzteren werden, je nachdem das Farbstoffmolekül sauren oder alkalischen Charakter hat, saure oder basische Farbstoffe unterschieden. Die basischen, die auch eine starke Zellkernfärbung bewirken, sind die Bakterienfarbstoffe par excellence, während die sauren mehr für diffuse Gewebe- oder Sekretfärbungen geeignet sind und in der bakteriologischen Technik meist nur zu der später näher zu erörternden „Gegenfärbung‘‘ der Bakterien den Gewebselementen gegenüber angewandt werden.

Von den basischen Anilinfarbstoffen sind die gebräuchlichsten Fuchsin (Rubin, Magentarot), Gentianaviolett, Methylenblau, Methylviolett und Bismarckbraun (Vesuvin), weniger gebräuchlich u. a. Safranin, Methylgrün, Viktoriablau, Kristallviolett und Azur II; von den sauren seien als die wichtigsten Eosin und Säurefuchsin, als weniger wichtige Kongorot und Aurantia genannt.

Die Wahl der Farblösung richtet sich neben der subjektiven Vorliebe des Untersuchenden in erster Linie nach dem besonderen Zweck der Färbungen. In dieser Beziehung ist zunächst folgendes zu beachten: Mit Fuchsin, Gentiana- und Methylviolett erzielt man sehr intensive und dauerhafte, d. h. im Laufe der Zeit nicht merklich verblassende Färbungen; Methylenblau dagegen, das eine weniger große Tinktionskraft hat, liefert Färbungen, die zwar sehr zum Verblassen neigen, aber häufig in wünschenswerter Weise noch Einzelheiten der gefärbten Bakterienzellen erkennen lassen. Während die genannten vier Farbstoffe sowohl für Bakterien- als auch Gewebefärbung geeignet sind, ist Bismarckbraun nur als Gewebefarbstoff verwendbar.

Mit Bezug auf die Lösungsmittel der Farbstoffe sei zunächst darauf hingewiesen, daß in Trockenpräparaten nur wässerige oder wässerig-weingeistige, nicht aber mit absolutem Weingeist bereitete Farbstofflösungen zur Bakterienfärbung geeignet sind. Der Grund hiervon liegt darin, daß die Zelle in absolutem Weingeist nicht aufquellen kann, was zur Aufnahme des Farbstoffs Bedingung ist. Von Methylenblau, Fuchsin, Gentiana-, Methylviolett und Bismarckbraun werden gewöhnlich mit Hilfe von 90-[1]) oder

---

[1]) Der 90 %ige Weingeist wird von den beiden genannten Arzneibüchern vorgeschrieben.

95%igem Weingeist oder, weniger ökonomisch, mit absolutem Weingeist gesättigte Lösungen, sogenannte Stammlösungen in der Weise hergestellt, daß man in eine mit Weingeist nicht ganz voll gefüllte Flasche mehr Farbstoff, als sich zu lösen vermag, hineingibt und die durch wiederholtes Umschütteln erzielte gesättigte Lösung, an deren Boden noch ungelöster Farbstoff liegt, vorrätig hält. Zur Bereitung einer Färbeflüssigkeit gießt, pipettiert oder filtriert man von einer solchen Stammlösung ein Quantum in die 5—20 fache Menge Wasser hinein. Vielfach hält man auch den richtigen Verdünnungsgrad dann für vorliegend, wenn die Mischung in einer Schicht von 2 cm Dicke (Reagenzglasweite) eben undurchsichtig geworden ist. Die Stärke der Farbflüssigkeit kann also verschieden eingestellt werden. Als allgemeine Regel gilt, daß eine schwächere Farblösung im Vergleich zu einer stärkeren zwar längere Zeit einwirken muß, aber bessere Färbungen gibt.

Der Apotheker, der alle arzneilichen Lösungen mit der Wage herzustellen gewohnt ist, wird in der Regel kein Freund dieser gesättigten Stammlösungen sein. Er wird es daher mit Freuden begrüßt haben, daß die Vorschriften der Farbflüssigkeiten im Deutschen Arzneibuch und in der Pharm. Helvet. wenigstens größtenteils so gehalten sind, daß eine abgewogene Menge Farbstoff in einer bestimmten Gewichts- oder Raummenge Flüssigkeit zu lösen ist [1]).

Diese einfachen Farblösungen reichen nun nicht für alle Zwecke aus, z. B. nicht für die Färbung der Tuberkelbazillen. Man wendet daher, wo es erforderlich ist, zusammengesetzte Farbstofflösungen an, die mit verstärkenden Zusätzen bereitet sind. Fuchsin-, Gentianaviolett- und Methylviolett-Lösungen verstärkt man dadurch, daß man sie mit Anilinwasser, dem eventuell auch noch ein kleiner Zusatz von Natronlauge gemacht wird, bereitet.

Zur Erhöhung der Färbekraft der Fuchsin- bezw. Methylenblaulösung verwendet man auch Karbolsäure bezw. Kalilauge und Borax. Weiter kann die Tinktionskraft der Farblösungen durch sogenannte Beizen gesteigert werden. Man versteht hierunter Stoffe, mit welchen die Präparate vor der Färbung behandelt werden, um sie zur Aufnahme des Farbstoffs fähig zu machen bezw. ihre Farbstoffaufnahmefähigkeit zu erhöhen (z. B. Gerb-

---

[1]) Daß man an den gesättigten weingeistigen Gentiana- und Methylviolett-Lösungen festgehalten hat, ist bedauerlich.

säure und Metallsalze). Drittens kann man eine intensivere Färbung dadurch erzielen, daß man die Farblösungen längere Zeit oder in der Wärme einwirken läßt.

Die gebräuchlichsten Farbstofflösungen sind folgende [1]:

1. *Löfflers Methylenblaulösung: Eine Lösung von 0,5 g Methylenblau in 30 ccm Weingeist wird mit einer Mischung von 2 ccm $^1/_{10}$ Normal-Kalilauge und 98 ccm Wasser versetzt.

2. *[0]Boraxmethylenblaulösung: 1 Teil Methylenblau ist in 50 Raumteilen siedender 5%iger Boraxlösung zu lösen.

3. *[0]Karbolfuchsinlösung, starke (Ziehl-Neelsensche Lösung): 1 Teil Fuchsin (Diamantfuchsin I in großen Kristallen) ist in 10 Teilen Weingeist zu lösen und die Lösung mit 60 Teilen 5%igem Karbolwasser zu mischen.

4. *Karbolfuchsinlösung, verdünnte, wird aus der vorigen durch Vermischen mit der vierfachen Menge Wasser bereitet.

5. [0]Karbolmethylenblaulösung (nach Kühne): Eine Lösung von 1,5 g Methylenblau in 10 ccm absolutem Weingeist wird mit 100 ccm 5%igem Karbolwasser gemischt.

6. [0]Kristallviolettlösung: 10 g Kristallviolett werden in 90 ccm Weingeist gelöst.

7. *[0]Karbolgentianaviolettlösung: 1 Teil weingeistige Gentianaviolettlösung (1 : 10) [2] wird mit 9 Teilen 5%igem Karbolwasser gemischt.

8. *Anilin-Gentianaviolettlösung: 5 ccm Anilin [3] sind mit 100 ccm Wasser mehrere Minuten lang zu schütteln. Das so gewonnene milchigtrübe Anilinwasser ist durch ein angefeuchtetes Filter zu filtrieren. Das Filtrat ist mit einer Mischung von 7 ccm gesättigter weingeistiger Gentianaviolettlösung und 10 ccm absolutem Weingeist zu versetzen.

9. [0]Anilinmethylviolettlösung wird wie die vorige bereitet, nur verwendet man gesättigte weingeistige Methylviolettlösung statt der Gentianaviolettlösung.

Zu den für die Gramsche Färbung bestimmten Lösungen 7,

---

[1] Die mit * bezeichneten Vorschriften sind dem D. A. B., die mit [0] bezeichneten der Pharm. Helvet. entnommen.

[2] D. A. B. läßt hier eine gesättigte Lösung verwenden.

[3] Es ist möglichst helles Anilin zu verwenden; durch längere Aufbewahrung dunkel gefärbtes kann durch Rektifikation wieder farblos gemacht werden.

8 und 9 gehört noch eine Jod-Jodkaliumlösung (Lugolsche Lösung), die aus 1 Teil Jod, 2 Teilen Jodkalium und 300 Teilen Wasser zu bereiten ist.

10. ⁰Alaunhämatoxylin (nach Ehrlich): Man löst 2 g Hämatoxylin in 100 ccmWeingeist, fügt 10 ccm Essigsäure (96%ig), je 100 ccm Glyzerin und Wasser und soviel Alaun zu, daß ein Teil davon ungelöst bleibt. Dann läßt man die Mischung in einer offenen Flasche so lange stehen, bis sie dunkelrot geworden ist.

11. ⁰Lösung für Chromatinfärbung (Romanowsky-Färbung, modifiziert von Giemsa): 3 g Azur II-Eosin und 0,8 g Azur II werden im Exsikkator über Schwefelsäure gut getrocknet, feinst gepulvert, durch ein feines Haarsieb gerieben und in 250 g Glyzerin bei ca. 60⁰ unter Schütteln gelöst. Hierauf fügt man 250 g auf 60⁰ erwärmten Methylalkohol hinzu, schüttelt gut durch, läßt bei Zimmertemperatur 24 Stunden stehen und filtriert.

Was die Haltbarkeit der Farblösungen anlangt, so können die zusammengesetzten verstärkten Lösungen, deren Vorschriften soeben angegeben wurden, mit Ausnahme der Anilin enthaltenden als haltbare bezeichnet werden. Gleichfalls haltbar sind die alkoholisch-wässerigen Stammlösungen von Fuchsin, Gentiana-, Methylviolett- und Methylenblau. Dagegen sind von den durch Verdünnen dieser Stammlösungen mit Wasser erhaltenen Färbelösungen die Fuchsin- und Violettlösungen nicht lange haltbar. Bereits nach Verlauf mehrerer Wochen entstehen unter gleichzeitiger Abnahme der Tinktionskraft darin Trübungen, die ein häufigeres Filtrieren notwendig machen. Es empfiehlt sich daher, immer nur kleinere Mengen der Stammlösungen zu verdünnen. Eine große Haltbarkeit zeigt dagegen die Methylenblaulösung, auch wenn sie nur mit Wasser bereitet ist. Im Gegensatz zur Fuchsin- und den Violettlösungen verträgt diese Lösung aber kein Erhitzen.

Zum Schluß dieses Abschnittes ist noch Einiges zur Erklärung der Begriffe „Differenzierung“ und „Gegen- oder Kontrastfärbung“ zu sagen.

Die einzelnen Farbstoffe haben zu den verschiedenen Bakterienarten keine gleiche Affinität. Es wurde bereits bemerkt, daß z. B. die einfachen Farblösungen nicht zur Färbung der Tuberkelbazillen ausreichen. Diese Unterschiede der Farbstoffaufnahmefähigkeit sind begründet in der chemischen Zusammensetzung der Bakterienkörper und der physikalischen Eigenart ihrer Membranen; doch dürften hier auch noch unbekannte Faktoren mitwirken.

Eine Ungleichmäßigkeit in der Färbung zeigt sich auch bei Schnittpräparaten, wenn ein dem Farbbade entnommenes, zunächst diffus gefärbtes Präparat eine weitere Behandlung mit anderen Flüssigkeiten, sogenannten Entfärbungsflüssigkeiten oder Differenzierungsmitteln, erfährt. Als solche kommen meist verdünnte Säuren und verdünnter Weingeist mit oder ohne Säurezusatz zur Verwendung. Das Deutsche Arzneibuch nennt als Entfärbungsmittel 20 %ige Salpetersäure und 60 %igen Alkohol; in den bakteriologischen Laboratorien verwendet man meist Salzsäurealkohol[1]). Bei Einwirkung dieser Flüssigkeiten zeigt sich, daß im Vergleich zu den dauerhafter gefärbten Zellkernen, deren Nukleinsäure mit dem Farbstoffmolekül eine chemische Verbindung eingeht, und im Vergleiche zu den Bakterien sich Protoplasma und Interzellularsubstanz leicht entfärben.

Ungleich wie hier äußert sich auch die Einwirkung der Differenzierungsmittel auf gefärbte Bakterien verschiedener Art, insofern diejenigen Bakterien, die den Farbstoff leicht aufnehmen, ihn auch leicht wieder abgeben, während ihn die schwer färbbaren hartnäckig festhalten.

Man kann also auf diese Weise bei richtiger Auswahl der Entfärbungsflüssigkeit und richtig bemessener Einwirkungsdauer eine isolierte Färbung, ein Differenzierungspräparat erhalten und z. B. erreichen, daß in einem Präparat mit verschiedenen Bakterienarten nur noch eine Art und in einem Schnittpräparat nur noch Bakterien und Zellkerne gefärbt sind.

Imprägniert man nun nach dieser „primären Färbung" im ersten Präparat die entfärbten Bakterien bezw. im Schnittpräparat das entfärbte Gewebe „sekundär" mit einer anderen Farbe, deren Ton von der zuerst angewandten Farbe absticht, so erhält man eine als Gegen- oder Kontrastfärbung bezeichnete Doppelfärbung. Man kombiniert z. B. Fuchsin mit Methylenblau und die Violettfarben mit Bismarckbraun.

Im Anschluß an diese Ausführungen seien nun noch die Anleitungen zur Ausführung einiger wichtiger besonderer Färbemethoden gegeben:

---

[1]) Ein Gemisch aus 3 ccm offiz. Salzsäure und 100 ccm Weingeist.

I. **Die Gramsche Färbung:**

1. Etwa 2—3 Minuten färben mit Anilinwassergentianaviolettlösung oder Anilinwassermethylviolettlösung (s. S. 21) unter leichtem Erwärmen.

2. Nach dem Abgießen der Farblösung 1—2 Minuten Lugolsche Lösung (s. S. 22) einwirken lassen; dabei entsteht in bestimmten Bakterienarten eine in Alkohol unlösliche Jodverbindung mit dem Farbstoffe.

3. Entfärben mit absolutem Alkohol, bis das Präparat farblos erscheint.

4. Gegenfärben z. B. mit Fuchsinlösung.

5. Abspülen mit Wasser usw.

Diejenigen Mikroorganismen, welche die Färbung behalten haben, erscheinen nun dunkel blauschwarz, die anderen in der Gegenfarbe, also rot. Die ersteren nennt man **gram-positiv.**

II. **Die Ziehl-Neelsensche Färbemethode der säurefesten Bakterien, speziell der Tuberkelbazillen:**

1. Färben mit Karbolfuchsin (s. S. 21) 2—3 Minuten unter Erwärmen bis zu deutlich sichtbarer Dampfbildung.

2. Abspülen mit Wasser.

3. Entfärben in Salzsäurealkohol, bis das Präparat farblos erscheint.

4. Abspülen mit Wasser.

5. Gegenfärben mit verdünnter Methylenblaulösung $\frac{1}{2}$ Minute.

6. Abspülen mit Wasser usw.

Im Präparat erscheinen die säurefesten Bakterien leuchtend rot, alles andere blau.

III. **Sporenfärbung nach Möller:**

1. Entfetten des fixierten Präparats mit Chloroform, dann abspülen in Wasser.

2. 5 Sekunden bis 10 Minuten (an jedem Präparat muß man die erforderliche Zeit ausprobieren) mit 5%iger Chromsäurelösung behandeln.

3. Abspülen mit Wasser.

4. 1 Minute unter Aufkochen mit Karbolfuchsin (s. S. 21) färben.

5. $\frac{1}{2}$ Minute entfärben in 5%iger Schwefelsäure.

6. Gegenfärben mit Methylenblaulösung.

7. Abspülen in Wasser usw.

Sporen werden bei dieser Methode rot gefärbt. Prinzip der Färbung: die Sporenmembran wird durch die Einwirkung oxydierender Stoffe besser aufnahmefähig für Farbstoffe. Man kann auch andere oxydierende Stoffe verwenden.

IV. Geißelfärbung nach Löffler:

Man stellt sich Ausstrichpräparate einer stark verdünnten Aufschwemmung junger, lebenskräftiger Kulturen her, fixiert vorsichtig und färbt folgendermaßen:

1. 1 Minute unter Erwärmen behandeln mit Löfflers Beize, bestehend aus:

      10 ccm einer 20 %igen Tanninlösung,

      5 ccm einer kalt gesättigten Ferrosulfatlösung,

      1 ccm einer gesättigten alkoholischen Fuchsin- oder Methylviolettlösung.

2. Mit Wasser, dann mit Alkohol abspülen.

3. Färben mit neutraler[1]), gesättigter Anilinwasserfuchsinlösung 1 Minute unter Erwärmen.

V. Neißersche Polkörperchen - Färbung für Diphtheriebazillen:

1. Färben 1 Minute mit einem Gemisch gleicher Teile folgender Lösungen:

Lösung I: Methylenblau	1,0
Alcohol absol. . . .	20,0
Aq. dest.	1000,0
Acid. acetic. conc . .	50,0
Lösung II: Kristallviolett	1,0
Alcohol absol. . . .	10,0
Aq. dest.	300,0

2. Abspülen mit Wasser.

3. Nachfärben 3 Sekunden mit einer heiß bereiteten Lösung aus

      Chrysoïdin 1,0

      Aq. dest. 300,0

4. Abspülen mit Wasser.

Erfolg der Färbung s. unter: Diphtheriebazillus S. 64.

VI. Modifikation der Unna-Pappenheimschen Doppelfärbung nach Krzystallowicz:

Färben $\frac{1}{2}$ bis 1 Minute in folgender Lösung:

---

[1]) Man setzt zu 100 g Farblösung vor dem Gebrauch etwa 5 Tropfen Normal-Kalilauge, damit sich der Farbstoff in „Schwebefällung" befindet.

Methylgrün 0,15
Pyronin 0,25
Alcohol absol. 2,5
Glycerin. 20,0
Aq. carbolisat. 2 % ad. . . 100,0

Erfolg der Färbung:
    hellgrün: die Leukozytenkerne,
    hellrosa: deren Protoplasma,
    blauviolett: die Epithelienkerne,
    dunkelrosa: deren Protoplasma.

VII. Die mit der Giemsaschen Lösung ausgeführte Romanowsky-Färbung:

1. Färben mit einer frisch bereiteten Mischung von 1 Tropfen Giemsalösung (s. S. 22) und 1 ccm dest. Wasser 15 bis 20 Minuten.

2. Abspülen in gelindem Wasserstrahl.

Dies ist die Vorschrift für die gewöhnliche sogenannte Giemsafärbung; eine von Giemsa angegebene Schnellfärbung für Spirochäten hat im speziellen Teil auf Seite 73 Platz gefunden.

b) Der kulturelle Nachweis.

Zweck der Bakterienkultur. Das Bakterienzüchtungs- oder Kulturverfahren erfüllt einen doppelten Zweck. Erstens kommt es für die Weiterzüchtung vorhandener Reinkulturen zur Verwendung; zweitens dient es der bakteriologischen Diagnostik, insofern es eine Isolierung der Bakterienarten, d. h. die Gewinnung von Reinkulturen aus einem Gemisch verschiedener Bakterien, und weiterhin die Identifizierung der reingezüchteten Bakterien durch das Studium sowohl ihrer Eigenschaften als auch ihrer physiologischen Wirkung ermöglicht. Die mikroskopische Untersuchungsmethode wird durch das Kulturverfahren oft wertvoll unterstützt und ergänzt, nicht selten ist es für jene sogar die Vorbedingung. Ist z. B. das vorliegende Untersuchungsmaterial sehr bakterienarm oder sollen Bakterien darin festgestellt werden, die in bezug auf Färbbarkeit und Form Ähnlichkeit mit anderen haben, so ist es nicht direkt zur Anfertigung mikroskopischer Präparate geeignet. Man wird in diesen Fällen vielmehr auf dem Wege des Kulturverfahrens erst eine Vermehrung und Isolierung der nachzuweisenden Bakterienart zu erreichen suchen, um dann von der erhaltenen Reinkultur mikroskopische Präparate herzustellen.

Anlegung von Bakterienkulturen. Hierbei hat man Verschiedenes zu beachten. Erstens muß zur Züchtung ein Nährboden (Nährsubstrat, Nährmedium) verwandt werden, der den betreffenden Bakterienarten zusagt. In dieser Hinsicht ist auch auf die Prüfung der chemischen Reaktion des Nährbodens Wert zu legen[1]).

Zweitens ist die durch die Benutzung des Thermostaten (s. S. 2) ermöglichte Innehaltung bestimmter Temperaturgrade für das Gedeihen der Bakterien von Bedeutung. Die saprophytischen Arten wachsen meist am besten bei Zimmertemperatur (18—20 ^{0}), die pathogenen Arten dagegen bei Körpertemperatur (37 ^{0}).

Drittens ist der Einfluß des Luftsauerstoffs auf das Wachstum der Bakterien zu berücksichtigen. Teils entwickeln sie sich nur bei Sauerstoffabschluß (Anaëroben), teils brauchen sie freien Sauerstoff zum Leben (Aëroben), ohne daß sie jedoch, wie dies bei den meisten pathogenen Arten zu beobachten ist, alsbald absterben, wenn gelegentlich für kurze Zeit die Sauerstoffzufuhr unterbrochen ist.

Nährböden.

Zur Züchtung der Bakterien dienen sowohl feste als flüssige Nährböden.

Flüssige Nährböden, die im Vergleich zu den festen nur wenig gebraucht werden, gelangen fast ausschließlich für vorliegende Reinkulturen zur Verwendung und dienen u. a. dazu, Massenkulturen herzustellen und die verschiedenartigen Lebensäußerungen der Bakterien wahrnehmbar zu machen. So kommt z. B. in Betracht, ob sich Häutchen- oder Sedimentbildung entwickelt, ob Eigenbewegung der Bakterien vorliegt, ob bei ihrem Wachstum Farbstoff produziert wird, ob die Bildung von Indol, Schwefelwasserstoff oder auf Gärungsprozesse zurückzuführende Gasbildung erfolgt und ob sich Phosphoreszenz und Fluoreszenz zeigt.

1. Nährbouillon, die sowohl als flüssiges Nährsubstrat viel verwandt wird, als auch als Ausgangsmaterial für die ge-

---

[1]) Man vermeide bei der Herstellung und Aufbewahrung der Nährböden Glasgefäße, die an wässerige Flüssigkeiten Alkali. abgeben.

bräuchlichsten festen Nährböden (Nährgelatine und Nähragar) dient, wird in folgender Weise bereitet: 500 g feingewiegtes, fettfreies Rind- oder Pferdefleisch werden mit 1 Liter Wasser unter häufigem Umrühren entweder durch 24 stündige Mazeration oder durch halbstündiges Kochen mit zweckmäßig vorangegangener halbstündiger Digestion bei 50° oder durch einstündiges Erhitzen im Dampfbade extrahiert. In dem abgepreßten und 24 Stunden (eventuell im Eisschrank) kalt gestellten Fleischauszug löst man unter Erwärmen 10 g Pepton[1]) und 5 g Kochsalz[2]), fügt darauf zu der auf 1000 ccm aufgefüllten Flüssigkeit soviel Natriumkarbonatlösung, daß bei Anwendung der Tüpfelprobe empfindliches blaues Lackmuspapier gerade nicht mehr gerötet wird. Nachdem man sodann zwecks Klärung das mit wenig Wasser durchgeschüttelte Weiße eines Hühnereies zugemischt hat, wird die Bouillon 1 Stunde im strömenden Dampf erhitzt, darauf durch ein doppeltes Filter filtriert, nochmals auf ihre Reaktion geprüft und, falls nötig, von neuem, wie angegeben, auf den Neutralitätspunkt eingestellt. Von dem fertigen Nährboden bringt man in eine Anzahl sterilisierter Reagenzgläser je 5—10 ccm, während mit dem Rest 100 ccm fassende Arzneiflaschen fast bis zum Halse gefüllt werden. Diese sowie die Reagenzgläser werden mit einem Rohwattepfropfen verschlossen und zum Zwecke der Sterilisation an drei aufeinander folgenden Tagen je ¼ Stunde im Dampfsterilisator bei 100° oder einmal ¼ Stunde im Autoklaven bei 120° erhitzt.

2. Sterilisiertes Peptonwasser (Peptonkochsalzlösung), das für gewisse Zwecke (z. B. für die Choleradiagnose) an Stelle der Nährbouillon Verwendung findet, ist eine wässerige, sterilisierte Lösung von 1—2 % Pepton und 0,5—1 % Kochsalz. Ist die Prüfung auf Indolbildung beabsichtigt, so muß der Lösung außerdem 0,01 % Kaliumnitrit und 0,02 % kristallisiertes Natriumkarbonat zugefügt werden.

3. Blutserum wird so hergestellt, daß man frisches Blut der Schlagadern von Schlachttieren (z. B. vom Rind, Pferd oder Schwein) 24 Stunden kalt stehen läßt, dann das oberhalb des Blutkuchens abgeschiedene Serum abhebert und in Mengen von 5—10 ccm in mit Wattepfropfen zu verschließende, sterilisierte

---

[1]) Zu empfehlen ist Pepton „Witte“.

[2]) Für gewisse Zwecke werden noch andere Zusätze gemacht; so werden für den Nachweis des Gärungsvermögens der Bakterien der Bouillon 0,1—1,0 % Traubenzucker in Form einer konz. steril. Lösung zugesetzt.

Reagenzgläser einfüllt. Hat man diese Prozedur vollständig steril ausgeführt, so kann man, wenn auch nicht mit Sicherheit, den so erhaltenen Nährboden als keimfrei ansehen. Im anderen Falle kann man eine Sterilisation des Serums dadurch zu erzielen suchen, daß man die Gläschen 10 Tage hintereinander je 2—3 Stunden auf 60—65 ⁰ erhitzt, dem Inhalte der Reagenzgläser 1 % Chloroform zusetzt und letztere dann, mit einer sterilisierten Gummikappe oder Gummistopfen verschlossen, 3—4 Wochen stehen läßt. In Anbetracht der nicht völligen Sicherheit dieses Sterilisationsverfahrens empfiehlt es sich, in jedem Falle vor dem Gebrauch die Reagenzgläser 2—3 Tage in den Brutschrank bei 37 ⁰ zu stellen, wobei das Chloroform aus den von den Kappen bezw. Stopfen befreiten Gläschen verdunstet. Alle dann nicht klar durchsichtig gebliebenen Reagenzgläser werden als unbrauchbar ausgeschieden.

Daß auch das Ei [1]) und die Milch als flüssige Nährböden im Gebrauch sind, sei noch kurz erwähnt.

Feste Nährböden. Im Gegensatz zu den flüssigen Nährsubstraten liegt die Bedeutung fester Nährböden hauptsächlich darin, daß man mit ihrer Hilfe leicht Reinkulturen von Bakterien erhalten kann. Verschiedene in einem flüssigen Nährmedium vorhandene Bakterien wachsen, da dessen flüssige Beschaffenheit die Lage der Keime nicht zu fixieren vermag, durcheinander, so daß es selbst bei stärkster Verdünnung eines infizierten flüssigen Nährbodens nur mit großer Mühe gelingt, einen bestimmten Keim zu isolieren. In dem festen Nährboden liegen dagegen die Keime der verschiedenen Bakterienarten unbeweglich an ihrem Platze und wachsen so, mehr oder weniger voneinander getrennt, zu Kolonien aus, aus denen leicht einzelne Keime zwecks Gewinnung von Reinkulturen in andere sterile Nährböden übergeimpft werden können.

Drei Arten fester Nährböden sind zu unterscheiden; erstens solche, die dauernd feste Konsistenz aufweisen, zweitens solche, die ursprünglich flüssig sind, aber durch Erhitzen eine feste Beschaffenheit annehmen und diese dann beibehalten, und drittens solche, die bei gewöhnlicher Temperatur fest sind, bei höheren Wärmegraden sich aber verflüssigen.

---

[1]) Das Ei kommt roh als flüssiger oder gekocht als fester Nährboden zur Verwendung.

Zu der erstgenannten Art gehört der Brotbrei sowie die Kartoffel.

Brotbrei, der namentlich für Schimmelpilzkulturen angewandt wird, ist im trockenen Zustande geriebenes, angefeuchtetes Brot, das in Höhe von etwa 3 cm in mit Wattepfropfen zu verschließende Reagenzgläschen eingefüllt und hierin zwecks Sterilisation drei Tage hintereinander je eine Viertelstunde im Dampf erhitzt wird.

Kartoffeln können, nachdem sie äußerlich gründlich gereinigt, von den Augen befreit und $\frac{1}{2}$ Stunde mit 0,1 %iger Sublimatlösung behandelt sind, $\frac{3}{4}$ Stunden im Dampfapparat gekocht, dann mit sterilem Messer halbiert und in sogenannte feuchte Kammern gebracht werden. Hierunter versteht man Glasdoppelschalen, deren Boden mit angefeuchtetem Filtrierpapier belegt ist (Kochsches Verfahren). Besser werden die Kartoffeln, geschält und in Scheiben geschnitten, in sterilisierte Doppelschalen gelegt und in diesen an drei aufeinanderfolgenden Tagen je $\frac{1}{4}$—$\frac{1}{2}$ Stunde bei 100 ^{0} sterilisiert (v. Esmarchsches Verfahren). Endlich kann man mit einem weiten Korkbohrer auch aus den gereinigten und geschälten, rohen oder gekochten Kartoffeln Zylinder ausstechen und diese durch einen schrägen Schnitt in zwei Keile teilen. Jeden dieser Keile bringt man mit dem breiten Teil nach unten in ein Reagenzglas, das dann, mit einem Wattepfropfen verschlossen, wie beim vorigen Verfahren sterilisiert wird (Verfahren nach Bolton, Globig und Roux).

Blutserum, ein festes Nährsubstrat der zweiten Art, erhält man dadurch, daß man den flüssigen Blutserum-Nährboden in ziemlich horizontal gelegten Reagenzgläschen bei 65—68 ^{0} erstarren läßt. Der Wert dieses Nährbodens liegt einerseits darin, daß er manchen pathogenen Bakterienarten, deren Züchtung auf anderen Nährsubstraten nicht oder nur schwer gelingt, sehr zusagt. Andererseits schätzt man seine Durchsichtigkeit[1]), die eine gute makro- und mikroskopische Beobachtung des Auswachsens der Keime gestattet.

Noch wertvoller als das Blutserum-Substrat sind Nährgelatine und Nähragar, welche die dritte und gebräuchlichste Art der Nährböden verkörpern. Sie sind wie jenes durchsichtig, bieten

---

[1]) Beim Erhitzen über 70 ^{0} geht die Durchsichtigkeit verloren. Ein undurchsichtig erstarrtes Blutserum-Substrat ist aber z. B. für die Diphtheriediagnose noch zu verwenden.

aber außerdem den Vorteil, daß sie sich durch Erwärmen beliebig oft wieder verflüssigen lassen.

Nährgelatine. In Nährbouillon (s. S. 28) bringt man 10%, in der warmen Jahreszeit 12—15% beste weiße Speisegelatine, läßt letztere zunächst quellen und erwärmt dann auf höchstens 60°, bis Lösung erfolgt ist. Die erhaltene Flüssigkeit wird, wie bei Nährbouillon angegeben wurde, neutralisiert[1] und nach Zumischung des Weißen eines Hühnereies durch viertelstündiges Erhitzen im Wasserdampf bei 100° geklärt. Darauf wird sie entweder im Heißluftsterilisator oder unter Verwendung eines Wasserbadtrichters durch ein vorher mit Wasser angefeuchtetes Filter bei einer Temperatur von höchstens 60° filtriert[2]. Das Filtrat wird nochmals auf seine Reaktion geprüft, eventuell von neuem, wie angegeben, auf den Neutralitätspunkt eingestellt und dann in Mengen von ca. 10 ccm derart in sterile Reagenzgläser gefüllt, daß kein Flüssigkeitstropfen sich an den oberen Teil der inneren Glaswandung ansetzt. Nach Verschluß mit einem Wattepfropfen werden die Gläser an drei aufeinanderfolgenden Tagen je 15 Minuten im strömenden Dampf sterilisiert. Von den sterilisierten Gläsern läßt man einige, die zu Strich- und Stichkulturen (s. S. 37) Verwendung finden sollen, in schräger Lage erstarren.

Für die Herstellung eines Gelatine-Nährbodens für Wasseruntersuchungen ist vom Kaiserlichen Gesundheitsamt eine besondere Vorschrift empfohlen[3].

Als geeignete Gefäße zur Herstellung verschiedenartiger flüssiger Nährböden seien der Dahlener Doppeltopf (s. Abb. 9) und der Poettersche Milchkocher, der von der Firma Burghardt & Becher, Chemnitz angefertigt wird, erwähnt.

Abb. 9. Dahlener Doppeltopf.

---

[1] Vgl. S. 28; für einige Bakterienarten ist ein geringer Alkaliüberschuß vorteilhaft.

[2] Für die Filtration größerer Mengen kann auch Th. Pauls Sandfilter benutzt werden (Münch. med. Wochenschr. 1901, S. 106).

[3] Vgl. Veröffentlichungen d. Kaiserl. Gesundheitsamtes 1899, S. 108.

Nährgelatine wird bei 29 ⁰ flüssig. Da der Verflüssigungs-punkt sich entsprechend der Dauer und dem Grade der Erhitzung erniedrigt, vermeide man jedes unnötige Erhitzen und sehe von der Benutzung des Autoklaven beim Erhitzen resp. Sterilisieren ganz ab. Infolge ihres niedrigen Verflüssigungspunktes ist die Nährgelatine als fester Nährboden für Bakterienzüchtungen im Brutofen (bei 37 ⁰) ungeeignet und nur bei Zimmertemperatur verwendbar.

Nähragar. Man löst in Nährbouillon 1,5—2% feinge-schnittenen oder gepulverten Agar[1]), den man vorher gut hat quellen lassen, durch Erhitzen auf und verfährt weiter wie bei der Bereitung der Nährgelatine. Zu bemerken ist, daß die Filtration des Nähragars durch Filtrierpapier Schwierigkeit macht. Man beschränkt sich daher, indem man auf die Erlangung eines ganz blanken Nährsubstrates verzichtet, vielfach darauf, die Agar-lösung durch Watte oder Flanell zu gießen, oder läßt sie warm-gestellt in einem hohen zylindrischen Gefäß längere Zeit absetzen und gießt oder hebert dann die obere klare Schicht vom flockig trüben Bodensatze ab. Auch kann man von der erstarrten und dem Zylinder entnommenen Agarmasse den Bodensatz durch Ab-schneiden mit einem Messer entfernen. Zur Einstellung auf den Neutralitätspunkt ist bei dem Agarnährboden meist weniger Alkali nötig als bei der Nährgelatine, da der Agar neutral, die Gelatine dagegen häufig sauer reagiert.

Im Gegensatz zur Nährgelatine erleidet der Nähragar hin-sichtlich seines Erstarrungsvermögens durch längeres und höheres Erhitzen keinen Schaden. Er wird bei 90—100 ⁰ flüssig und erst beim Abkühlen auf ca. 40 ⁰ wieder fest. Bei seinem Erstarren macht sich eine Ausscheidung von Flüssigkeitstropfen, die man als Kondenswasser bezeichnet, bemerkbar. Da Agar kein Eiweiß-körper ist, findet bei der Agarlösung eine Verflüssigung durch peptonisierende Bakterien, die bei der Nährgelatine große dia-gnostische Bedeutung hat, nicht statt.

Für die Züchtung gewisser pathogener Bakterien (Diphtherie-bazillen, Streptokokken, Tuberkelbazillen) benutzt man eine mit 4—6% Glyzerin gemischte Agarlösung, für die Kultur der Anaë-roben und der verschiedenen Hefearten ist dagegen ein Zusatz

---

[1]) Der vierkantige, aus lose zusammenhängender Masse bestehende „Säulenagar" ist als reineres Präparat dem „Federkielagar" vorzuziehen.

von 0,3—0,5% Traubenzucker, für die Anaërobenzüchtung auch ein solcher von 0,3—0,5% Natriumformiat oder 0,1% indigschwefelsaurem Natrium angezeigt.

Bemerkt sei noch, daß man für gewisse Zwecke auch eine Mischung der genannten Nährböden vornimmt; so verwendet man z. B. ein Gemisch von Nährgelatine, Nähragar oder Bouillon mit Blutserum.

Die Vorschriften für spezielle Nährböden zur Züchtung bestimmter Keime finden sich im speziellen Teil bei der Besprechung der einzelnen Mikroorganismen. Nur ein Spezialnährboden für Typhusbazillen sei hier aufgeführt, da er infolge seiner ziemlich komplizierten Zusammensetzung im speziellen Teil eine zu störende Unterbrechung der Darstellung verursachen würde. Dies ist:

Der Lackmus-Nutrose-Agar nach Conradi-Drigalski[1]). 750 g gehacktes Pferdefleisch mit 2 Liter Wasser 24 Stunden lang stehen lassen; das so erhaltene Fleischwasser 1 Stunde kochen, filtrieren, mit 10 g Pepton „Witte‘‘, 10 g Nutrose und 5 g Natriumchlorid 1 Stunde lang kochen; nach Zusatz von 30 g Agar 2—3 Stunden im Dampfstrom oder 1 Stunde im Autoklaven erhitzen; schwach mit Sodalösung alkalisieren, filtrieren, 1 Stunde kochen; hinzufügen eine Lösung von 10 g Nutrose in 100 ccm Wasser, gut mischen, in Kolben von je 100 ccm abfüllen und an zwei aufeinanderfolgenden Tagen je 20 Minuten im Dampfstrom sterilisieren. Dann wird der etwas abgekühlten Flüssigkeit unter gutem Durchschütteln eine 40—50° warme Lackmus-Milchzuckerlösung zugemischt, die bereitet wird, indem man 130 ccm Lackmuslösung (von O. Kahlbaum, Berlin SO) 10 Minuten kocht, darauf 15 g reinen Milchzucker zufügt und nochmals 15 Minuten kocht[2]). Sollte die Reaktion der Mischflüssigkeit nicht mehr alkalisch sein, so ist sie wieder herzustellen. Darauf gibt man zu der Mischung 4,5 ccm heiße, sterile, 10%ige wässerige Lösung von wasserfreier Soda und 20 ccm folgender Lösung: 0,1 g Kristallviolett B der Höchster Farbwerke, 100 ccm warmes, steriles Wasser. Von der so hergestellten Mischung gießt man dicke Agarplatten und füllt noch eine Anzahl 10 ccm-Röhrchen ab.

Übrigens enthält fast jedes bakteriologische Werk kleine Ab-

---

[1]) Zeitschrift für Hygiene, Band 39. S. 283.
[2]) Die Lösung ist auch fertig von der genannten Firma zu beziehen.

änderungen in der Vorschrift, wie auch die Autoren selbst solche vornehmen. Vgl. Zentralbl. für Bakteriologie 1902, XXXI. Band, S. 222. Diese Zusammensetzung wird besonders von Dr. Grübler—Leipzig empfohlen.

Die Art der Überimpfung des Lackmus-Nutrose-Agars mit Typhusbazillen ist auf S. 61 angegeben.

Das Abfüllen flüssiger oder verflüssigter Nährböden geschieht zweckmäßig in folgender Weise: Auf den Hals des Kolbens oder der Flasche, in die man den Nährboden eingefüllt hat, setzt man einen sterilisierten, doppelt durchbohrten Gummistopfen auf, durch dessen eine Bohrung ein bis auf den Boden des Gefäßes reichendes Glasrohr führt, während in die andere Bohrung ein kürzeres Glasrohr eingefügt ist, das durch ein mit einem Quetschhahn versehenes Stück Gummischlauch mit einem etwas längeren Glasrohr verbunden ist. Man stellt das Gefäß dann mit dem Hals nach unten[1]) in den Ring eines Stativs ein und kann nun ohne Schwierigkeit den Nährboden so in die Reagenzgläser einfüllen, daß sich am oberen Teil ihrer Innenwandung keine Flüssigkeit ansetzt und auch das Eindringen von Luftkeimen in den Nährboden nach Möglichkeit ausgeschlossen ist. Sollen bestimmte Mengen eines flüssigen Nährbodens in die Reagenzgläser eingefüllt werden, so versieht man diese am besten vorher mit einem entsprechenden Markierstrich.

Die verschiedenen Kulturmethoden.

Die Plattenkultur, die von den verschiedenen für die Bakterienzüchtung angewandten Methoden an erster Stelle genannt werden muß, ist das gebräuchlichste Verfahren zur Trennung verschiedener Bakterienarten. Es besteht darin, daß man einen festen und durchsichtigen Nährboden verflüssigt, dann mit wenig Bakterienmaterial gut durchmischt und in dünner Schicht über eine große Fläche ausgießt, so daß die einzelnen Keime in dem

---

[1]) Es darf hierbei kein Nährboden von unten in das bis auf den Boden des Abfüllgefäßes reichende Glasrohr hineingelangen. Das Gefäß darf daher nur etwa zur Hälfte mit Nährboden gefüllt sein und muß in schräger Lage mit dem Stopfen verschlossen werden.

bald erhärtenden Nährboden ihrer Lage nach fixiert sind und, voneinander getrennt, zu Kolonien auswachsen.

Gelatine- und Agarplatten, die eine sehr verbreitete Verwendung finden, werden in folgender Weise bereitet: Von drei numerierten und in ein Wasserbad von 35—40 ° gestellten Gelatineröhrchen nimmt man zunächst Röhrchen I so in die linke Hand, daß es schräg nach oben gerichtet und mit der Mündung nach rechts zwischen Daumen und Zeigefinger der nach oben gekehrten Handfläche liegt. Man entfernt dann mit der rechten Hand unter drehender Bewegung den Wattepfropfen und klemmt letzteren zwischen zwei Finger der linken Hand fest, ohne den zum Einführen in das Röhrchen bestimmten unteren Pfropfenteil zu berühren. Mit der Platinöse werden nun von einem vorliegenden flüssigen Impfmaterial, je nach dem Bakteriengehalt, 1—3 Ösen auf den verflüssigten Nährboden übertragen, während konsistenteres Material entweder in geringer Menge an der Innenwand des Röhrchens unter Benutzung des Platindrahts mit dem Nährsubstrat verrieben oder vorher in sterilisiertem Mörser mit etwas Nährbouillon in die Form einer flüssigen Suspension gebracht wird. Nachdem durch geeignetes Drehen des schräg gehaltenen Röhrchens eine gleichmäßige Verteilung des überimpften Bakterienmaterials in dem wieder mit dem Wattepfropfen verschlossenen, als „Original" bezeichneten Röhrchen bewirkt ist, nimmt man Röhrchen II aus dem Wasserbade, legt es parallel zu Röhrchen I in die linke Hand, entfernt beide Wattepfropfen, von denen der eine zwischen Mittel- und Ringfinger, der andere zwischen Zeige- und Mittelfinger der linken Hand festgeklemmt wird, und impft nun 3 Ösen aus Röhrchen I in Röhrchen II über, worauf beide wieder mit dem Wattepfropfen geschlossen werden und Röhrchen I beiseite gestellt wird. Darauf wird in analoger Weise mit dem gut gemischten, als „erste Verdünnung" bezeichneten Inhalt des Röhrchens II eine Impfung des Röhrchens III vorgenommen, das dann die „zweite Verdünnung" enthält. Die so überimpften Nährböden der 3 Röhrchen gießt man schließlich in 3 numerierte Petrische Glasdoppelschalen[1]) von 9—10 cm Durchmesser aus, die vorher, in Papier eingehüllt, durch zweistün-

---

[1]) Das ursprüngliche Kochsche Verfahren, das Ausgießen auf Glasplatten vorzunehmen, ist als weniger praktisch nicht mehr viel im Gebrauch.

diges Erhitzen auf 150—160⁰ sterilisiert sind. Beim Füllen der Schalen hebt man, um das Einfallen der Luftkeime nach Möglichkeit zu verhindern, den Schalendeckel nur einseitig so weit hoch, daß das Röhrchen ausgegossen werden kann. Zu beobachten ist auch bei der Herstellung der Plattenkultur, daß Platindraht bezw. Platinöse in ganzer Drahtlänge, ebenso auch das untere Ende des Glasstabes unmittelbar vor und nach jedem Gebrauch auszuglühen bezw. abzuflammen sind und erst nach dem Wiedererkalten benutzt werden dürfen; ferner, daß man ebenfalls behufs Abtötung anhaftender Keime zweckmäßig vor dem Öffnen eines Reagenzglases dessen Wattepfropfen oberflächlich absengt und den äußeren Rand der Öffnung des Glases durch die Flamme zieht.

Wird Nähragar für die Plattenkultur verwandt, so empfiehlt es sich, den Nährboden, damit er zu einer gleichmäßig ebenen Fläche erstarrt, nicht zu sehr abgekühlt, vielmehr 35—40 ⁰ warm in die etwas angewärmten Schalen auszugießen.

Mit überimpftem Nähragar beschickte Schälchen bringt man, nachdem das Nährsubstrat erhärtet ist, in den Brutofen bei 37⁰, und zwar mit dem Deckel nach unten, damit das beim Erstarren dieses Substrates austretende Kondenswasser abtropfen kann und nicht durch Ausbreitung auf der Oberfläche des Substrates dem getrennten Auswachsen der Keime entgegenwirkt. Schälchen mit abgeimpften Gelatine-Nährboden werden dagegen zum Auskeimen meist in ein ca. 20⁰ warmes Zimmer gestellt.

v. Esmarchsche Rollröhrchen, die als eine Modifikation des Plattenverfahrens anzusehen sind, können auf doppelte Art hergestellt werden. Entweder läßt man etwa 6 ccm infizierte, verflüssigte Gelatine in einem Röhrchen, das man in fast horizontaler Lage beständig und schnell dreht und durch Wasser oder Eis kühlt, erstarren; oder man fügt nach Schill in das den flüssigen Nährboden enthaltende Röhrchen ein zweites engeres ein, wodurch der Nährboden in dünner Schicht zwischen den Wandungen beider Röhrchen in die Höhe steigt, und zieht nach dem Erstarren des Nährbodens das durch hineingegossenes, lauwarmes Wasser angewärmte innere Röhrchen heraus. Diese Rollröhrchen sind auf das beste gegen Verunreinigung durch Keime geschützt. Bei Agar-Rollröhrchen muß man Lösungen von 2 statt 1½% Agar verwenden oder einige Tropfen arabischer Gummilösung zusetzen, damit der Nährboden an der Innenwand des Reagenzglases haftet. Gelatine-Rollröhrchen sind für die Züchtung solcher Bakterien, die die Nährgelatine stark verflüssigen, nicht geeignet.

Strichkulturen werden sowohl auf Kartoffeln angelegt als auch auf Gelatine-, Agar- und Blutserum-Nährböden, die in Reagenzgläsern schräg erstarrt oder in Petrische Schalen ausgegossen sind. Man zieht entweder mit der infizierten Platinöse einen bezw. wenige „Impfstriche" auf den Nährböden oder verreibt (bei Nähragar und Kartoffel) das Impfmaterial auf der Oberfläche des Nährsubstrates. Meist wird dieses „Oberflächenkulturverfahren" für die Züchtung von Bakterienreinkulturen benutzt; es ermöglicht aber auch die Isolierung verschiedener Bakterienarten. Wenn man nämlich mit der Platinöse, ohne sie jedesmal neu zu sterilisieren, mehrere Röhrchen, wie angegeben, nacheinander abimpft, so werden die zuletzt abgeimpften, wie erwünscht, meist eine geringe Zahl für die Gewinnung von Reinkulturen geeigneter Kolonien auswachsen lassen.

Stichkulturen sind Reagenzglaskulturen, die in der Weise angelegt werden, daß man mit der infizierten Platinnadel einmal in den im senkrecht stehenden Röhrchen erstarrten Nährboden einsticht. Für die Züchtung der Anaëroben ist ein tiefer Stich erforderlich. Führt man den Stich in der Nähe der Reagenzglaswandung aus, so kann man mit dem Mikroskop bei Einstellung einer schwachen Vergrößerung das Auswachsen der Keime verfolgen.

Flüssigkeitskulturen erhält man dadurch, daß man in Bouillon, Peptonwasser etc. eine Öse Bakterienmaterial hineinbringt. Als Unterart ist hier auch die Kultur im hängenden Tropfen (vgl. S. 11) zu erwähnen. In einem nach der Methode des hängenden Tropfens hergestellten mikroskopischen Präparat findet bei richtig einwirkenden Temperaturverhältnissen ein Wachstum der vorhandenen Bakterien statt, dessen Fortschreiten man mit dem Mikroskop in bester Weise beobachten kann.

Untersuchung und Abimpfung der Plattenkulturen.

Im Verlaufe von 1—3 Tagen werden die abgeimpften Platten mehrmals betrachtet, und zwar sowohl makroskopisch wie auch mit Lupe oder Mikroskop bei etwa 50facher Vergrößerung unter Verwendung des Hohlspiegels und Abblendung des Abbeschen Apparates durch die enge Blende. Entweder untersucht man die Platten bei abgehobenem Schalendeckel von oben oder legt sie mit dem Boden nach oben unter das Mikroskop. Insbesondere wird festgestellt, wieviel Kolonien ausgewachsen sind, in welcher Art z. B. in bezug auf räumliche Ausdehnung und Gestaltung des Randes ihr Wachstum erfolgt, ob Farbstoffbildung oder Verflüssigung der Gelatine wahrnehmbar ist. Bei der Beurteilung des Wachstums ist zu berücksichtigen, daß die Kolonien der gleichen Bakterienart, je nachdem sie auf oder in dem Nährboden wachsen, vielfach ein verschiedenes Aussehen zeigen. Man kann auch ein Deckglas auf die Plattenkultur legen und dann die Untersuchung mit stärkerem Linsensystem vornehmen; ferner eignet sich eine Platte mit nicht zu alten Kulturen auch zur Herstellung von Situsbildern in Klatschpräparaten[1]). Von den hierfür benutzten Plattenstellen darf natürlich kein Material zur Abimpfung entnommen werden.

Zwecks Abimpfung „fischt" man von den ausgewählten, isoliert stehenden Kolonien durch Betupfen mit der an der Spitze etwas umgebogenen Platinnadel unter sorgsamer mikroskopischer Kontrolle etwas Material, das einerseits zu Präparaten im hängenden Tropfen und gefärbten Trockenpräparaten, andererseits zur Züchtung von Reinkulturen benutzt wird. Für letztere Zwecke kommen meist die Stich- und Strichkulturen in Betracht.

Anaëroben-Züchtung.

Die Gegenwart freien Sauerstoffs, die für das Wachstum der meisten Bakterienarten Bedingung ist, wirkt auf gewisse Bakterien entwickelungshemmend. Man unterscheidet daher Aëroben und Anaëroben. Letztere teilt man, je nachdem für ihr Gedeihen ein vollständiger oder beschränkter Luftabschluß erforderlich ist, wieder in obligate oder strenge und fakultative oder temporäre Anaëroben ein.

Zwecks vorteilhafter Beeinflussung des Wachstums der Anaëroben erhalten die Nährböden einen Zusatz von Traubenzucker (1%), Natriumformiat (0,3—0,5%) oder indigschwefelsaurem Natrium (0,1%). Auch werden sie zweckmäßig kurz vor der Ab-

---

[1]) Siehe S. 15.

impfung durch einmaliges Aufkochen vom Sauerstoff möglichst befreit und dann schnell abgekühlt. Unter Verwendung so präparierter Agar- oder Gelatine-Nährböden lassen sich von den nicht sehr sauerstoffempfindlichen Anaëroben mit Erfolg Stichkulturen anlegen, indem man mit der infizierten Platinnadel in das im Reagenzglase erstarrte, etwa 10 cm hohe Nährsubstrat tief einsticht. Man kann auch verflüssigten Nährboden impfen und nach dessen Erstarren eine Schicht Agarsubstrat oder auch sterilisiertes Paraffin oder Öl darauf gießen. Abgeimpften Bouillonnährboden, den man mit Paraffin überschichten will, läßt man am besten vorher gefrieren. Auch Strichkulturen kann man mit einer Schicht aus Agarsubstrat oder Paraffin bedecken.

Für die zur Züchtung der strengen Anaëroben erforderliche völlige Entfernung des Sauerstoffes kommen Verfahren mechanischer und chemischer Art in Betracht.

Mechanische Verfahren: Man erwärmt die überimpften, oben kanülenartig ausgezogenen Kulturröhrchen im Wasserbade gelinde (Gelatineröhrchen auf 30—35 ^{0}, Agarröhrchen auf 42 ^{0}), evakuiert sie mit der Wasserstrahlluftpumpe und schmilzt sie dann an der verengten Stelle zu (Methode von Gruber). Oder man verschließt die überimpften Reagenzgläser gut mit einem Kautschukstopfen, durch den (wie bei der Spritzflasche) ein längeres und ein kürzeres Glasrohr hindurchreichen. Durch ersteres läßt man reines, vorher nacheinander durch wässerige Jodkalium- und alkalische Pyrogallussäurelösung hindurchgeleitetes Wasserstoffgas solange in das Gläschen eintreten, bis die Luft dadurch entfernt ist, worauf beide Röhrchenenden zugeschmolzen werden. Plattenkulturen stellt man in einen tubulierten Exsikkator, aus dem man die Luft in analoger Weise verdrängt (Methode von Fraenkel-Hüppe).

Chemisches Verfahren: Es beruht auf der Eigenschaft der alkalischen Pyrogallussäurelösung, den Sauerstoff chemisch zu binden. Man stellt das überimpfte, nur lose mit dem Wattestopfen geschlossene Kulturröhrchen in einen etwa 100 ccm fassenden Glaszylinder, der 5 ccm einer 20%igen Pyrogallussäurelösung enthält, läßt zu dieser noch 3 ccm 15%ige Kalilauge fließen und verschließt den Zylinder dann sofort mit einem gut paraffinierten, eingeschliffenen Glasstöpsel oder Kautschukstopfen. Plattenkulturen bringt man in einen gut schließenden Exsikkator, auf dessen Boden eine Schale für die Aufnahme der alkalischen Pyro-gallussäurelösung steht (Methode von Buchner).

Zweckmäßig kann man auch das chemische Verfahren mit einem der mechanischen kombinieren. Die Röhrchen bezw. der Exsikkator, in denen die chemische Bindung des Sauerstoffs erfolgen soll, werden dann gleichzeitig entweder evakuiert oder mit Wasserstoffgas gefüllt.

c) Der Nachweis durch den Tierversuch.

Wie das Kulturverfahren dient auch der Tierversuch zur Ergänzung und Unterstützung des mikroskopischen Untersuchungs-resultates. Der Tierversuch ermöglicht eine Prüfung der krank-heiterregenden Wirkung der Bakterien. Für die sichere Identi-fizierung gewisser Bakterienarten kann er nicht entbehrt werden und ist namentlich da von größter Bedeutung, wo es sich um die endgültige Bestätigung eines Seuchenverdachtes handelt.

Liegt ein mehrere Bakterienarten enthaltenes oder ein bak-terienarmes Untersuchungsmaterial vor, so erreicht man durch den Tierversuch häufig unschwer auch die für die mikrosko-pische Untersuchung wertvolle Isolierung bezw. Anreicherung einer Bakterienart.

Für die Fortzüchtung von Bakterienkulturen ist der Tier-versuch insofern von Bedeutung, als es gelingt, Kulturen, die durch wiederholtes Überimpfen auf künstliche Nährböden Einbuße an ihrer pathogenen Wirksamkeit erlitten haben, durch die „Tier-passage" wieder virulent zu machen [1]).

Als Versuchstiere verwendet man am meisten Mäuse (weiße oder graue Hausmäuse und Feldmäuse) sowie Ratten, Meer-schweinchen, Kaninchen, Tauben und Hühner. Man wählt für den Versuch eine Tierart, die auf den Infektionserreger gut reagiert.

Auf dreifache Weise kann man den Tierkörper mit Bakterien-material infizieren, und zwar durch Verfütterung, Einatmung und Impfung.

---

[1]) So erzielt man z. B. bei dem viel angewandten Verfahren der Ver-nichtung der Feldmäuse mit den Löfflerschen Mäusetyphusbazillen einen sichereren Erfolg, wenn man für die Durchtränkung der zu verfütternden Brotstücke die wässerige Suspension eines erst kurz vor dem Gebrauch in seiner Virulenz durch die „Tierpassage" gestärkten Bakterienmaterials benutzt.

Die Verfütterung, das einfachste und natürlichste, wenn auch nicht sicherste Infektionsverfahren, nimmt man in der Weise vor, daß man das Bakterienmaterial entweder der Nahrung der Tiere zusetzt oder es ihnen mit der Schlundsonde in den Magen einführt.

Die Methode, Tiere durch Einatmung zu infizieren, besteht darin, daß man sie Luft einatmen läßt, in der eine Bakterienaufschwemmung verstäubt ist.

Die kutane Impfung wird in der Weise vorgenommen, daß der Impfstoff in die rasierte geritzte Haut mit Hilfe einer vorher steril gemachten Platinöse eingerieben und die betreffende Körperstelle mit einem Kollodiumüberzug bedeckt wird.

Die subkutane Impfung erfolgt zweckmäßig so, daß man mit steriler Schere einen kleinen Einschnitt in eine vorher mit 0,1%iger Sublimatlösung entkeimte Hautstelle macht und die infizierte Platinöse möglichst tief unter die Haut einführt. Flüssiges Bakterienmaterial kann, eventuell mit physiol. Kochsalzlösung vermischt, auch mit der Pravaznadel injiziert werden. Mäuse und Ratten impft man oberhalb der Schwanzwurzel, Kaninchen am Grunde eines Ohres, Meerschweinchen an der Bauch- oder Brustseite, Tauben und Hühner auf der Brust.

Die intravenöse Impfung wird meist in die Ohrvenen der Kaninchen gemacht.

Die intraperitoneale Impfung nimmt man (z. B. an Meerschweinchen zwecks Nachweis von Tuberkelbazillen in Milch, Butter und Harn) in der Nähe des Nabels vor, indem man nach Durchschneiden der Bauchstelle eine stumpfe Kanüle durch die Muskeln und durch das Peritoneum einführt.

Die intraokulare Impfung findet am kokainisierten Auge statt, so zwar, daß man durch die dicht am Rande der Hornhaut eingestochene Kanüle einige Tropfen der Impfflüssigkeit in die vordere Augenkammer einfließen läßt.

Geimpfte Tiere werden, möglichst für sich abgesondert, in geeigneten Behältern, welche leicht zu desinfizieren sind, untergebracht. Für größere Tiere (z. B. Kaninchen) eignen sich Steintöpfe, für kleinere Tiere (z. B. Mäuse) Einmachgläser. Die durch aufgelegte Drahtnetze zu verschließenden Gefäße werden äußerlich in geeigneter Weise gekennzeichnet.

Die Sektion der Versuchstiere geschieht möglichst bald nach ihrem Tode unter Verwendung steriler Instrumente. Die Gewinnung reinen Versuchsmaterials läßt es häufig auch zweckmäßig erscheinen, den Tod der Tiere künstlich (z. B. durch Schlag oder Chloroform) herbeizuführen. Den Tierkadaver spannt man auf ein Brett, öffnet sein Inneres, um Herz, Milz, Leber, Lymphdrüsen etc. zwecks Entnahme von Infektionsmaterial für die Anlegung von Kulturen und die Anfertigung von Präparaten freizulegen. Man macht Präparate von der Impfstelle, der Flüssigkeit der Körperhöhlen und von den inneren Organen.

Die Tierkadaver werden schließlich am besten verbrannt. Vor und nach der Sektion sind alle benutzten Gebrauchsgegenstände und Instrumente sorgfältig zu sterilisieren und die Hände gründlich zu desinfizieren.

d) Der serodiagnostische Nachweis.

Dieser ist aus praktischen Gründen im Anschluß an den Abschnitt „Die wichtigsten für den Menschen pathogenen Mikroorganismen" behandelt worden (s. S. 83).

B. Spezieller Abschnitt.

I. Die wichtigsten für den Menschen pathogenen Mikroorganismen.

Neben zahlreichen anderen Gründen, die eine gewisse Kenntnis der krankmachenden Mikroorganismen für den Apotheker als unbedingt erforderlich erscheinen lassen, ist nicht als letzter der Umstand anzuführen, daß sich die Ausführung bakteriologischer Untersuchungen zur Stellung oder Sicherung von Krankheitsdiagnosen mit der doch fast ausschließlich häuslichen Tätigkeit des Apothekers naturgemäß sehr bequem verbinden läßt, während ein vielbeschäftigter praktischer Arzt oft nur sehr schwer die Zeit zu diesen meist mehr oder weniger langdauernde Laboratoriumstätigkeit erfordernden Arbeiten finden wird.

Zur Systematik der pathogenen Mikroorganismen.

Die Mehrzahl der pathogenen Keime steht auf der niedrigsten Stufe organischer Entwickelung und hat noch keine ausgesprochen pflanzlichen oder tierischen Eigenschaften aufzuweisen. Aus praktischen Gründen ist es aber unerläßlich, sie in bestimmter Weise ins Pflanzen- und Tierreich einzuordnen. Man hat sich daher in der Tat zu einem großen Teil nur aus dem eben angeführten Grunde dahin geeinigt, die Bakterien, die die weitaus größte Zahl der Krankheitserreger stellen, den Pflanzen zuzurechnen, während man die übrigen von den niedrigst stehenden pathogenen Keimen, die den Protozoën angehören, mit diesen dem Tierreiche zuzählt. Außer den genannten gibt es nun noch eine Reihe krankmachender Mikroparasiten, die, mit schon etwas mehr ausgesprochenen pflanzlichen Eigenschaften ausgestattet, zum Teil eine Art Übergangsformen zu den echten niederen Pflanzen, speziell den echten Pilzen, darstellen, zum Teil diesen auch selbst angehören. — Wir kommen so zu der im Folgenden durchgeführten Einteilung.

Im Interesse der Übersichtlichkeit und, um ein recht rasches Auffinden des Gesuchten beim Nachschlagen zu ermöglichen, wird das Verhalten der einzelnen Arten immer nach folgenden vier Gesichtspunkten dargestellt werden:

a) Vorkommen und Art der pathogenen Wirkung im Menschen [1]),

b) Befund im mikroskopischen Bild,

c) Verhalten gegenüber künstlichen Nährböden,

d) Verhalten beim Tierversuch [2]).

---

[1]) Bei dem rein praktischen Zweck dieses Buches könnte dieser Punkt im Folgenden vielleicht zu ausführlich behandelt erscheinen. Wir betonen daher ausdrücklich, daß es in erster Linie gerade praktische Rücksichten waren, die es uns erforderlich erscheinen ließen, daß der mit pathogenen Keimen Arbeitende sich auch über das Wesentlichste von der Art und Weise und der wichtigsten Lokalisation ihrer krankmachenden Wirkungen im Menschen sofort unterrichten kann.

[2]) Im allgemeinen wird es nicht Aufgabe des Apothekers sein, Tierversuche anzustellen. Einerseits gehören aber wenigstens die allerwichtigsten Angaben über die Ergebnisse dieser Versuche zu einer einigermaßen vollständigen Darstellung der pathogenen Keime, und andererseits kann doch gelegentlich dieser oder jener in die Lage kommen, allein oder in Gemeinschaft mit dem Arzte Tierexperimente ausführen zu müssen.

a) Pathogene Mikroorganismen des Pflanzenreichs.
α) Bakterien [1]).

Eine Ordnung der Bakterienarten nach einem natürlichen System ist bisher noch nicht gelungen. Wir verwenden daher die aus rein äußerlichen Beobachtungen hergeleitete Einteilung in:

Kokken: kugelförmige Bakterien,

Bazillen [2]): stäbchenförmige Bakterien,

Spirillen oder Vibrionen: korkzieher- oder schraubenförmige Bakterien.

Kokken.

1. Der Staphylococcus (Traubencoccus) pyogenes (eitererregend). a) Er und der folgende sind die häufigsten Ursachen von Eiterungen, und man pflegt sie daher meist kurzweg als Eitererreger [3]) zu bezeichnen. Fast regelmäßig auch auf der gesunden Haut nachweisbar, veranlaßt der Staphylococcus die weitaus

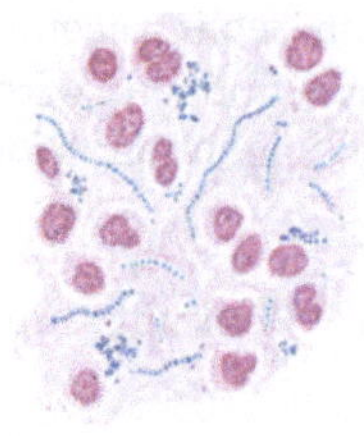

Abb. 10.
Staphylokokken, Streptokokken u. Pneumokokken im Sputum-Ausstrich. (Gramsche Färbung.) Nach F. Rolly.

größte Zahl der eiterigen Prozesse an der Haut und ihren Anhangsorganen (Akne, Furunkel, Karbunkel, Abszesse, Phlegmonen meist mehr zirkumskripter Natur); außerdem ist er der häufigste Erreger eiteriger Knochenerkrankungen, ganz besonders der akuten eiterigen Knochenmarkentzündung (Osteomyelitis). Auch bei bakterieller Endokarditis soll er die häufigste Ursache sein. Ganz allgemein kann man sagen, daß er an jedem Organ bei eiterigen Prozessen die alleinige Ursache oder wenigstens an deren Zustandekommen mit beteiligt sein kann; auch das Bild einer allgemeinen Sepsis kann er hervorrufen, indem er in den Blutkreislauf eindringt. Relativ selten findet man ihn bei Entzündungen seröser Häute. — Seine Haltbarkeit im Körper ist sehr bedeutend; in abgekapselten Herden kann er Jahrzehnte lang entwickelungsfähig bleiben.

----

[1]) Betreffs Morphologie und Physiologie der Bakterien im allgemeinen verweisen wir auf die Lehrbücher der Botanik und Bakteriologie.

[2]) Mit den Worten „Bakterien“ und „Bazillen“ werden meist nicht verschiedene, bestimmt definierte Begriffe verbunden, sondern sie werden oft miteinander vertauscht angewandt.

[3]) Den Begriff spezifischer Eitererreger kann man nicht aufrecht erhalten, da die große Mehrzahl der pathogenen Keime, vor allem der Bakterien, Eiterbildung veranlassen kann.

b) Praktisch kommen für die mikroskopische Untersuchung fast nur Präparate von Eiter (s. Abb. 10) oder von künstlichen Kolonien in Frage. Das Charakteristische am mikroskopischen Bild, was dem Keim auch seinen Namen gegeben hat (s. o.), ist die Anordnung der unbeweglichen, durchschnittlich 0,7 μ im Durchmesser großen Kugeln in unregelmäßigen, an die Form von Weintrauben erinnernden Verbänden. Je nach seiner Fähigkeit, Farbstoff zu bilden, unterscheidet man verschiedene Formen: St. aureus, St. citreus, St. albus. Praktisch der wichtigste ist der aureus, doch ist zu bemerken, daß die Farbstoffbildung oder ihr Fehlen nicht sehr konstante Eigenschaften sind. — Er färbt sich mit allen gebräuchlichen Anilinfarbstoffen, ist gram-positiv.

c) Auf den künstlichen Nährböden (besonders Gelatine, Agar, Kartoffeln, Bouillon) wächst er schon bei Zimmertemperatur, besser bei höherer (Wachstumsoptimum bei 37 °), aërob besser als anaërob. Er bildet meist sehr üppige, scheibenförmige (beim aureus orangegelbe), scharfrandige Kolonien mit dunklerem Zentrum und hellerer Peripherie. Gelatine verflüssigt er. In den von ihm gebildeten Giften sind blutlösende Substanzen enthalten.

d) Bei Versuchstieren kann man, virulente Kulturen vorausgesetzt, durch subkutane Impfungen Abszesse hervorrufen. (Beim Menschen ist experimentell festgestellt worden, daß Einreibung von St.-Kulturen in die gesunde, unverletzte Haut die Entstehung von Furunkeln veranlaßt.) Bringt man St. ins Knochenmark, vor allem verletzter Knochen oder von Knochen junger Tiere, so entsteht eine akute Osteomyelitis. Auch akute Endokarditis kann man experimentell hervorrufen. In den Kreislauf von Tieren gebracht geben St. die Symptome allgemeiner Sepsis, an der die betreffenden Tiere meist in einigen Tagen zugrunde gehen. Am empfänglichsten sind Kaninchen, auch weiße Mäuse eignen sich sehr gut.

2. Der Streptococcus (Ketten- oder Perlschnurcoccus) pyogenes. a) Wie oben erwähnt (s. S. 44), ist er neben dem Staphylococcus der wichtigste Eitererreger. Zwar können die durch ihn hervorgerufenen Erkrankungen von der verschiedensten Intensität sein, im allgemeinen lehrt aber die Erfahrung, daß sie gegenüber den Staphylokokkeninfektionen meist wesentlich bösartiger verlaufen; sie zeigen durchschnittlich weit mehr Tendenz, über die lokale Infektionsstelle hinaus auf dem Lymph- oder Blutwege sich im Körper zu verbreiten (Str.-Sepsis); außerdem erzeugen sie gewöhnlich viel heftiger wirkende Toxine, die in den

Kreislauf gelangen und zum Auftreten ausgesprochenerer Allgemeinerscheinungen führen: intensiveres Krankheitsgefühl, Fieber,
eventuell Benommenheit.   Abgesehen von den gewöhnlichen
Wundeiterungen ist der Str. fast ausnahmslos der Erreger des
Erysipels, der bösartigen Phlegmonen, der meisten Anginen, des
Puerperalfiebers (im Grunde genommen fast immer ebenfalls
Wundinfektionen).   Außerdem hat er eine sehr große, oft für den
Ausgang entscheidende Bedeutung als komplizierendes Moment
bei vielen Infektionskrankheiten, besonders Scharlach, Diphtherie,
Lungentuberkulose.

b) Im mikroskopischen Bild (s. Abb. 10) sieht man die unbeweglichen Kokken häufig zu mehr oder weniger langen Ketten
angeordnet („Ketten- s. Perlschnurcoccus"); meist sind längere
Ketten vorwiegend nur bei den auf künstlichen Nährböden gezüchteten Str. zu beobachten, während im Körper gewöhnlich
nur kürzere gebildet werden.   Da es neben den pathogenen auch
nicht pathogene Str. gibt, wäre es von Wert, durchs Mikroskop
entscheiden zu können, ob man virulente Formen vor sich hat.
Dies ist jedoch nicht möglich bei vom Menschen direkt entnommenem Material.   Wenn man aber auf Bouillon Kulturen anlegt,
so findet man, daß die nicht pathogenen Arten gewöhnlich nur
kurze („Str. brevis"), die pathogenen dagegen längere („Str.
longus") Ketten bilden; eine sichere Entscheidung dieser Frage
ist aber nur durch den Tierversuch zu erbringen. — Der Str. ist
leicht mit den basischen Anilinfarben färbbar, gram-positiv (mit
verschwindenden Ausnahmen).

c) Er wächst bei Zimmertemperatur auf allen Nährmedien,
besser bei höherer Temperatur (Optimum 37 °), aber immer ziemlich langsam, meist in kleinsten, punktförmigen, durchscheinenden
Kolonien (im Gegensatz zu den üppigen Kolonien der Staphylokokken), aërob besser als anaërob.   Gelatine verflüssigt er nicht;
er bildet hämolytische Substanzen.

d) Die Virulenz der Str. ist sehr verschieden und läßt sich
auch leicht durch Veränderungen in den äußeren Lebensbedingungen
beeinflussen.   So verlieren die Str. auf den meisten künstlichen
Nährböden sehr rasch ihre Virulenz.   Außerdem besteht auch eine
sehr ausgesprochene spezifische Virulenz einzelner Str.-Stämme
für bestimmte Tierspezies, und es läßt sich diese auch noch durch
wiederholte Passage durch Individuen derselben Tierart beträchtlich steigern, wobei in demselben Maße die Virulenz für Tiere

anderer Spezies herabgesetzt wird. So ist es verständlich, daß die Tierexperimente oft recht abweichende Resultate liefern und so nur eine untergeordnete Rolle spielen können. Im allgemeinen sind Mäuse und Kaninchen am empfänglichsten. Von Interesse ist, daß bei hoher Virulenz im allgemeinen weniger Neigung zu Eiterbildung besteht.

NB. Eine Darstellung der verschiedenen Versuche, die einzelnen Str.-Rassen in Unterarten einzuordnen, würde über den Rahmen dieses Buches hinausgehen.

3. Der Gonococcus (Neißer 1879). a) Er erzeugt die als Gonorrhoe (Tripper) bekannte Erkrankung, die im wesentlichen nur Schleimhäute befällt. Nicht alle Schleimhäute sind aber gleich empfänglich für die Infektion, sondern praktisch kommen fast ausschließlich nur die folgenden in Betracht: die Schleimhaut der Harnröhre nebst ihren drüsigen Anhangsorganen, die der inneren weiblichen Genitalorgane (Gebärmutter, Eileiter), des Mastdarmes, bei Kindern auch die der Scheide (die gefürchtete Vulvovaginitis kleiner Mädchen) und der Augenbindehaut (früher die häufigste Ursache der Erblindung); etwas weniger infektionsempfänglich, aber im Falle der Infektion um so schwerer heilbar, ist die Augenbindehaut Erwachsener; wesentlich geringer ist die Infektionsmöglichkeit der Blasen- und Mundschleimhaut. Von den Genitalorganen aus kann eine Infektion der Bauchhöhle (bei dem eiterigen Eileiter-Tripper der Frauen) oder auch eine Weiterverbreitung der Keime auf dem Lymph-, ja selbst dem Blutwege erfolgen und so zu einer Allgemeininfektion des Körpers führen. Als Prädilektionsstellen für die Festsetzung der Keime in den letztgenannten Fällen erweisen sich vor allem Herzklappen

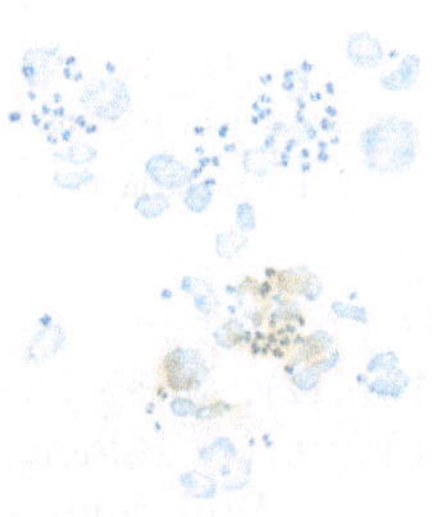

Abb. 11.
Gonokokken im Harnröhrenausfluß (Methylenblaufärbung).
Nach F. Rolly.

(gonorrhoische Endocarditis) und Gelenke (sogenannter Tripper-Rheumatismus).

b) Für den mikroskopischen Gonokokkennachweis kommt in der Praxis in allererster Linie das Ausstrichpräparat vom Harnsediment[1]) oder von mehr oder weniger reinem Eiter (s. Abb. 11) der betreffenden erkrankten Schleimhaut in Frage; da nur in Ausnahmefällen eine künstliche Züchtung erforderlich ist, so wird

---

[1]) Vorher abstumpfen mit etwas Natriumbikarbonat.

man auch nur relativ selten in die Lage kommen, eine Untersuchung der etwa erhaltenen Kolonien vornehmen zu müssen. — Die bei gewöhnlicher Färbung (s. u.) dunkel erscheinenden Gonokokken sind leicht durch die folgenden drei sehr wichtigen Charakteristika zu diagnostizieren: 1. Immer sind zwei Kokken mit abgeplatteten Berührungsflächen aneinandergelagert und bilden so semmel- oder kaffeebohnenförmige sogenannte Diplokokken. Da diese sich immer bei der Teilung gleich in zwei neue Diplokokkenpaare spalten, sieht man nicht selten Vierergruppen. 2. Lagerung der einzelnen Diplokokken in Haufen; diese gehört zu einer zuverlässigen Diagnose, einzeln liegende Diplokokken sind nur mit der allergrößten Vor-

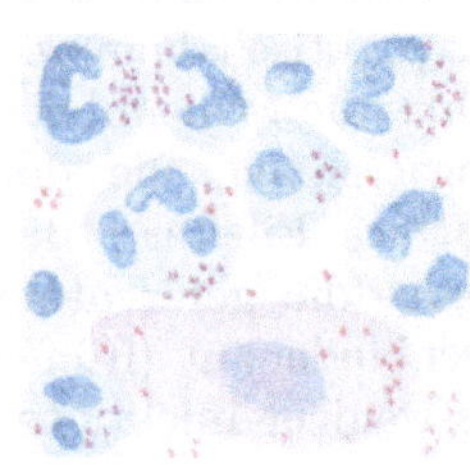

Abb. 12.
Gonokokken im Harnsediment
(Unna-Pappenheimsche
Doppelfärbung).

sicht zu deuten. 3. Lagerung von Diplokokkenhaufen in Eiterzellen (der Kern bleibt frei!) und haufenförmige Auflagerung auf Epithelzellen. — Die gebräuchlichste und bequemste Färbungsmethode ist die mit Löfflerscher Methylenblaulösung (s. S. 21). Von Spezialfärbungen haben größere praktische Bedeutung: Die Gramsche Färbung, bei der sich die Gonokokken im Gegensatz zu den meisten anderen Kokken[1]) entfärben (also bei Gegenfärbung z. B. mit Fuchsin rot erscheinen), und die Unna-Pappenheimsche Doppelfärbung (s. S. 25), bei der sie dunkel rot werden (s. Abb.12); diese letztere Färbung gibt bei guter Ausführung sehr instruktive Bilder.

c) Will man eine Kultivierung versuchen, so hat man, um möglichst zuverlässige Resultate zu erhalten, vor allem zweierlei zu beachten: 1. Die Gonokokken sterben, aus dem Körper genommen, sehr rasch infolge ihrer großen Empfindlichkeit gegen niedere Temperaturen ab; man muß daher das vermeintlich gonokokkenhaltige Material vom Körper weg sofort in den auf ihr Wachstumsoptimum, d. i. 37°, erwärmten Nährboden einbringen. 2. Die Gonokokken sind in ihren Wachstumsbedingungen ganz ausgesprochen auf den menschlichen Körper eingestellt; man bietet ihnen daher die besten Lebensbedingungen, wenn man sie auf ausschließlich oder besser noch nur zu einem Teil

---

[1]) Die sog. Pseudogonokokken im Harnsediment usw.

vom Menschen gewonnenen Nährböden züchtet (Agar mit menschlichem Blutserum oder Aszites- oder Hydrozelenflüssigkeit 2:1). — Gelingt die Kultivierung, so sieht man nach 24—48 Stunden kleine zarte, durchscheinende, später höckerig aussehende weißlichgraue Kolonien. — Übrigens sind Gonokokken gegen hohe Temperaturen ebenso empfindlich wie gegen niedrige (daher gehen gonorrhoische Affektionen bei stark fieberhaften Prozessen vorübergehend zurück). Sie sind fakultativ anaërob.

d) Tiere sind gegen spezifische Gonokokkeninfektionen immun. Immerhin kann man durch Einbringen von Gonokokken z. B. in die vordere Augenkammer von Kaninchen heftige Iritis, in die Bauchhöhle Peritonitis erzeugen; die Tiere gehen aber nicht zugrunde.

4. Der Micrococcus meningitidis s. intracellularis (Weichselbaum 1887). a) Er ist die Ursache der übertragbaren Genickstarre (Meningitis cerebrospinalis). Die Ansteckung erfolgt in erster Linie durch Einatmung von fein versprühtem bakterienhaltigen Nasen- und Rachensekret Erkrankter oder Gesunder (sogenannter „Bazillenträger"). Die Keime setzen sich dann zunächst im Nasenrachenraum fest, mit besonderer Vorliebe an hypertrophischen Tonsillen, und gelangen von da auf dem Blut- oder Lymphwege zu den weichen Hirnhäuten, an denen sie eine (im ausgebildeten Zustand fibrinös-eiterige) Entzündung hervorrufen. Fast immer erzeugen sie auch eine Mittelohr- und Keilbeinhöhleneiterung.

b) Für den Nachweis der Keime kommen am Lebenden das Nasenrachensekret (nebst Mittelohr- und Keilbeinhöhleneiter), das Lumbalpunktat, das Blut und der Urin in Frage, an der Leiche auch innere Organe, in erster Linie natürlich das Exsudat der weichen Häute des Gehirns und Rückenmarks. — In Größe, Form, Anordnung in Eiterzellen und färberischem Verhalten ähnelt der Micrococcus intracellularis außerordentlich dem Gonokokkus. Besonders wichtig für den Nachweis des Micrococcus intracellularis ist die Gramsche Färbung, bei der er sich wie der Gonococcus entfärbt: Diplokokken, die die Gram-Färbung behalten, können niemals Meningokokken sein!

c) Bei der Züchtung von Meningokokken hat man zu beachten, daß sie oft nur in geringer Zahl vorhanden, daß sie sehr empfindlich gegen Austrocknung und Abkühlung, und daß sie, wie die Gonokokken, auch ganz außerordentlich in ihren Lebensbedingungen auf den menschlichen Körper eingestellt sind. Demnach wäre zur Erhaltung möglichst zuverlässiger Resultate für die künstliche Züchtung vorzuschreiben: recht reichlich vom zu untersuchenden Material sofort auf zum Teil vom Menschen stammende Nährböden (s. S. 28) zu bringen, die man vorher auf 37⁰ erwärmt hat. Die Agarkolonien sind grau, durchscheinend, nie gefärbt. Der M. ist fakultativ anaërob.

d) Eine der menschlichen Genickstarre ähnliche Erkrankung hat man bei Ziegen und Affen durch Impfung mit dem Micrococcus intracellularis hervorrufen können. Andere Tiere, z. B. Meerschweinchen, Mäuse, Kaninchen sterben zwar nach Injektion virulenter Kulturen, aber nicht unter typischen Erscheinungen.

5. Der Diplococcus lanceolatus s. capsulatus s. D. pneumoniae s. Pneumococcus (Fränkel-Weichselbaum 1886). a) Seine weitaus größte Bedeutung hat er als Erreger der kruppösen (s. fibrinösen s. genuinen) [1], immer, wenn der Prozeß bis an die Oberfläche der Lunge heranreicht, mit Entzündung der Pleura verbundenen [2]) Pneumonie, bei der er auch recht häufig im Blute nachzuweisen ist. Außerdem kann er aber auch an jedem anderen Organ entzündliche Prozesse hervorrufen. Die praktisch wichtigsten dieser Erkrankungen seien hier genannt: Perikarditis, Endokarditis, Otitis, Meningitis (s. Abb. 13), Konjunktivitis, Ulcus serpens corneae, Gelenk- und Knocheneiterungen, eiterige Nierenentzündungen. Bei vielen Gesunden findet man ihn im Mundspeichel.

b) Den eben gemachten Angaben entsprechend wird sich die mikroskopische Untersuchung im wesentlichen mit der Diagnose von Ausstrichpräparaten des pneumonischen Sputums (das in typischen Fällen die bekannte rostbraune Färbung aufweist), beziehentlich des Exsudats der anderen genannten entzündlichen Affektionen oder der aus Blut

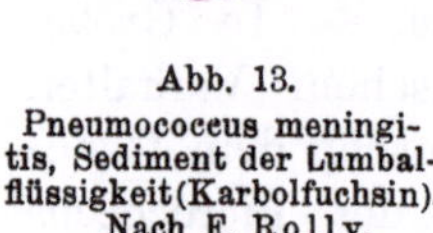

Abb. 13.
Pneumococcus meningitis, Sediment der Lumbalflüssigkeit (Karbolfuchsin).
Nach F. Rolly.

gezüchteten Kulturen zu befassen haben. — Die Pneumokokken bieten meist ein sehr charakteristisches Aussehen dar (s. Abb. 13): Zwei kerzenflammenförmige, oder lanzenspitzenförmige („lan-

---

[1]) Oft auch der katarrhalischen.

[2]) Nicht selten verursacht er auch eine der Pneumonie folgende Vereiterung der Brusthöhle: ein metapneumonisches Empyem.

ceolatus"), unbewegliche Kokken sind mit ihren breiten Enden zu Diplokokken aneinander gelagert und von einer Kapsel umgeben ("capsulatus"); seltener kommen längere Ketten vor. In künstlichen Nährböden erfolgt im allgemeinen keine Kapselbildung (bezüglich der Ausnahmen verweisen wir auf die Lehrbücher der Bakteriologie). — Er färbt sich im virulenten Zustand intensiv mit den üblichen Anilinfarbstoffen, während die Kapsel dabei blaß erscheint. Nach Gram behält er die Färbung, die Kapsel erscheint in der Gegenfarbe.

c) Er wächst bei schwach alkalischer Reaktion [1]) auf den meisten Nährböden, aber nicht gerade gut, unter 22—24 ⁰ erfolgt kein Wachstum, das beste Wachstum zeigt er bei 35—37 ⁰. Meist stirbt er in künstlichen Kulturen sehr bald ab, nachdem er vorher seine Virulenz verloren hat. Als günstigsten Nährboden hat Weichselbaum eine Mischung von Menschenblutserum und Nähragar 1 : 2 angegeben. Er wächst fakultativ aërob und bildet im allgemeinen nur kleine, auf Agar und Blutserum tautröpfchenähnliche Kolonien. Bouillon trübt er.

d) Unter Herstellung bestimmter Bedingungen ist es gelungen, bei Tieren eine der menschlichen Pneumonie ähnliche Erkrankung zu erzeugen. Mäuse und junge Kaninchen sind die empfänglichsten Versuchstiere: sie gehen, wenn nicht die oben erwähnten Bedingungen erfüllt sind, nach Injektion virulenter Pneumokokken rasch unter dem Bilde einer Septikämie zugrunde.

Bazillen.

1. Der Tuberkelbazillus (R. Koch 1882—1884). a) Er ist einer der verbreitetsten pathogenen Keime überhaupt. Geradezu an jedem Organ kann er seine krankmachende Wirkung entfalten. Wegen des beschränkten Raumes verzichten wir auf eine Erwähnung der so äußerst vielgestaltigen Krankheitsprozesse, die er im menschlichen Körper hervorzurufen in der Lage ist, und greifen unter besonderer Berücksichtigung des zur Untersuchung kommenden Materials nur die wichtigsten Fundorte für Tuberkelbazillen im Körper heraus: wir finden ihn meist im Sputum[2]) bei

---

[1]) Heim bezweifelt die alleinige Bedeutung der alkalischen Reaktion der Nährböden für das Zustandekommen des Wachstums.

[2]) Bei Sputum-Untersuchungen verfährt man so, daß man gelbliche oder weißliche Körnchen oder Krümel mittelst Pinzette aus dem Sputum heraussucht. Das Sputum ist dabei in einer Glasschale oder auf

allen den verschiedenen Formen der Lungentuberkulose und den tuberkulösen Erkrankungen im gesamten übrigen Respirationstrakt, im Harn bei Urogenitaltuberkulose, im Stuhl bei Darmtuberkulose, im Eiter von tuberkulösen Abszessen der verschiedensten Organe und Organsysteme und von eiterigen Exsudaten seröser Häute, in der Haut bei Lupus und anderen tuberkulösen Hautaffektionen, endlich im Blut bei Miliartuberkulose. Daß man ihn auch in Schnitten von tuberkulösen Organen findet, ist selbstverständlich, doch kommen solche Untersuchungen in der Praxis ja im allgemeinen seltener vor.

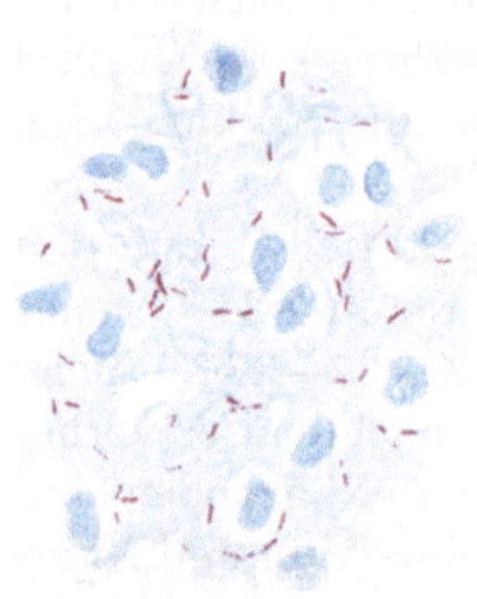

Abb. 14.
Tuberkelbazillen im Sputum. Ausstrichpräparat. Färbung nach Ziehl-Neelsen. Nach F. Rolly.

b) Auf eine Darstellung der charakteristischen Veränderungen, die der Tuberkelbazillus im Gewebe hervorruft, müssen wir trotz der auch praktisch außerordentlich großen Bedeutung derselben verzichten, da eine solche Beschreibung weit über den Rahmen dieses Buches hinausgehen würde. Wir beschränken uns daher auf den mikroskopischen Bazillennachweis (s. Abb. 14). Die Tuberkelbazillen sind kleine, schlanke, gerade oder etwas gekrümmte Stäbchen ohne Eigenbewegung; sie liegen einzeln oder in Gruppen. Farbstoffe nehmen sie nur sehr schwer auf, halten sie aber, einmal

schwarzem Porzellanteller ausgebreitet. Die herausgegriffenen Objekte drückt man zwischen zwei Objektträgern auseinander, trocknet in bekannter Weise, fixiert und kennzeichnet die Färbefläche durch einen etwa $1\frac{1}{2}$ cm breiten Ring mit Fettstift. Die Arbeit wird so sauberer.

Zur Anreicherung spärlicher Keime ist die Antiforminmethode in der Loefflerschen Fassung zu empfehlen (D. med. Wochenschr. 1910, Bd. 34. S. 1987): Durch Aufkochen mit etwa 50 % Antiformin wird das Sputum verflüssigt, dann werden zu 10 ccm der Mischung 1,5 ccm eines Gemisches von 10 Vol. Chloroform und 90 Vol. Alkohol zugegeben. Die beim Schütteln entstandene Emulsion wird zentrifugiert, wobei das Chloroform an die Spitze des Röhrchens tritt. Zwischen Chloroform und Oberschicht bildet sich ein wachsartiges Häutchen, das die Tuberkeln enthält. Man gießt die Oberschicht ab, wäscht sorgfältig oft mit Wasser aus, um das anhaftende Alkali zu entfernen, und hebt das Wachshäutchen zur Untersuchung auf den Objektträger.

Auch durch Sedimentieren (im Spitzglas oder in der Zentrifuge) kann man aus dem vorher durch Kochen mit Alkali gelösten Sputum die Tuberkelbazillen konzentrieren.

gefärbt, zäh fest und geben sie, vor allem bei Einwirkung von Säure oder Alkohol, nicht oder doch nur sehr schwer ab („Säure"- resp. „Alkoholfestigkeit"). Auf dieser Eigenschaft beruhen die spezifischen Tuberkelbazillen-Färbungsmethoden, von denen die Ziehl-Neelsensche die gebräuchlichste ist (s. S. 24). Bei dieser erscheinen die Tuberkelbazillen leuchtend rot, während andere Bakterien die rote Farbe durch die Einwirkung des Salz- säurealkohols wieder abgeben. Nur zwei zeigen nach dieser Rich- tung hin annähernd das gleiche Verhalten wie die Tuberkel- bazillen: die Leprabazillen (s. S. 54) und die im Sekret der Vorhaut, zwischen den Labien und am Anus vorkommenden Smegmabazillen; doch sind diese beiden leicht von den Tuberkel- bazillen zu unterscheiden: die Leprabazillen dadurch, daß eine Züchtung auf künstlichen Nährböden und eine Übertragung auf Tiere nicht gelingt, die Smegmabazillen durch das Fehlen jeder Pathogenität. (Die Smegmabazillen dadurch mit Sicherheit aus- zuschalten, daß man den zu untersuchenden Urin mit dem Ka- theter entnimmt, ist nicht möglich.) Auch nach Gram färben sich die Tuberkelbazillen.

c) Um Tuberkelbazillenkulturen vom Körper weg herzustellen, verwendet man nach Kochs Angabe Serum (am besten vom Hammel, Rind oder Kalb), das man unter sorgfältigem Schutz gegen Austrocknung hat erstarren lassen. Sehr vorteilhaft ist ein Zusatz von Glyzerin, 2—4 %. Das Wachstum erfolgt nur äußerst langsam, nicht bei Temperaturen unter 29 °, am besten bei 37—38 °, O-Zutritt und ein sorgfältiger Schutz gegen Aus- trocknung sind erforderlich. Mikroskopisch nach 5—6, makro- skopisch erst nach 10—15 Tagen sind kleine, trockene, weiße, der Oberfläche des Nährbodens lose aufliegende, brüchige Kolonien zu erkennen. Für Weiterzüchtung der so gewonnenen Reinkulturen eignen sich nun auch andere Nährböden, besonders Agar, Bouillon (nach Bonhoff vor allem Kalbslungenbouillon), Kartoffeln; reichliche Kulturen erhält man aber nur bei Glyzerinzusatz. Die Tuberkelbazillenkulturen haben einen blumenartigen Geruch.

d) Zum Tierversuch verwendet man am besten das Meer- schweinchen, nächst diesem ist das Kaninchen am geeignetsten. Man injiziert subkutan, intraperitoneal oder in die vordere Augen- kammer. Im Laufe von 4—8 Wochen bildet sich dann die Er- krankung aus, an der besonders Meerschweinchen bald zugrunde gehen.

2. Der Leprabazillus (A. Hansen 1880). a) Die durch diesen Keim hervorgerufene Erkrankung ist die Lepra oder der Aussatz: ein ausgesprochen chronisches Leiden, das durch die außerordentlich entstellenden Veränderungen, die es an den Kranken hervorruft, von jeher den heftigsten Abscheu erregt hat. Die Infektion erfolgt wahrscheinlich meist von der Nase aus. Man unterscheidet der Hauptsache nach zwei, häufig miteinander kombinierte Formen: die L. nodosa oder tuberosa, die zu sehr häßlichen Knoten- und Wulstbildungen der Haut, besonders des Gesichtes und der Dorsalflächen der Extremitäten führt, und die L. anaesthetica, die infolge Zerstörung peripherer Nerven durch eingedrungene Leprabazillen zustande kommt und sich einerseits durch die Folgen der Unempfindlichkeit des befallenen Teils (Geschwürbildungen infolge von fortgesetzten Verletzungen jeder Art ohne genügende Heilreaktion von seiten des Körpers), andererseits durch sogenannte trophoneurotische Störungen (Knochenatrophien, die oft bis zum völligen Schwund von Phalangen führen), auszeichnet. Auch ins Blut können die Leprabazillen eindringen und dann jedes Organ befallen.

b) Sowohl in den Lepraknoten als auch in den erkrankten Nerven findet man sehr reichlich die den Tuberkelbazillen sehr ähnlichen, meist aber etwas kürzeren, schmalen, unbeweglichen Stäbchen, die zum größten Teil in zigarrenbundähnlichen Haufen oder auch einzeln intrazellulär gelagert, daneben aber auch extrazellulär zu beobachten sind. Wie oben erwähnt, verhalten sie sich auch färberisch ähnlich wie die Tuberkelbazillen, indem sie wie diese zu den säurefesten Bakterien gehören. Sie zeigen aber diese Eigenschaft nicht so ausgesprochen, insofern sie nicht nur die Färbung etwas leichter annehmen, sondern sie auch entsprechend leichter wieder abgeben. Wie die Tuberkelbazillen färben sie sich auch nach Gram.

c) und d) Sowohl künstliche Kultivierung als auch Tierversuche haben bis jetzt noch keine einwandfreien Resultate ergeben.

3. Der Rotzbazillus (Loeffler und Schütz 1882). a) Durch Infektion von wunden Stellen, besonders der Haut oder der Nasenschleimhaut des Menschen mit Rotzbazillen (die in der Regel von rotzkranken Pferden, Eseln oder Maultieren stammen) entsteht die beim Menschen äußerst seltene Rotzkrankheit (malleus): es bilden sich zunächst lokal eiternde Geschwüre, und von da aus kommt es

(auf dem Lymphwege), wohl immer durch Eindringen der Rotzbazillen in den Kreislauf, zur Rotzsepsis, die sich in der Bildung von multiplen Metastasen, besonders Rotzknoten in Muskeln, Gelenkschwellungen und pustulösem Hautausschlag kundgibt; auch schwere Bronchitiden und Pneumonien können sich ausbilden. Fast ohne Ausnahme endet die Krankheit tödlich, in den akuten Fällen nach Wochen, in chronischen gelegentlich erst nach mehreren Jahren.

b) Der mikroskopische Bazillennachweis steht an Bedeutung dem Tierversuch wesentlich nach. Am sichersten findet man die Parasiten noch in den frischen Gewebsneubildungen der Rotzknoten: Es sind kleine, den Tuberkelbazillen ähnliche, nur etwas plumpere, unbewegliche Stäbchen, die sich (frisches Material vorausgesetzt!) mit allen Anilinfarbstoffen deutlich färben, nicht aber nach Gram. Sporen bilden die Rotzbazillen nicht.

c) Sie wachsen auf den üblichen künstlichen Nährböden, gut aber nur bei höherer Temperatur. Als besonders charakteristisch gilt ihr Wachstum auf Kartoffeln, wo sie anfangs gelbliche, später mehr braunrot werdende Beläge bilden.

d) Rotzbazillen sind pathogen für sehr viele Tiere. In der Praxis hat sich zur Sicherung der oft sehr schwer zu stellenden Diagnose folgendes Verfahren (J. Strauß) bewährt: Man injiziert etwas von dem verdächtigen Material (wenn eine Mischinfektion anzunehmen ist, mindestens drei) männlichen Meerschweinchen in die Bauchhöhle: in 3—4 Tagen erfolgt dann, wenn malleus vorhanden war, eine in Eiterung übergehende Entzündung der Hoden. (Ganz absolut sicher ist diese Methode jedoch nicht, da es noch einige, allerdings recht seltene Bakterienarten gibt, die das gleiche Verhalten gegenüber Meerschweinchen zeigen; auf die Differentialdiagnose gegenüber diesen sehr seltenen Formen können wir hier aber nicht eingehen.)

4. Der Milzbrandbazillus (Pollender 1849). a) Er ist der Erreger des Milzbrandes (Anthrax). Er gelangt weitaus in der Mehrzahl der Fälle durch wunde Hautstellen in den menschlichen Körper und veranlaßt dort zunächst die Bildung eines sogenannten Milzbrandkarbunkels (Pustula maligna). In den schweren Fällen, die meist in relativ kurzer Zeit mit dem Tode enden, erfolgt von der Infektionsstelle aus eine Allgemeininfektion des Körpers mit Milzbrandbazillen (Milzbrandsepsis), bei der man den Keim dann im Blute und in inneren Organen nachweisen kann. Seltener, aber

äußerst bösartig ist eine von der Lunge ausgehende Infektion, die meist als sogenannte „Hadernkrankheit" durch Inhalation milzbrandsporenhaltigen Staubes (beim Zerzupfen von Wolle, Sortieren von Lumpen zur Papierfabrikation) erfolgt. In einzelnen Fällen ist auch Milzbrand nach Genuß von ungenügend gekochtem Fleisch kranker Tiere beobachtet worden.

b) Die mikroskopische Untersuchung hat sich in der Praxis im allgemeinen nur mit der Deutung von Blutausstrichen (s.

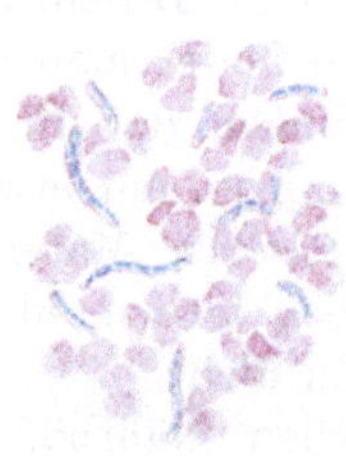

Abb. 15.
Bacillus anthracis
(Mäuseblut).
Nach F. Rolly.

Abb. 15), Ausstrichen vom Gewebe einer Pustula maligna oder Präparaten von künstlichen Kulturen zu befassen. — Die Milzbrandbazillen sind relativ sehr große, völlig unbewegliche, mit einer Schleimkapsel ausgestattete, plumpe Stäbchen, die einzeln liegen oder in Ketten, in künstlichen Kulturen oft zu langen Fäden, angeordnet sind. Ihre Endflächen erscheinen im frischen Präparat deutlich abgerundet, im gefärbten dagegen scharf abgeschnitten, ja bisweilen sogar leicht konkav. Sie bilden Sporen bei Zimmertemperatur, besser bei höherer, am besten bei 37°, aber niemals im Körper. Mit allen Anilinfarben färben sie sich und auch nach Gram, wobei die Kapsel in der Gegenfarbe erscheint. Die Sporen kann man sehr schön darstellen, wenn man nach Ziehl-Neelsen (s. S. 24) färbt [1]), da sie einen gewissen Grad von Säurealkoholfestigkeit besitzen: sie erscheinen dann leuchtend rot gegenüber den blauen Milzbrandbazillen.

c) Sie wachsen auf den gebräuchlichen Nährböden schon bei Zimmertemperatur (untere Grenze 15°), am besten bei 37°, aërob, meist ziemlich rasch und üppig. Gelatine verflüssigen sie, und ihre Kolonien auf Gelatine zeigen, allerdings nicht immer, ein von den pathogenen Keimen nur ihnen eigenes charakteristisches Aussehen: die Ränder sind eigentümlich höckerig oder lockig, in feine Windungen und Zöpfe aufgelöst (die ganze Kolonie kann so den Vergleich mit einem Medusenhaupt nahelegen). Sehr üppige Kulturen erhält man auf Agar. Bouillon trübt der Milzbrandbazillus nicht: die Bazillenballen bilden einen Bodensatz. Gegenüber äußeren Einflüssen sind Milzbrandbazillen sehr wenig, die meisten Milz-

---

[1]) Aber nur **kurz** entfärben!

brandsporen dagegen (nicht alle!) ganz außerordentlich widerstandsfähig und sie können sich auch viele Jahre hindurch entwickelungsfähig erhalten (z. B. nach Szekely: 18½ Jahr).

d) Als Versuchstiere eignen sich besonders Mäuse und Meerschweinchen. Kaninchen gehen durch nicht hochvirulente Kulturen
nicht mit Sicherheit zugrunde. Weiße Mäuse sterben in 24—36
Stunden: man findet bei der Sektion reichlich Stäbchen im Blut,
besonders aber in Leber und Milz.

5. Der Bazillus des malignen Ödems. a) Unter bestimmten Bedingungen (besonders bei sehr geschwächten Individuen) kommt es durch die Infektion wunder Stellen mit Material
(z. B. Gartenerde), das die Bazillen des malignen Ödems enthält,
zur Entstehung äußerst bösartiger, durch starkes Ödem ausgezeichneter phlegmonöser Erkrankungen des Unterhautgewebes,
die, offenbar infolge sehr starker Toxinbildung, meist rasch zum
Tode führen.

b) Durch seine Form erinnert der Bazillus des malignen Ödems
an den Milzbrandbazillus, doch ist er etwas schlanker als dieser,
hat auch im gefärbten Präparat abgestumpfte Enden (vgl. den
Milzbrandbazillus) und ist mit Geißeln besetzt, die ihm eine (nicht
sehr lebhafte) Eigenbewegung verleihen. Er bildet mittelständige
Sporen, färbt sich mit allen üblichen Farbstoffen, auch nach Gram
(nachgewiesen von Kutscher im Gegensatz zu früheren Angaben).

c) Er wächst streng anaërob auf den gewöhnlichen Nährböden,
bei Zimmer- und bei Körpertemperatur. Am charakteristischsten
ist sein Wachstum auf Gelatine, die er verflüssigt.

d) Meerschweinchen und Mäuse sind als Versuchstiere am
geeignetsten: sie gehen an subkutanem Ödem zugrunde. Die
Impfung muß aber unter besonderen Kautelen vorgenommen
werden: Vermeiden von O-Zutritt.

6. Der Bacillus emphysematosus. a) Sehr häufig ist
malignes Ödem kombiniert mit einer Infektion durch den Bacillus
emphysematosus oder verwandte Keime, die man unter diesem
Namen zusammenzufassen pflegt, oder es kommt zu einer phlegmonösen Hauterkrankung durch den Bacillus emphysematosus
allein. Diese Phlegmonen zeigen dann einen stark nekrotisierenden
Charakter mit fauliger, widerlich riechende Gase erzeugender Zersetzung der abgestorbenen Gewebsteile. Außer bei den genannten
Infektionen von außen (gelegentlich auch bei Injektionen be

obachtet worden, spielt der Bacillus emphysematosus aber offenbar auch eine Rolle bei gasbildenden Entzündungen seröser Häute (Peritonitis, Meningitis) und der Bauch-, speziell der Genitalorgane, in die er ganz offenbar vom Darm aus eindringt.

b) Auch der Bacillus emphysematosus zeigt große Ähnlichkeit mit dem Milzbrandbazillus: er ist ein ziemlich plumpes, unbewegliches Stäbchen, das nur ausnahmsweise unter bestimmten, noch unbekannten Bedingungen Sporen bildet. Nach der Gramschen Methode behandelt behält er deutlich die Farbe.

c) Er wächst streng anaërob und entwickelt, besonders auf zuckerhaltigen Nährböden, reichlich Gas. Gelatine verflüssigt er. Außer hämolytischen Substanzen bildet er auch ein tryptisches Enzym.

d) Bei Meerschweinchen und Sperlingen kann man durch subkutane Einimpfung der Keime Gasgangrän hervorrufen.

7. Der Tetanusbazillus (Carle und Rattone 1884). a) Er ist der Erreger des Wundstarrkrampfs (Tetanus). Wunden jeder Art, neben einfachen Verletzungen vor allem auch die Nabelwunde der Neugeborenen und die entbundene Gebärmutter, können mit Tetanuskeimen infiziert werden. Diese finden sich besonders häufig in Gartenerde, Straßenstaub, Kehricht und dergl.; praktisch äußerst wichtig ist ihr Vorkommen auch in Gelatine (s. S. 182) und erdigen Streupulvern (s. S. 189). Eine Entwickelung der Keime in der infizierten Wunde und somit eine Wundstarrkrampferkrankung kommt jedoch nur dann zustande, wenn den Tetanusbazillen Gelegenheit gegeben ist, sich bei Abwesenheit von Luft- und Blut-O oder bei gleichzeitiger Anwesenheit aërober Bakterien (Mischinfektionen, besonders mit Eitererregern!) zu entwickeln. Mit ganz verschwindenden Ausnahmen entwickeln sie sich streng lokal an der infizierten Wundstelle und rufen die Symptome des Starrkrampfes nur durch ihre außerordentlich heftigen Toxine hervor, die in den Kreislauf gelangen und, besonders durch die peripheren Nerven, den motorischen Zellen des Zentralnervensystems zugeführt werden, um sie in den Zustand einer ganz außerordentlich gesteigerten Erregbarkeit zu versetzen.

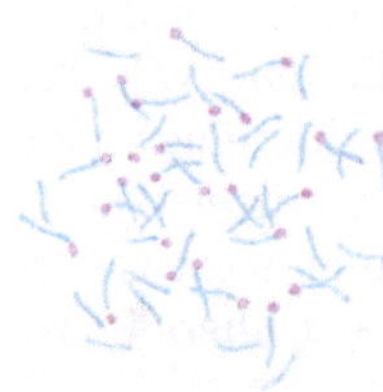

Abb. 16.
Tetanusbazillen. Reinkultur mit Sporen (Möllers Färbung).
Nach F. Rolly.

b) Da es nur sehr schwer gelingt, direkt im Ausstrichpräparat des Wundsekrets den Tetanusbazillus nachzuweisen, so wird es sich meist bei der mikroskopischen Untersuchung um die Beurteilung künstlicher Kulturen handeln (s. Abb. 16). — Der Tetanusbazillus ist ein schwach bewegliches, schlankes, meist mit einer endständigen Spore versehenes Stäbchen (Trommelschlegelform), das zahlreiche, stark geschlängelte Geißeln besitzt. Er ist färbbar mit allen Anilinfarben, nicht nach Gram. Die Geißeln sind natürlich nur durch eine spezifische Geißelfärbung darzustellen (s. S. 25).

c) Er wächst wenn man ihm O-freie Nährböden bietet, auf allen gebräuchlichen Nährmedien, bei Körpertemperatur besser als bei Zimmertemperatur (untere Grenze 14⁰). Er verflüssigt Gelatine. Stichkulturen zeigen ein eigenartiges tannenbaumähnliches Aussehen. Die Kulturen haben einen widerwärtigen Geruch. — Die Herstellung von Tetanusreinkulturen hat für den Praktiker nur wenig Interesse, der Tierversuch (s. u.) führt schneller und sicherer zum Ziele. Die von Kitasato (dem es als erstem 1889 gelang, Tetanusreinkulturen zu erhalten) angebene Methode zur Gewinnung von Tetanusreinkulturen, die auf der größeren Widerstandsfähigkeit der Tetanussporen gegenüber vegetativen Bakterienformen beruht, ist in den Lehrbüchern der Bakteriologie zu finden.

d) Zum Tierversuch am geeignetsten sind weiße Mäuse und Meerschweinchen, denen man kleine Fremdkörper (z. B. Holzstückchen), die man mit dem verdächtigen Material verunreinigt hat, unter die Haut bringt. Die Tiere gehen dann in 1½—2 Tagen unter Krampfzuständen besonders der hinteren Extremitäten (Robbenstellung) zugrunde, wenn das verwendete Untersuchungsmaterial Tetanusbazillen oder -sporen enthielt. Neben den genannten Tieren ist besonders das Pferd infektionsempfänglich für Tetanus.

8. Der Typhusbazillus (Eberth 1880, Koch 1881, Gaffky 1882). a) 1882 ist er als Erreger des Unterleibstyphus (Typhus abdominalis) von Gaffky erkannt worden. Wohl so gut wie ausnahmslos erfolgt die Infektion durch Verschlucken der Keime. Die so in den Verdauungstrakt gelangten Bazillen dringen dann in die Wand des Darmes ein und führen in erster Linie zu einer Erkrankung des lymphatischen Apparates des Darmes (der Peyerschen Plaques des Ileums und unteren Jejunums und der solitären Follikel des Dickdarms), der zunächst mit Schwellung und Rötung (sogenannter „markiger Schwellung") darauf reagiert, um aber

bald unter der Einwirkung der Typhusbazillentoxine in ausgedehntem Maße zu nekrotisieren und durch Abstoßung der abgestorbenen Follikel zu weitgehenden Geschwürbildungen im Innern des Darmes Anlaß zu geben. Während dieser Vorgänge in der Darmwand dringen Typhusbazillen im lymphatischen System rasch weiter vor auf dem Wege über die regionären Mesenterialdrüsen, um schließlich ins Blut zu gelangen. Die Folgen der so entstandenen Eberth-Bazillensepsis (einerseits intensive toxische Symptome, andererseits echte Bazillenmetastasen) kombinieren sich nun im weiteren Verlauf der Erkrankung mit den schon vorhandenen Erscheinungen, die durch die bereits vorher in den Kreislauf resorbierten Toxine hervorgerufen wurden. Die wesentlichsten toxischen Symptome sind Benommenheit und Degenerationsprozesse an Zellen, besonders der Muskeln und der Nieren, während die echten Typhusbazillenmetastasen vor allem in der Haut (Roseolen) und von inneren Organen besonders in der Milz, Leber und den Nieren auftreten. Ausgeschieden werden die Typhusbazillen vom Kranken besonders im Stuhl und, oft massenweise, im Urin.

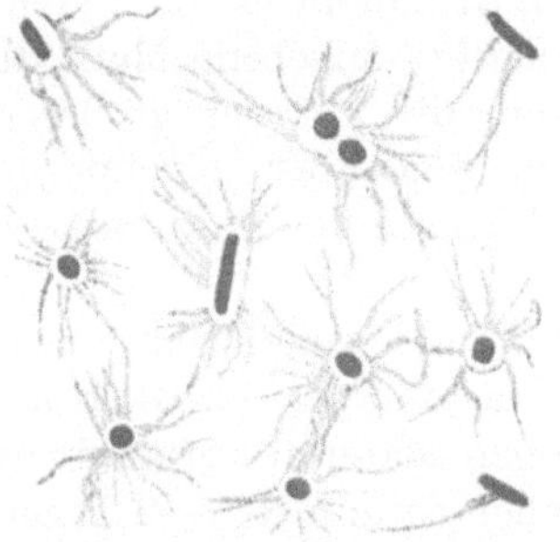

Abb. 17.   Typhusbazillen mit Geißeln [1]).

b) Da der mikroskopische Bazillennachweis im direkt vom Menschen gewonnenen Material nur in den seltensten Fällen zum Ziele führt, werden meist künstliche Kulturen zu untersuchen sein. Man muß dabei berücksichtigen, daß die Typhusbazillen sowohl morphologisch als auch färberisch nicht von den Kolibazillen zu unterscheiden sind: bei beiden handelt es sich um plumpe, an den Enden abgerundete Stäbchen, die mittelst (bei den Kolibazillen etwas weniger) zahlreich vorhandener Geißeln (s. Abb. 17) sich lebhaft (Kolibazillen etwas weniger) bewegen. Sie färben sich mit den gewöhnlichen Anilinfarben, besser mit Löfflers Methylenblau (s. S. 21) und Ziehls Karbolfuchsin (s. S. 24); nach Gram färben sich beide nicht.

c) Schon bei Zimmertemperatur wächst der Typhusbazillus auf allen Nährböden. Von zur Untersuchung kommendem Material nennen wir als wichtigstes: Stuhl, Harn, Blut, Roseolenflüssigkeit, von der Leiche besonders die Milz, von Nahrungsmitteln besonders

---

[1]) Aus v. Jaksch, Klinische Diagnostik innerer Krankheiten, 6. Aufl. 1907.

Milch und Wasser. Für die äußerst wichtigen Blutuntersuchungen bei Typhuskranken empfiehlt es sich, das einer Armvene entnommene Blut zunächst in Röhrchen mit steriler Ochsengalle [1] einzubringen, die man zur Anreicherung der Keime erst 24 Stunden in den Brutschrank stellt, um sie dann mit Agar gemischt in Platten auszugießen. Entstehen auf diesen dann Typhuskolonien, so färben sie das Blut in ihrer Umgebung schwarzgrün bis schwarz,; impft man solche Kolonien auf Bouillon ab, so erhält man in 12—24 Stunden die lebhaft beweglichen Stäbchen, die man eventuell noch durch Agglutination (siehe Anhang über Serodiagnostik S. 89) identifizieren kann. Differentialdiagnostisch, speziell für Stuhl- und Wasseruntersuchungen, kommt in erster Linie wieder das Bacterium coli in Frage. Es gibt nun mehrere auf der intensiven chemischen Wirkung der wachsenden Kolibazillen gegenüber den Typhusbazillen beruhende Züchtungsmethoden, die eine Trennung der beiden Arten ermöglichen. Die wichtigsten seien angeführt: 1. Kolibazillen bringen sterile Milch binnen 1—2 Tagen zur Gerinnung, während Typhusbazillen auch bei längerer Wachstumsdauer sie unverändert lassen. 2. In Gelatine-Nährböden mit einem Zusatz von 2% Traubenzucker veranlassen Kolibazillen durch Spaltung des Zuckers Gasbildung (CO_2) und einen widrigen Geruch, Typhusbazillen nicht. 3. Bei Zusatz von Natriumnitrit und H_2SO_4 zur Bouillonkultur geben Kolibazillen die Indolreaktion: Rotfärbung; Typhusbazillen nicht. 4. Molke, die durch Lackmusfarbstoff blau gefärbt ist, wird von Kolibazillen durch Bildung von Säure gerötet, während Typhusbazillen sie blau lassen. — Um bei Stuhluntersuchungen möglichst rasch zum Ziele zu kommen, sind mehrere Spezialnährböden angegeben worden, von denen wir nur für den häufig verwendeten Conradi-Drigalskischen Lackmus-Nutrose-Agar (s. S. 33) hier die Vorschriften für die Anlegung von Kulturen angeben wollen: Man verreibt von dem zu untersuchenden Stuhle direkt oder nach Verdünnung mit einem flüssigen Nährboden eine Öse mittelst eines rechtwinklig abgebogenen Glasstabes auf den dick ausgegossenen Platten, läßt sie etwa $\frac{1}{2}$ Stunde offen stehen, damit das Kondenswasser verdampft und setzt sie dann 12—24 Stunden lang, den Deckel nach unten, einer Temperatur von $37\,^{0}$ aus. Untersucht man dann, so findet man die Kolonien von Typhus und Paratyphus (s. u.) 1—3 mm groß, blau, tautropfenähnlich,

---

[1] Von Merck in den Handel gebracht.

glasig, nicht doppelt konturiert, während die Kolikolonien 2—5 mm groß, leuchtend rot, nicht durchsichtig sich darstellen.

d) Bei Tieren kann man keine typische Typhuserkrankung hervorrufen. Doch gehen z. B. Meerschweinchen bei intraperitonealer Einimpfung virulenter Kulturen sehr rasch zugrunde, aber im wesentlichen nur durch die Wirkung der Toxine.

Anmerkung zum Typhus abdominalis: Relativ selten kommen Fälle von Abdominaltyphus vor, bei denen man statt der echten Eberthbazillen diesen verwandte Formen findet. Pathologisch-anatomisch sind diese Krankheitsfälle noch nicht genügend geklärt, da sie meist günstig endigen und daher nur selten zur Sektion kommen. — Man nennt diese Bakterien Paratyphusbazillen und unterscheidet zwei Formen: Paratyphus A und Paratyphus B. Zu ihrer Charakteristik diene die folgende Tabelle, die ihre differentialdiagnostisch wichtigsten Eigenschaften gegenüber den Typhus- und Kolibazillen enthält:

	Gerinnung von steriler Milch	Spaltung von Traubenzucker	Indol-bildung	Rotfärbg. blauer Lackmusmolke	Conr. Drig. Kulturen
Paratyphus A	nein	ja	ja	ja	rot
Paratyphus B	nein	ja	nein	nein	blau
Typhus	nein	nein	nein	nein	blau
Koli	ja	ja	ja	ja	rot

9. **Das Bacterium coli.** a) Es findet sich von den ersten Stunden des extrauterinen Lebens an regelmäßig im Darm und kann daher unter normalen Verhältnissen nicht als pathogener Mikroorganismus angesehen werden Nur unter betimmten Bedingungen wird es zur Krankheitsursache. Seinem normalen Aufenthalt im Darm entsprechend sind die drei wichtigsten Lokalisationen der durch ihn hervorgerufenen Erkrankungen: 1. die Gallenwege, in denen es nicht selten durch chronisch entzündliche Prozesse die Bildung von Gallensteinen einleitet und gelegentlich zur Entstehung von Leberabszessen Veranlassung gibt, 2. die Bauchhöhle, in die es bei Darmperforationen gelangt und Peritonitis hervorruft, 3. die Harnwege, in denen es bis zur Niere aufsteigende schwere eiterige Prozesse erzeugen kann. In der Art seiner pathogenen Wirkung ähnelt es den sogenannten Eitererregern (s. S. 44) und kann wie diese auch zu einer Sepsis mit Metastasen führen.

b) und c) s. unter Typhus.

d) Intravenöse Applikation von Bact. coli tötet z. B. Meerschweinchen und Kaninchen in kurzer Zeit.

10. Der Dysenteriebazillus (Shiga 1898, Kruse 1900, Flexner 1899). a) Er ist der Erreger der meist epidemisch auftretenden Bazillendysenterie. Es kommen zwei einander sonst sehr ähnliche, serologisch aber (s. S. 93) als nicht identisch erweisbare Typen von Dysenteriebazillen vor: der eine, wir wollen ihn kurz als Typus A bezeichnen, ist der von Shiga und Kruse entdeckte, den anderen, Typus B, hat Flexner zuerst beschrieben. Der pathologisch-anatomische Prozeß bei der Bazillendysenterie weist viel Analogien mit den Vorgängen bei der echten Diphtherie (s. S. 64) auf: die in den Darm gelangten Bazillen dringen in die Schleimhaut des Dickdarms, in schweren Fällen auch des unteren Dünndarms ein, vermehren sich dort und führen, nachdem eine kurze Zeit katarrhalische Schwellung bestanden hat, durch die Wirkung ihrer Toxine zu einer Nekrose zunächst des Epithels, bald aber auch tieferer Schichten. Indem sich dann diese abgestorbenen Zellagen der Darmwand mit den ihnen aufgelagerten fibrinösen Pseudomembranen abstoßen, entstehen ausgedehnte Geschwürflächen, die in schweren Fällen den größten Teil der Schleimhaut einnehmen können. Zu diesen lokalen Prozessen einer schweren ulzerösen Enteritis gesellen sich nun noch allgemeine Vergiftungserscheinungen, hervorgerufen durch die in den Kreislauf gelangten Dysenterietoxine. Die Dysenteriebazillen selbst gelangen in der Regel nicht ins Blut, wenn sie auch häufig bis in die mesenterialen Lymphdrüsen vordringen.

b) In Ausstrichpräparaten von Stuhl oder von künstlichen Kulturen erweisen sich die beiden Typen der Dysenteriebazillen als einander und den Typhusbazillen sehr ähnlich: es sind ziemlich plumpe, kurze Stäbchen, die keine Sporen bilden und keine oder wenigstens keine kräftige (wie die Typhusbazillen) Eigenbewegung besitzen. Darüber, ob sie immer Geißeln haben, differieren die Angaben, jedenfalls haben mehrere Autoren solche nachgewiesen. Nach Gram färben sie sich nicht.

c) Kulturell zeigen sie ebenfalls große Ähnlichkeit mit den Typhusbazillen: sie wachsen fakultativ anaërob, schon bei Zimmer-, besser bei Körpertemperatur, verflüssigen Gelatine nicht, bilden auf Conradi-Drigalski-Agar (s. S. 33) blaue Kulturen, spalten Traubenzucker nicht, bringen Milch nicht zur Gerinnung, Indol bildet Typus B, Typus A nicht.

d) Vom Darm aus kann man bei Tieren eine Dysenterieerkrankung nur unvollkommen erzeugen. Durch intravenöse und subkutane Applikation von lebenden oder toten Keimen kann man aber Kaninchen und Meerschweinchen in kurzer Zeit töten (Toxinwirkung!).

11. Der Diphtheriebazillus (Löffler 1884). a) Er ist die Ursache der echten Diphtherie. Die Infektion erfolgt in den allermeisten Fällen von den Mandeln aus, seltener sind die Rachen- und Nasenhöhle oder das Kehlkopfinnere, nur ganz vereinzelt die Bindehaut der Augen, die Scheidenschleimhaut oder kleine Hautverletzungen Ausgangspunkt der Erkrankung. Die krankmachenden Eigenschaften des Diphtheriebazillus sind lokale und allgemeine: lokal entsteht an der Infektionsstelle durch die Diphtherietoxine eine Epithelnekrose und im Anschluß daran die Bildung einer fibrinösen Pseudomembran; die allgemeinen Symptome sind die einer je nach dem Fall mehr oder weniger schweren Vergiftung durch die in den Kreislauf übergetretenen Diphtherietoxine. Nur in seltenen Fällen gelangen die Diphtheriebazillen selbst in den Kreislauf.

b) Ausstrichpräparate von Pseudomembranen und künstlichen Kulturen kommen für die mikroskopische Untersuchung in erster Linie in Frage. Man sieht dann die Bazillen meist in unregelmäßigen Haufen angeordnet als unbewegliche, kurze, plumpe, gerade oder auch gekrümmte, häufig an den Enden kolben- oder in der Mitte spindelförmig aufgetriebene Stäbchen, die nicht selten nur teilweise gefärbt sind, indem einige Stellen hell, von Farbstoff frei geblieben sind. Soweit sie überhaupt färbbar sind, färben sich die Diphtheriebazillen aber gut mit den üblichen Farbstoffen und auch nach Gram bei nicht allzu intensiver Entfärbung. Besonders

Abb. 18.
Diphtheriebazillen, Reinkultur.
(Neißersche Färbung).
Nach F. Rolly.

gut gelingt die Färbung mit Löfflerschem Methylenblau (s. S. 21). Die Neißersche Polkörperchenfärbung (s. S. 25) hat in erster Linie den Zweck, Diphtheriebazillen von diphtherieähnlichen zu unterscheiden: die Diphtheriebazillen zeigen zur angegebenen Zeit meist blaue Körnchen an den Polen (seltener in der Mitte) des braungefärbten Bazillenleibes (s. Abb. 18). Sicher ist die Methode jedoch nicht, da auch Pseudodiphtherie- und Xerosebazillen manchmal Polkörperchenfärbung zeigen.

c) Die Züchtung gelingt nicht unter 20⁰, am besten bei 34—35⁰ auf Löfflerschem Blutserum (3 Teil Blutserum, 1 Teil Peptonbouillon mit 2% Traubenzucker) als Strichkultur. Nach etwa 10 Stunden sieht man porzellanweiße bis mattgraue, feine oder gröbere flache Häufchen.

d) Der Tierversuch hat bei den jetzigen sehr zuverlässigen Färbemethoden nur geringe Bedeutung. Am geeignetsten sind Meerschweinchen, denen man nach P. Ehrlich 1 ccm einer 24 stündigen Bouillonkultur oder weniger in der Gegend des Schwertfortsatzes subkutan injizieren soll. War die Kultur virulent genug, so gehen die Tiere in 2—4 Tagen zugrunde. Besonders charakteristisch ist dann bei der Sektion eine starke Schwellung beider Nebennieren und starkes hämorrhagisches Infiltrat an der Injektionsstelle.

Anmerkung zum Diphtheriebazillus: Der Pseudodiphtheriebazillus ist dem Diphtheriebazillus sehr ähnlich, wächst aber bereits bei 18⁰ auf Gelatine üppig und ist nicht pathogen für Meerschweinchen; ebenso ist der gleichfalls dem Diphtheriebazillus ähnliche Xerosebazillus nicht tierpathogen.

12. Der Influenzabazillus (R. Pfeiffer 1891—92). a) Indem der sehr kleine, nur etwa ⅓ der Länge des Tuberkelbazillus messende Influenzabazillus in den Atmungsorganen sich festsetzt, erzeugt er dort eine lokale eiterige Entzündung, je nach dem Fall nur im Nasenrachenraum oder weiter hinab, bis zur Lunge, eventuell unter Beteiligung der Pleura. Seine Toxine gelangen von da aus in den Kreislauf und rufen so die bekannten Allgemeinsymptome der Influenzaerkrankung (besonders am Nervensystem, Herzen und Magendarmkanal) hervor. Eine Verbreitung der Influenzabazillen

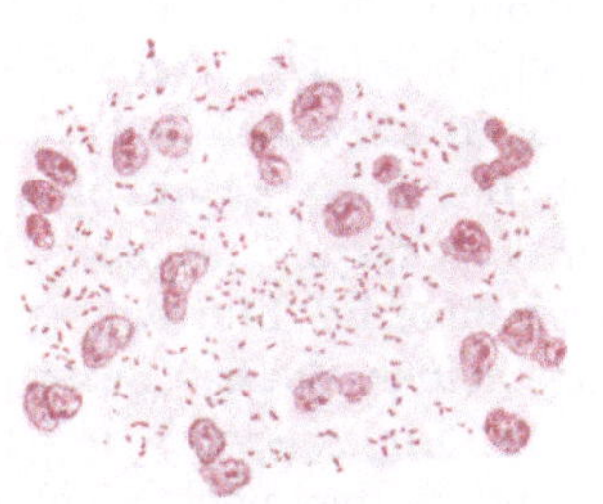

Abb. 19.
Influenzabazillen im Sputum (Färbg. mit verd. Karbolfuchsinlösung).
Nach F. Rolly.

selbst im Blute erfolgt, besonders bei Erwachsenen, nur in sehr seltenen Fällen.

b) In dem eiterigen Belage der erkrankten Organe findet man meist massenhaft [1]) (aus je tieferen Stellen des Respirations-

---

[1]) Nicht bei allen I.-Epidemien hat man den Infl.-B. gefunden.

trakts das entnommene Material stammt, um so mehr in Reinkultur) die äußerst kleinen unbeweglichen Stäbchen, die sich,
allerdings nicht sehr leicht, mit den üblichen Farblösungen färben,
nicht nach Gram. Am besten gelingt die Färbung mit verdünnter
Karbolfuchsinlösung (1 : 10) 5—10 Minuten lang (s. Abb. 19).

c) Für das Wachstum der streng aëroben Keime ist das Vorhandensein von Hämoglobin unbedingt erforderlich. Man impft
daher zweckmäßig das vorher mit Bouillon verdünnte Aussaat-
material auf Agar, das man mit Menschen- oder, besonders vorteilhaft, mit Taubenblut gemischt oder bestrichen hat, und läßt
bei 37⁰ wachsen. Es bilden sich dann nach 24 Stunden kleine, oft
nur mit der Lupe erkennbare glashelle Kolonien.

d) Es ist R. Pfeiffer gelungen, bei Affen durch intratracheale
Injektion von Influenzabazillen eine der menschlichen Influenza
ähnliche katarrhalische Infektion hervorzurufen. Im übrigen sind
Tiere für Influenzabazillen meist sehr wenig empfänglich, aber
die Influenzatoxine sind, z. B. für Kaninchen, sehr verderblich.

13. Der Pestbazillus (Yersin 1894). a) Je nach der
Lokalisation der Infektion in den Lymphdrüsen, die dadurch bald
zur Vereiterung kommen, oder in den Lungen unterscheidet man
die durch den Pestbazillus hervorgerufenen Erkrankungen in
Bubonen- (s. Beulen-, s. Drüsen-) Pest und Lungenpest. Beide
Arten, besonders aber die letztere, führen in dem größten Teil der
Fälle in kürzester Zeit zum Tode. Pathologisch-anatomisch läßt
sich die Pesterkrankung als eine (besonders bei Mischinfektion)
zur Vereiterung neigende Entzündung charakterisieren. Dringen
die Keime ins Blut ein, so erfolgt unter dem Bilde einer schweren
allgemeinen Sepsis (Pestsepsis) in ganz kurzer Zeit der Tod.

b) Im Auswurf der Lungenpestkranken, in den Bubonen,
besonders den noch nicht vereiterten, bei der Beulenpest, findet
man reichlich die kurzen, dicken, unbeweglichen Bazillen mit
abgerundeten Enden. Reichlich findet man sie im Blute nur
selten; über die Reichlichkeit und Häufigkeit ihres Vorkommens
im Urin differieren die Angaben. Sporen bilden sie nicht. Bei der
Färbung mit basischen Anilinfarben nehmen sie fast regelmäßig
den Farbstoff besser an den Enden auf (Polfärbung). Nach Gram
färben sie sich nicht.

c) Auf künstlichen Nährböden wächst der Pestbazillus bereits
bei sehr niedriger Temperatur (nach Forster noch bei 4—7⁰,
nicht mehr bei 0⁰), besser bei höherer, am besten bei 37⁰, obere

Grenze 43,5°. Das Wachstum, besonders der Bazillen von Bubonenpest ist ein üppiges. Gelatine verflüssigt der Pestbazillus nicht. Die Agarkolonien sind weißgrau, transparent, mit irisierenden Rändern.

d) Die Pest ist eine ganz ausgesprochene Rattenkrankheit, und die Ratten sind es auch in erster Linie, die die Verbreitung der Epidemien bewirken. Man kann sie sowohl durch subkutane Impfung, als auch durch Fütterung mit infektiösem Material pestkrank machen; sie sterben in 1—3 Tagen. Etwas weniger empfänglich für Pestbazillen sind Mäuse, Meerschweinchen und andere Nager. Vögel sind immun.

14. Der Bazillus oder Diplobacillus pneumoniae (Friedländer 1883). a) Bei der kruppösen Pneumonie ist er in seltenen Fällen der Erreger. Außerdem hat man ihn gelegentlich bei Schnupfen, akuter Mittelohrentzündung, Cholezystitis, Osteomyelitis, Meningitis cerebrospinalis und zahlreichen anderen eiterigen Prozessen gefunden. Auch im Speichel und im Nasenrachenraum bei Gesunden ist er manchmal nachzuweisen.

b) In Ausstrichpräparaten, die vom Kranken direkt herstammen, sieht man den im Vergleich mit dem Pneumokokkus (s. S. 50) wesentlich größeren, nicht selten zu Diploformen oder auch längeren Verbänden angeordneten unbeweglichen Bazillus von einer Kapsel umgeben (Abb. 20), die den durch künstliche Züchtung erhaltenen im allgemeinen fehlt. Er färbt sich mit den üblichen Farblösungen, nicht aber nach Gram (im Gegensatz zum Pneumococcus).

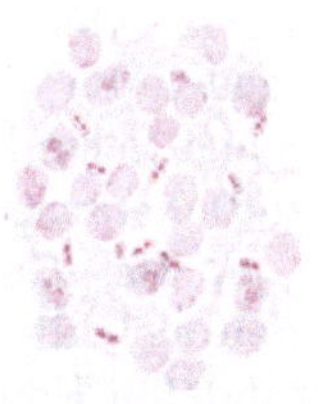

Abb. 20.
Diplobazillus Friedländer (Mäuseblut).
Nach F. Rolly.

c) Auf den üblichen bakteriologischen Nährmedien wächst er sowohl bei Zimmer- als auch bei Bruttemperatur. Auf Gelatine, die er nicht verflüssigt, bildet er Kolonien, die als porzellanartig weiß-glänzende Knöpfchen über die Oberfläche hervorragen; bei Gelatinestichkulturen kommt es so zu Formen, die an einen Nagel mit breitem Kopf erinnern (Friedländers Nagelkulturen).

d) Das geeignetste Versuchstier ist die Maus, die auch nach subkutaner Impfung in zwei Tagen oder etwas darüber zugrunde geht. Meerschweinchen und Kaninchen sind weniger geeignet, man müßte sie mindestens intravenös impfen.

15. Der Bazillus des Rhinoskleroms. a) Er ist der

Erreger einer äußerst seltenen Erkrankung, die fast stets von der Schleimhaut und Haut der Nase ausgeht und von da unaufhaltsam weiter fortschreitet als eine sarkomähnliche, wulstige Gewebswucherung.

b), c) und d). Ein gewisses praktisches Interesse hat er durch seine in allen Eigenschaften fast völlige Übereinstimmung mit dem Friedländerschen Pneumobazillus, von dem er sich fast nur durch eine geringere Tierpathogenität unterscheidet.

16. Der Streptobazillus des Ulcus molle. a) Die Infektion mit dem Streptobazillus erfolgt beinahe ausnahmslos an den Genitalien: die Bazillen gelangen in wunde Hautstellen und veranlassen dort innerhalb weniger Tage die Entstehung eines weichen Schankergeschwüres, das im allgemeinen in nicht zu langer Zeit zur Abheilung kommt. In einzelnen Fällen, besonders bei unzweckmäßiger Behandlung, schreitet die Infektion auf dem Lymphwege fort und führt zu Entzündung und gelegentlich auch zu Abszedierung von Leistendrüsen. Seltener sind bösartigere (sogenannte serpiginöse) Formen, die sich durch ein fortgesetztes Weitergreifen des Geschwüres auf der einen Seite bei gleichzeitigem Abheilen auf der anderen Seite auszeichnen. Eine mit ausgedehnter Gangräne einhergehende sehr seltene Form des weichen Schankers hat sich als eine Mischinfektion (mit Hospitalbrand) herausgestellt.

b) Im Geschwüreiter und auch im erkrankten Gewebe finden sich die ziemlich dicken unbeweglichen Stäbchen mit abgerundeten Enden. Sie zeigen sich oft in langen, parallel laufenden Ketten angeordnet („Streptobazillen"). Zur Färbung verwendet man am besten Methylenblau, nach Gram färben sie sich nicht.

c) Die Kultivierung gelingt nur sehr schwer: es sind besondere Nährböden erforderlich (der einfachste ist: $^2/_3$ Agar, $^1/_3$ Kaninchenblutserum), und es ist größte Sorgfalt darauf zu verwenden, die Bazillen aus dem Geschwür in Reinkultur zu erhalten.

d) Außer mehrfach ausgeführten erfolgreichen Übertragungsversuchen von Reinkulturen auf den Menschen hat man nur bei Affen damit Erfolg gehabt.

17. Der Diplobazillus Morax-Axenfeld. a) Chronische Augenbindehautentzündungen werden, soweit sie nachweisbar bakteriellen Ursprungs sind, in erster Linie durch den Diplobazillus Morax-Axenfeld hervorgerufen. Diese Erkrankungen sind sehr ansteckend, und es kommt nur wegen der meist sehr geringen

Sekretabsonderung gewöhnlich nicht zum Ausbruch wirklicher Epidemien. Akute Formen des sogenannten „Diplobazillenkatarrhs" sind Ausnahmefälle.

b) In dem meist spärlichen, zähen Sekret, besonders vom inneren Lidwinkel, findet man, oft sehr reichlich, die ziemlich dicken, unbeweglichen, teils frei, teils in Zellen (besonders Epithelien) meist zu zweit zusammengelagerten Stäbchen, die keine Sporen bilden. Bei der Gramschen Färbung erscheinen sie in der Gegenfarbe.

c) Die künstliche Züchtung gelingt mit Sicherheit nur auf Serum oder serumhaltigem Agar oder Nährmedien, denen man menschliche Körperflüssigkeit beigemischt hat. Die Reaktion muß alkalisch sein.

d) Eine Übertragung auf Tiere ist nicht gelungen. Am Menschen hat man den Diplobazillus experimentell als Erreger der genannten chronischen Bindehauterkrankungen festgestellt.

Spirillen oder Vibrionen.

Gegenüber den Spirochäten (s. S. 71), die lange, eng gewundene Schraubenformen darstellen, sind die Spirillen relativ kurz, ihre Windungen weitläufig, flach.

Das Spirillum s. Vibrio oder Kommabazillus der Cholera asiatica (R. Koch 1883). a) Wenn die Keime entwickelungsfähig durch den Magen hindurch in den Darm kommen und dort günstige Wachstumsbedingungen, über deren Wesen man noch wenig unterrichtet ist, vorfinden, so entsteht das Bild der ausgesprochenen Choleraerkrankung, deren Symptome sich im wesentlichen aus den Folgen einer äußerst heftigen Enteritis (absolute Unfähigkeit der Nahrungsaufnahme und höchstgradige Wasserverarmung des Körpers durch anhaltende Diarrhöen und Erbrechen) und den durch die Giftresorption hervorgerufenen allgemeinen Intoxikationserscheinungen herleiten (besonders am Nervensystem und an den Nieren, deren Funktion oft völlig darniederliegt).

b) Zur mikroskopischen Untersuchung gelangen Erbrochenes und Dejektionen der Kranken, oft auch sind künstliche Kulturen zu untersuchen. Die aus dem kranken Körper stammenden Keime erscheinen gewöhnlich als kommaförmig gekrümmte Stäbchen, Bruchteile einer Spirale. In Kulturen, besonders solchen, deren Nährsubstanz der Erschöpfung nahe ist, findet man dagegen oft

längere Schraubenwindungen. Die Kommastäbchen sind etwa
½ bis ⅓ so groß als Tuberkelbazillen, ziemlich dick, im lebensfrischen Zustand lebhaft beweglich durch eine endständige Geißel.
Am besten lassen sie sich mit verdünnter Fuchsinlösung färben;
nach Gram färben sie sich nicht. Zur Darstellung der Geißel-
fäden verwendet man die Löfflersche Methode (s. S. 25), doch
kann man nur bei lebensfrischen Kulturen auf Erfolg rechnen.

c) Kulturell ist der Cholerabazillus sehr anspruchslos. Er
wächst auf allen Nährmedien, doch verlangt er eine schwach alkalische Reaktion (er besitzt ein Alkaleszenz-Optimum, das auch
bei der von der preußischen Regierung herausgegebenen Anleitung
zur Herstellung von Nährgelatine für die „bakteriologische Feststellung der Cholerafälle" Berücksichtigung gefunden hat). Gegen
freie Säuren, besonders Mineralsäuren ist der Cholerabazillus ganz
außerordentlich empfindlich (nach Kitasato hemmt bereits ein
Zusatz von 0,07—0,08 % HCl oder HNO_3 zu neutralem Nährboden das Wachstum). Bestimmte Temperaturverhältnisse (Optimum 21—22 ⁰ C) vorausgesetzt, zeigt er auf Gelatine ein sehr
typisches Wachstum: es entstehen rundliche, etwas unregelmäßig höckerig begrenzte Kolonien, die bei schwacher Vergrößerung
wie aus feinsten Glasbröckelchen zusammengesetzt erscheinen;
die Gelatine wird mäßig rasch verflüssigt. Agarkolonien sind
leicht bläulich, durchscheinend. — Um bakteriologisch eine Choleradiagnose zu stellen, verfährt man zweckmäßig so: von dem verdächtigen Stuhl nimmt man womöglich eine Schleimflocke, bringt
sie in ein Röhrchen mit Peptonwasser (s. S. 28) und stellt dies
nun zunächst zur Anreicherung der Keime 12 Stunden in den
Brutschrank. Von der Oberfläche dieses Röhrchens macht man
dann mikroskopische Präparate und Plattenaussaaten auf Gelatine
(unter Berücksichtigung der oben angegebenen Bedingungen);
nach 20—24 Stunden erscheinen dann die kleinen charakteristischen Kolonien (s. o.). Das Peptonwasserröhrchen kann man
noch zur Anstellung der Cholerarotreaktion verwenden. Zusatz
von etwas freier HCl oder HSO_4 gibt eine rosarote bis intensiv
burgunderrote Färbung: Nitrosoindolreaktion (Indol + salpetrige
Säure = Rotfärbung).

d) Das am meisten verwendete Versuchstier ist das Meerschweinchen. Es ist gelungen, bei ihm durch Einbringen von
Cholerakulturen in den Magen, dessen Inhalt man vorher neutralisiert hatte, bei gleichzeitiger Herabsetzung der Darmperistaltik

(durch Opium) eine echte Choleraerkrankung hervorzurufen. Durch intraperitoneale oder venöse Applikation virulenter Kulturen kann man Meerschweinchen in kürzester Zeit töten (durch Toxinwirkung).

Anmerkung zur Cholera: Betreffs der serologischen Verfahren, Cholerabazillen zu erkennen s. Serodiagnostik im Anhang.

Eine umstrittene Stellung im System nehmen ein:

β) Die Spirochäten.

Die einen wollen sie den Flagellaten, die anderen den Bakterien zurechnen.

1. **Die Spirochäte der Febris recurrens s. Sp. Obermeieri (1873).** a) Die Infektion mit dem Keim erfolgt in Europa vielleicht durch Wanzen, für Afrika hat R. Koch Zecken als Überträger festgestellt (Ornithodorus moubata). Die Krankheitserscheinungen (das sogenannte Rückfallfieber) sind für die europäische Form etwas andere als für die afrikanische: während in Europa der erste Fieberanfall 6—7 Tage zu dauern pflegt, um meist nach 5—6 tägigen, immer länger werdenden Pausen von jedesmal kürzere Zeit dauernden Fieberattacken gefolgt zu werden, erstreckt sich der erste Fieberanfall in Afrika nicht über 3 Tage. Die Fieberanfälle zeichnen sich im allgemeinen durch eine bei der Höhe der Temperatur auffällig geringe Beteiligung des Sensoriums aus. Überhaupt ist die Krankheit im Durchschnitt nicht als sehr bösartig zu bezeichnen.

b) Zur Zeit der Fieberanfälle findet man die zarten, langen, lebhaft beweglichen Spirochäten, bei den europäischen Fällen zahlreich, bei den afrikanischen nur spärlich im Blute (Abb. 21). Die Färbung gelingt mit den üblichen Anilinfarbstoffen, nicht nach Gram. Meist wendet man die Giemsa-Färbung an (s. S. 26).

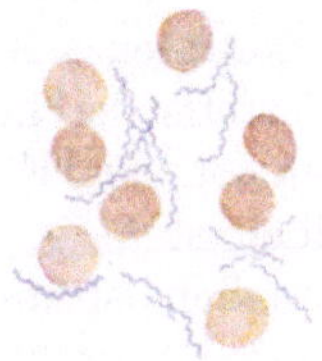

Abb. 21.
Spirochaete Obermeieri (Affenblut). Giemsafärbung. Nach F. Rolly.

c) Eine künstliche Züchtung ist noch nicht gelungen.

d) Künstliche Übertragung des Rückfallfiebers ist beim Menschen und Affen erfolgreich gewesen. Koch hat auch Ratten durch Insektenstich und Mäuse von der Bauchhöhle aus infizieren können.

2. Die Spirochaeta pallida (Schaudinn 1905). a) Es gilt heute als erwiesene Tatsache, daß die Spirochaeta pallida der Erreger der Syphilis ist. — Neben erworbener Lues kommt häufig auch angeborene vor. Erworben wird Syphilis dadurch, daß Keime in verletzte Haut- oder Schleimhautstellen, ganz besonders häufig in der Genitalgegend, eindringen. Die dann in bestimmten Zeitabschnitten auftretenden Krankheitserscheinungen pflegt man in drei Stadien einzuteilen: Im ersten Stadium bildet sich der sogenannte Primäraffekt, eine schmerzlos entstehende entzündliche Gewebsneubildung der Haut oder

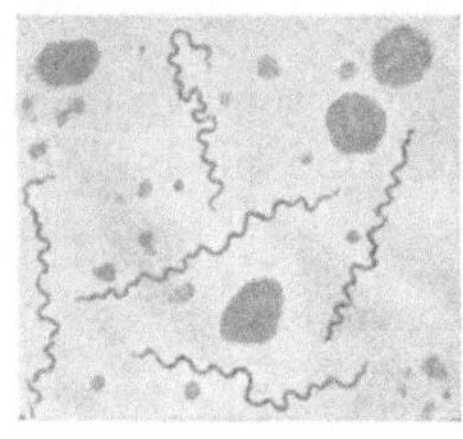

Abb. 22.
Spirochaeta pallida.

Schleimhaut, die manchmal ulzeriert („Ulcus durum“). Indem das Virus regelmäßig auf dem Lymphwege nun zunächst in die regionären Lymphdrüsen vordringt, bereitet sich das sekundäre Stadium vor, das zustande kommt durch den Übertritt der Keime in die Blutbahn und sich vor allem durch Lymphknotenschwellungen am ganzen Körper und durch das Auftreten multipler luetischer Haut- und Schleimhauterkrankungen zu erkennen gibt. Am vielgestaltigsten endlich sind die Erscheinungsformen des tertiären Stadiums, die an den verschiedensten Organen zu beobachten sind und im allgemeinen in zwei Formen auftreten: entweder als diffuse interstitielle Entzündungen oder in Gestalt von umschriebenen Knoten, sogenannten Gummiknoten, die infolge ihrer großen Neigung zum Zerfall die bekannten schweren tertiär-luetischen Zerstörungen herbeiführen. Betreffs der kongenitalen Lues ist zu sagen, daß die Art der Infektion des Fötus noch keineswegs in allen Punkten geklärt ist; doch steht so viel fest, daß von beiden Eltern die Übertragung möglich ist und daß lueskranke Eltern, besonders wenn sie sich in den Frühstadien der Erkrankung befinden, auch fast ausnahmslos luetische Kinder bekommen. — Als rein toxogene Nachkrankheiten der Lues pflegt man Tabes und progressive Paralyse aufzufassen.

b) In den meisten Fällen primärer und sekundärer Lues sind die Spirochäten nachzuweisen. Ebenso findet man sie und zwar meist in ganz enormer Menge, bei kongenitaler Syphilis (ganz besondere Prädilektionsstellen scheinen Leber, Milz und Nebennieren zu sein). Dagegen hat man bei tertiär-luetischen nur selten und nur spärlich Spirochäten gefunden. — Die Spirochaeta pallida (s. Abb. 22) stellt sich als ganz außerordentlich feiner Faden von kaum meßbarem Durchmesser dar. Ihre Windungen sind sehr starr und steil und ihre Zahl variiert sehr stark: von nur 3—4 bis zu 20 und darüber kommen alle Übergänge vor. Ihre Enden sind zugespitzt und besitzen je einen Geißelfaden. Im frischen Präparat zeigt sie lebhafte Beweglichkeit. Zu ihrer Färbung sind besondere Methoden erforderlich. Nach Gram färbt sie sich nicht. Von den vielen für die Spirochaete pallida seither angegebenen Färbemethoden hat sich bis heute noch immer am meisten die mit der Giemsaschen Lösung ausgeführte Romanowsky-Färbung bewährt, die schon von Schaudinn angewandt wurde. Für eine von Preiß angegebene Modifikation dieser Methode zur Schnellfärbung der Spirochaeta pallida hat Giemsa auf Grund der chemischen und physikalischen Eigenschaften seiner Farblösung in der „Deutschen medizinischen Wochenschrift" (1909, Nr. 17) mehrere durchgreifende Änderungen vorgeschlagen. Wir geben hier wegen der ganz außerordentlich großen praktischen Bedeutung des Spirochätennachweises die genauen von Giemsa in der genannten Wochenschrift zusammengefaßten Vorschriften für die Ausführung dieser Schnellfärbung im folgenden[1]) wieder, die gewissenhafteste Befolgung der Vorschriften ist unbedingt erforderlich, wenn man zuverlässige Resultate erzielen will:

1. Ausstrich: An der Peripherie unbehandelter Papeln oder Schanker kratzt man mit einem Skalpell oder scharfen Löffel die oberflächlichen Epithelschichten ab und macht nach der Art von Blutpräparaten (s. S. 13) auf einem Objektträger einen möglichst dünnen Ausstrich von dem ausgesickerten Serum. Dabei muß man bemüht sein, Verunreinigungen des Serums mit Blut möglichst zu vermeiden.

2. Fixieren: Nachdem die Präparate gut lufttrocken geworden sind, fixiert man entweder in absolutem Alkohol (10 Min.) oder durch dreimaliges vorsichtiges Hindurchziehen durch die Flamme (der Bunsenbrenner soll nicht rauschen). Zur Fixation Osmiumsäure zu verwenden, widerrät Giemsa wegen der Gefahr des Überfärbens nach Blau hin.

3. Färben: a) Einklemmen des Ausstrichs in einen absolut sauberen, insbesondere nicht mit Farbflecken behafteten Objekt-

---

[1]) Der Text ist nicht genau wörtlich übernommen, enthält aber alle Vorschriften Giemsas.

trägerhalter (nach Abel[1]), Schichtseite nach oben. b) Herstellung des frischen wässerigen Farbgemisches: 10 Tropfen der Farbstammlösung[2]) werden mit 10 ccm unbedingt säurefreien Wassers in einem absolut sauberen Mischzylinder von mindestens 3 cm lichtem Durchmesser unter gelindem Umschwenken bis zur gleichmäßigen Verteilung der beiden Flüssigkeiten gemischt. (Der Hauptgrund für die Angabe aller dieser Vorschriften ist die Gefahr des Ausfallens von Farbstoff aus der Lösung.) c) Unbedingt sofortiges Übergießen des Ausstriches mit der Farblösung und Erwärmen (etwa 5 cm über der Flamme) bis zu schwacher Dampfbildung, $\frac{1}{4}$ Minute beiseite stellen, Farblösung abgießen. Ohne Pausen diese Prozedur etwa viermal ausführen, das letzte Mal die Farblösung 1 Minute lang einwirken lassen. d) Ganz kurzes Abwaschen in gelindem Wasserstrahl.

4. Mikroskopische Untersuchung: Man hat die größten Aussichten, die intensiv dunkelrot erscheinenden Spirochäten zu finden, wenn man zunächst mit starkem Trockensystem dünne Stellen sucht, an denen sich Erythrozyten, mit größeren kernlosen, rein blau gefärbten Gewebselementen durchsetzt, befinden, und dann dort die Ölimmersion anwendet. — Die unter dem Namen Spirochaeta refringens zusammengefaßten, differentialdiagnostisch in Frage kommenden anderen Spirochätenformen erkennt man leicht an ihrer größeren Dicke, ihrer stärkeren Färbbarkeit, ihrem mehr bläulichen Farbenton bei der Giemsafärbung und ihren gröberen, flacheren Windungen.

c) Eine künstliche Züchtung der Spirochaeta pallida ist noch nicht gelungen.

d) Experimentelle Erzeugung von Syphilis ist vor allem bei Affen von Erfolg gewesen.

Eine Art Zwischenstellung zwischen den Bakterien und den niederen Pilzformen nimmt der zu den Streptotricheen gehörige

γ) Aktinomyces s. Strahlenpilz

(B. v. Langenbeck 1845) ein. Über seine Stellung im System können wir hier keine Erörterungen anstellen.

---

[1]) Bei Paul Altmann Berlin NW., Luisenstr. 47.
[2]) Giemsas Farblösung zur Erzielung der Romanowsky-Färbung bei Dr. Grübler & Co. (Inh. Dr. K. Hollborn) Leipzig.

a) Die Übertragung der Erkrankung (Aktinomykose) auf den Menschen erfolgt (wie bei der weit häufigeren Aktinomykose der grasfressenden Tiere) durch aktinomycessporenhaltige Grannen von Getreide und anderen Grasarten. Meist geht der Prozeß von einer Stelle des Verdauungstrakts, seltener von der Lunge (durch Aspiration) oder von Hautwunden aus. Pathologisch-anatomisch besteht er in einer von Pilzfäden durchzogenen, unaufhaltsam fortschreitenden Granulationswucherung, die große Neigung zur Bildung von Abszessen zeigt, in deren Eiter man dann meist reichlich die sogenannten Aktinomyceskörner (s. u.) vorfindet. Außer der bei unterbleibender oder erfolgloser Radikaloperation unaufhaltsam fortschreitenden lokalen Granulationswucherung erfolgt aber schließlich auch eine Verbreitung der Keime auf dem Blutwege, die zu Metastasen in allen Organen führen kann.

b) Mikroskopisch findet man, wie oben angedeutet, in den entzündlichen Gewebswucherungen Geflechte von Pilzfäden. Charakteristisch und für die Diagnose ausschlaggebend ist der Nachweis der im Eiter befindlichen, schon makroskopisch wahrnehmbaren kleinsten bis stecknadelkopfgroßen, mattgrau bis gesättigt gelb gefärbten Aktinomyceskörner (gelegentlich auch grünschwärzlich, besonders in der Leber). Diese bestehen, wenn man sie unterm Mikroskop leicht zerdrückt betrachtet, aus einzelnen sogenannten Aktinomycesdrusen, deren Struktur man am besten erkennt, wenn man sie in Ausstrich- oder Schnittpräparaten betrachtet, die man mit der Gramfärbung behandelt hat. (Abb. 23). Man sieht dann, daß von einem dichten zentralen Faserpilz nach allen Seiten feine Fäden ausgehen, die oft Sporen einschließen

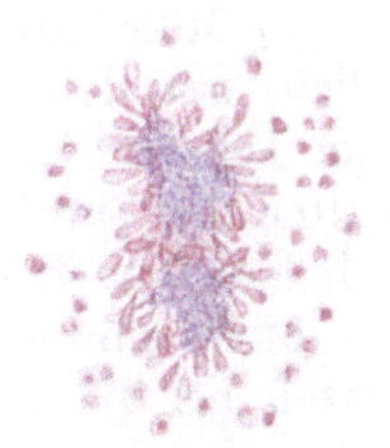

Abb. 23.
Aktinomycesdruse aus Sputum (Gram-Färbung). Nach F. Rolly.

und, besonders bei älteren Exemplaren, hier und da in keulenförmige Endanschwellungen (Involutionsformen) ausgehen. Neben diesen fadenartigen Gebilden sieht man auch bakterienähnliche Formen.

c) und d) Künstliche Züchtung und Tierversuche haben ergeben, daß es verschiedene Rassen von Aktinomyces geben muß. Die einen wachsen aërob, die anderen anaërob, die einen lassen sich auf Tiere übertragen, die anderen nicht usw.

Um nun zu den bereits etwas höher stehenden pflanzlichen Krankheitserregern überzugehen, wollen wir betreffs der zu den Blastomyzeten gehörigen

δ) Hefepilze

nur im Vorübergehen erwähnen, daß gelegentlich pathogene Formen in sarkomähnlichen Wucherungen beobachtet worden sind.

Eine etwas größere praktische Bedeutung besitzt sodann der von den Blastomyzeten zu den (den Phykomyzeten angehörenden) Schimmelpilzen hinüberführende

ε) Soorpilz, Oidium albicans [1])

(Robin).   a) Mitunter auch in den Belägen der oberen Partien des Verdauungstrakts Gesunder nachweisbar, siedelt er sich unter günstigen Bedingungen (bes. gern bei sehr heruntergekommenen Individuen, speziell schlecht gepflegten Säuglingen) im Epithel der genannten Teile an und bildet lockere weißliche Auflagerungen. Er vermag auch durch das Epithel in das Unterhautgewebe hineinzuwuchern, sogar in Blutgefäße vorzudringen (allerdings nur äußerst selten) und dann Metastasen in inneren Organen zu erzeugen.

b) Mikroskopisch erweisen sich die Soor-Beläge als Epithelzellen, mit den dazwischen gelagerten Parasiten, deren Formen zum Teil an die Myzelfäden der Fadenpilze, zum Teil an die Gestalten der Sproßpilze (Gonidien) erinnern. Die Soorfäden färben sich leicht nach Gram.

c) Sie sind leicht zu kultivieren, z. B. in Bouillon, wachsen am besten bei 37⁰ und streng aërob.

d) Intravenöse Applikation von S.-Reinkulturen tötet Kaninchen in wenigen Tagen, indem abszeßartige Knötchen in inneren Organen auftreten.

ζ) Schimmelpilze.

Sie besitzen als Krankheitserreger für den Menschen nur eine untergeordnete Bedeutung. Daher seien sie nur kurz erwähnt: von der Gattung Mucor sind nur einige sehr seltene Arten pathogen; die wichtigsten pathogenen Arten stellt die Gattung Aspergillus und zwar im A. fumigatus und A. niger. Meist siedeln sie sich erst sekundär in bereits bestehenden nekrotischen Herden, z. B. in der Lunge an, führen aber dann dort

---

[1]) Nach den Untersuchungen Plauts soll der Soorpilz mit der zu den Torulaceen gehörigen Monilia candida identisch sein.

ihrerseits selbst zu immer weiter fortschreitenden Zerstörungen. Morphologisch ist zu erwähnen, daß im menschlichen Körper die Myzelformen wesentlich die Sporenformen, was Häufigkeit und Menge des Vorkommens anbetrifft, überragen. Will man sie färben, so kann man Löfflers Methylenblau (s. S. 21) oder Gramsche Färbung verwenden. Sie lassen sich leicht kultivieren, z. B. auf sterilem Brotbrei (s. S. 30), verlangen aber O-Zutritt und saure Reaktion. Auch Tierversuche fallen positiv aus.

Eine wieder etwas größere praktische Bedeutung besitzen endlich noch vier Vertreter der

η) echten Pilze, Eumyzeten[1]).

Sie sind die Erreger der vier höher pflanzlich-parasitären Hautkrankheiten, der sogenannten Dermatomykosen oder Hyphomykosen: Pityriasis versicolor, Erythrasma, Trichophytie und Favus.

Gemeinsam ist ihnen, daß sie nur die obersten Schichten der Epidermis oder der epidermoidalen Organe ergreifen, daß sie kontagiös sind (wobei aber die jeweilige Disposition der einzelnen Individuen eine sehr große Rolle spielt), daß sie sich gut nach Gram färben und sich züchten lassen.

1. Das Microsporon furfur. a) Mit besonderer Vorliebe siedelt es sich auf trockener, dünner, zarter Haut an und ruft dort die als Pityriasis versicolor bezeichnete Erkrankung der in Abstoßung begriffenen Epithelzellen hervor. Sie bevorzugt die von der Kleidung bedeckten Hautstellen. Absolut harmlos, besteht sie lediglich im Auftreten kosmetisch störender, hellgelber bis braunschwarzer, kleienartig schuppender (Kleienflechte) Flecke von sehr verschiedener Größe.

b) Das mikroskopische Bild ist sehr charakteristisch: die feinen Schüppchen bestehen fast aus Reinkulturen der Pilze: zwischen ziemlich breiten, gekrümmten, wenig verzweigten Fäden finden sich außerordentlich zahlreiche traubenförmig angeordnete große Gonidien.

2. Das Mikrosporon minutissimum. a) Ebenso harmlos wie die Kleienflechte ist die durch das Mikrosporon minutissimum hervorgerufene, als Erythrasma bezeichnete Erkrankung wohl nur als eine auf gewisse Körperpartien angepaßte Abart der Pityriasis

---

[1]) Allgemeines siehe in den botanischen Lehrbüchern.

versicolor aufzufassen. Das Erythrasma findet sich immer nur an solchen Körperstellen, wo zwei Hautflächen dauernd aufeinander reiben, wo also leicht Intertrigo entsteht.

b) Das mikroskopische Bild ist gewissermaßen nur Mikrosporonfurfur in Miniatur.

3. und 4. Das Trichophyton tonsurans und das Achorion Schönleini. a) Das Trichophyton tonsurans und das Achorion Schönleini stehen zu den beiden Mikrosporonarten betreffs ihrer pathologischen Bedeutung in vollkommenem Gegensatz: während die letzteren für ihren Wirt völlig indifferent sind, rufen die ersteren eine energische Reaktion in Form einer ausgesprochenen lokalen Erkrankung hervor. — Das Trichophyton tonsurans erzeugt die unter dem Namen Trichophytie zusammengefaßten ganz außerordentlich vielgestaltigen Krankheitsbilder, die aber alle einige gemeinsame Momente aufweisen: in allen Fällen handelt es sich um entzündliche, umschriebene Hauterkrankungen, die mit vollkommener restitutio ad integrum enden. Das Achorion Schönleini ist die Ursache des sogenannten Erbgrinds (Favus), einer in erster Linie spezifischen Erkrankung der behaarten Kopfhaut, die immer in eine lokale Zerstörung des Haarwachstums ausgeht und immer, auch dann, wenn sie an irgend einer beliebigen anderen Körperstelle auftritt, ein ganz bestimmtes Charakteristikum aufweist: die Bildung sogenannter Scutula, kleiner, gelber, schildartiger Massen, die einen aufgeworfenen Rand und eine zentrale Delle besitzen und Reinkulturen des Achorion Schönleini darstellen.

b) und c) Während die klinischen Bilder von Trichophytie und Favus leicht zu unterscheiden sind, sind ihre Erreger mikroskopisch und kulturell nicht immer mit Sicherheit voneinander zu trennen. Von diesem Standpunkt aus ist die folgende Gegenüberstellung der beiden zu bewerten: Um Präparate von Trichophyton tonsurans herzustellen, hellt man das Material zunächst mit Kalilauge auf und muß dann oft sehr lange suchen, bis man etwas findet, während man beim Favus in den Scutulis und in kranken Haaren meist leicht das Achorion Schönleini findet, wenn man die Scutula nur etwas in Wasser zerdrückt hat. Die Myzelfäden des Achorion Schönleini sind im allgemeinen plumper, derber, knorriger, oft mit rechtwinkligen Verzweigungen, seine Sporen sind meist relativ groß. Demgegenüber sind die Myzelfäden des Trichophyton tonsurans meist sehr zart, nicht häufig verzweigt, seine Sporen fein und gewöhnlich in Ketten angeordnet. Kulturell unterscheiden sich die beiden vor allem dadurch, daß das Achorion Schönleini N-reiche Nährböden verlangt, auf kohlehydratreichen nur kümmerlich wächst und sein Wachstums-Optimum bei 37° hat, während das Trichophyton am besten auf eiweißarmen, kohlehydratreichen Nährmedien gedeiht und am besten bei 33°. Beide verflüssigen Gelatine.

d) Auf Tiere sind beide übertragbar.

b) Pathogene Mikroorganismen des Tierreiches.

Sie gehören der Klasse der Protozoen an, und von denen, die wir hier erwähnen wollen, rechnet man

zu den Rhizopoden: die Amöben,
zu den Flagellaten: die Trypanosomen,
zu den Sporozoën: die Hämosporidien.

Rhizopoden.

Die Entamoeba histolytica (1875 von Loesch zuerst gesehen, Name von Schaudinn 1903). a) Neben einer in neuerer Zeit von ihr abgetrennten Spezies, Entamoeba tetragena, ist sie der Erreger der, wenn auch nicht ausschließlich, so doch vorwiegend tropischen Amöbendysenterie, deren Auftreten gegenüber dem mehr epidemieartigen der Bazillendysenterie ein vorwiegend endemisches für gewisse Gegenden ist. Auch in ihren Symptomen, vor allem aber in ihrem pathologisch-anatomischen Charakter weist die Amöbendysenterie gegenüber der Bazillenruhr große Verschiedenheiten auf (vgl. Bazillendysenterie, S. 63). Der Prozeß beginnt mehr in der Tiefe der Schleimhaut, und die dort sich vermehrenden Amöben veranlassen die Entstehung von Abszessen, die nach kurzer Zeit eine Nekrotisierung des darüber hinwegziehenden Epithels bedingen und dann ins Darmlumen durchbrechen, um tiefe kraterförmige Geschwüre zurückzulassen. Auf diese Art kann der größte Teil der gesamten Schleimhautfläche zerstört werden. Außerdem besteht eine große Neigung zur Entstehung von Leberabszessen und zum Chronischwerden der Erkrankung.

b) Um mikroskopisch eine Diagnose auf Amöbendysenterie zu stellen, muß man frisch entleerten, noch warmen Stuhl untersuchen (am besten im hängenden Tropfen in physiologischer NaCl-Lösung), weil man nur dann noch bewegliche Amöben zu sehen bekommt.

Von der harmlosen, bei vielen Menschen im Anfangsteil des Dickdarms lebenden Entamoeba coli unterscheidet sich die Entamoeba histolytica durch ein deutlich entwickeltes, völlig homogenes, stark lichtbrechendes Ektoplasma (s. Abb. 24). Den sehr chromatinarmen Kern macht man durch Zusatz von Essigsäure deutlicher sichtbar. Jodzusatz zum frischen Präparat färbt die Amöben braun.

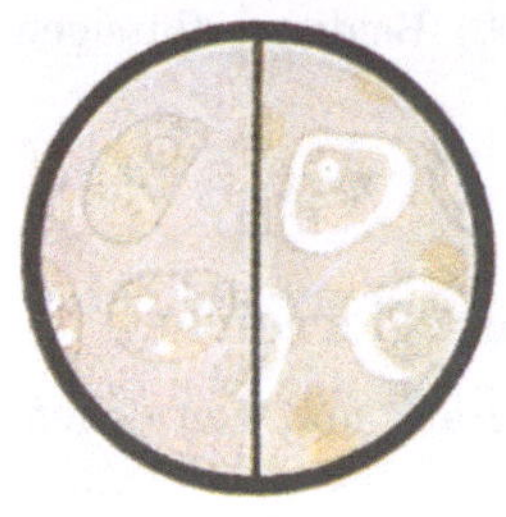

Abb. 24.
Amöben im Stuhl
(links Entamoeba coli, rechts
E. histolytica).
Nach F. Rolly.

c) Die besten Kultivierungsresultate hat man dadurch erzielt, daß man den Amöben Bakterien als Nahrung gab, die derselben Quelle wie sie selbst entstammten.

d) Von Versuchstieren sind Katzen am geeignetsten: man verreibt ihnen per rectum Dejektionen von Kranken auf der Schleimhaut. Sie sterben in etwa zwei Wochen an einer typischen Amöbendysenterie.

Flagellaten.

Das weitaus größte Interesse für die menschliche Pathologie haben unter den Flagellaten die Trypanosomen und zwar durch das Trypanosoma gambiense (J. E. Dutton, 1901). a) Durch den Stich der Glossina palpalis, einer Stechfliege, erfolgt die Übertragung der in Afrika fortwährend unzählige Opfer fordernden Trypanosomenkrankheit (Trypanosomiasis). Die Trypanosomen dringen durch die Infektion ins Blut ein und können lange Zeit nur sehr wenig und nur sehr unbestimmte Symptome hervorrufen. Meist tritt sehr bald eine Lymphdrüsenschwellung am Halse auf (s. u.). Dann beobachtet man häufig sehr unregelmäßig sich einstellende Fieberattacken, Erytheme der Haut, Ödeme, Anämie, Herz- und Atmungsstörungen, Milzschwellung. Übersteht der Kranke dieses Stadium, das man mit dem Namen Trypanosomenfieber zu bezeichnen pflegt, so tritt mit dem Eindringen der Trypanosomen in die Zerebrospinalflüssigkeit der Symptomenkomplex auf, dem man schon vor der Entdeckung der Trypanosomen den Namen Schlafkrankheit gegeben hatte: unter einer unaufhaltsam zunehmenden Apathie verfallen die Kranken in Zeit von mehreren Monaten immer mehr, bis sie an allgemeiner Schwäche zugrunde gehen.

b) Lebend oder im gefärbten Präparat kann man die Trypanosomen im Blut, im mit der Pravaz - Spritze entnommenen Saft
der geschwollenen Drüsen leicht nachweisen, immer frei, nie in
Zellen. Es sind kleine (etwa 2—3 mal so lang wie der Durchmesser
roter Blutkörperchen), spindelförmige, etwa an die Form kleiner
Fischchen erinnernde Gebilde. Sie besitzen an
einer ihrer Längsseiten eine undulierende Membran, die von einem in eine am Vorderende
befindliche Geißel übergehenden Randsaum
(Randfaden) begrenzt wird. Wie der genannte
Randfaden und die Geißel, so erscheinen bei der
Romanowsky - Färbung (mit verdünnter G-
Lösung 20—30 Minuten; s. S. 26) auch ein etwa
in der Mitte des Tierkörpers liegendes größeres
(Kern) und ein am Hinterende befindliches klei-
neres (als Zentrosoma gedeutetes) Chromatinkorn
in leuchtend roter Farbe (Abb. 25).

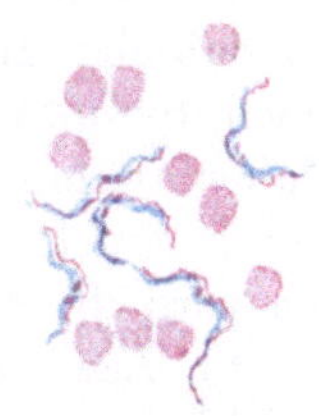

Abb. 25.
Trypanosoma gam-
biense (Neut.
Giemsafärbung).
Nach F. Rolly.

Einen sehr wichtigen, auch für unsere Breitengrade nicht be-
deutungslosen pathogenen Parasiten stellen endlich noch die

Sporozoën

im Plasmodium malariae (Laveran 1881). a) Durch den
Stich von Moskitos der Gattung Anopheles erfolgt die Infektion
des menschlichen Blutes mit Sporozoiten (s. u.) des Plasmodium
malariae. Nachdem sich dann im Laufe von 6—21 Tagen eine
genügende Zahl Parasiten durch Vermehrung gebildet hat, beginnt
die Krankheit mit einem heftigen Fieberanfall, der dadurch hervorgerufen wird, daß eben eine neue Merozoitengeneration (s. u.)
ausschwärmt und jeder Merozoit ein rotes Blutkörperchen anfällt.
Während der Entwickelung dieser Merozoiten in den von ihnen
befallenen Erythrozyten geht der Fieberanfall bald zurück, um
sich aber nach 1, 2 oder 3 mal 24 Stunden (bei ausbleibender
Therapie) mit dem Ausschwärmen von wieder neuen Merozoiten-
generationen in derselben Weise zu wiederholen. Je nachdem
die Anfälle nach 1, 2 oder 3 mal 24 Stunden eintreten, spricht
man von Malaria cotidiana, tertiana oder quartana. Die Malaria
tertiana und quartana werden durch verschiedene Parasitenarten
(s. u.) hervorgerufen, während die cotidiana durch Kombination
mehrerer Stämme von tertiana oder quartana oder beider zustande kommt. Außer den genannten gibt es noch eine Form

der Malaria, die sich durch einen mehr unregelmäßigen Fieberverlauf und durch ganz außerordentliche Bösartigkeit auszeichnet: die Malaria perniciosa oder tropica. Während die quartana und tertiana auch bei uns vorkommt, findet sich die perniciosa nur in den Tropen und nur im Hochsommer und Herbst auch im südlichen Europa (das bekannte Sommerherbstfieber oder Aestivoautumnalfieber Italiens). Die wesentlichsten pathologisch-anatomischen Symptome der Malaria sind: akuter Erythrozytenzerfall (daher Anämie), reichliches Auftreten von Pigment (s. u.) im Blute und in inneren Organen und Vergrößerung der Milz. — Gelegentlich wird die Malaria auch chronisch.

b) Die Malaria-Diagnose muß immer durchs Mikroskop gesichert werden. Man fertigt Blutausstrichpräparate an (s. S. 13). und färbt sie nach Giemsa (s. S. 26). Es kommen für die einzelnen Formen der Malaria drei voneinander verschiedene Parasitenarten in Frage, und zwar

für die tertiana: Plasmodium s. Haemamoeba vivax

„ „ quartana: „ „ malariae

„ „ tropica: „ „ praecox

(Laverania).

Der Entwickelungsmodus der drei Arten ist in den Grundzügen der gleiche: eine geschlechtliche Generation in der Anopheles wechselt mit einer unbestimmten Zahl ungeschlechtlicher Generationen im menschlichen Blut. Die Endprodukte der geschlechtlichen Generation sind sehr zahlreiche, feinste, sichelförmige Keime („Sichelkeime" oder „Sporozoiten"). Diese gelangen durch den Speichel der Moskitos beim Stich in das menschliche Blut und siedeln sich dort je in einem roten Blutkörperchen an, um sich in ein amöbenartiges Gebilde, Schizont genannt, zu verwandeln. Unter starker Vermehrung seines Kernchromatins und seines braunschwarzen körnigen Pigments (Melanin) auf Kosten des roten Blutkörperchens wächst der Schizont heran und zerfällt schließlich unter Zurücklassung eines zentralen, das Pigment enthaltenden Restkörpers in eine mehr oder weniger große Zahl sektorenförmiger Gebilde, sog. Merozoiten. Wenn dann jeder Merozoit beim Ausschwärmen von neuem ein rotes Blutkörperchen anfällt (um sich dort zu einem Schizonten zu entwickeln usf.), tritt ein neuer Fieberanfall auf. Neben diesen ungeschlechtlichen Merozoiten bilden sich nun aber im Menschen auch die Ausgangsformen für die geschlechtliche Generation im Moskito: Makrogametozyten und Mikrogametozyten; diese bleiben unverändert im Blut des Menschen, bis sie in den Darm einer blutsaugenden Mücke gelangen. Auf eine genauere Darstellung dieser geschlechtlichen Generation können wir hier verzichten.

Die Hauptmerkmale der einzelnen Plasmodium-Arten sind folgende:

Das Plasmodium vivax: wächst ziemlich rasch zu beträchtlicher Größe heran, veranlaßt eine bedeutende Vergrößerung des befallenen Erythrozyten, zeigt lebhafte amöboide Beweglichkeit und bildet 16—24 maulbeerartig angeordnete Merozoiten.

Das Plasmodium malariae (Abb. 26): wächst langsamer und nicht zu solcher Größe wie das Plasmodium vivax, vergrößert die Erythrozyten nicht, enthält reichlicher lebhaft tanzende Körnchen von Melanin und bildet nur 6—12 rosetten- oder gänseblümchenförmig angeordnete Merozoiten.

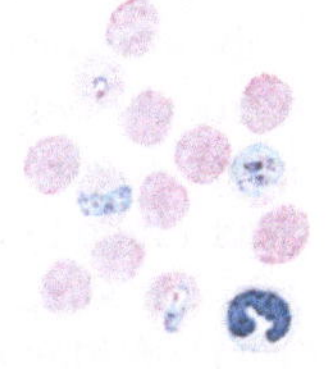

Abb. 26.
Malaria quartana
(Giemsa-Färbung).
Nach F. Rolly.

Das Plasmodium praecox: hat dieselbe Entwickelungsdauer wie das Tertiana-Plasmodium, ist sehr klein, vergrößert das Blutkörperchen nicht, zeigt infolge einer sehr großen zentralen Nahrungsvakuole Ringform („Tropenring“), ist nur im Anfang amöboid beweglich und bildet wenig Melanin. Die Merozoitenbildung (12—15) erfolgt fast ausschließlich in den Kapillaren innerer Organe. Sehr charakteristisch ist die Form der Gametozyten: eine Kombination von Mondsichel- und Wurstform.

c) und d) Künstliche Züchtung und Übertragung auf Tiere, selbst höhere Affen ist bisher erfolglos gewesen.

Anhang zu B I.

Das Wichtigste aus der Lehre vom biologischen Verhalten des Blutserums gegenüber den pathogenen Keimen und die serodiagnostischen Methoden.

Abgesehen davon, daß für jeden, der sich ein gewisses Verständnis für die moderne bakteriologische Wissenschaft erwerben will, die Kenntnis wenigstens der wichtigsten Lehren vom biologischen Verhalten des Blutserums gegenüber den pathogenen Keimen absolut unerläßlich ist, empfiehlt es sich für den Apotheker aus

6*

rein praktischen Gründen, diesem immer größere Bedeutung gewinnenden Gebiet der medizinischen Wissenschaft Interesse entgegenzubringen; denn wenn auch nur wenige sich selbständig mit serodiagnostischen Untersuchungen befassen werden, so ist es doch ganz gewiß sehr wünschenswert, daß der Apotheker, der doch in den meisten Fällen alle Serumpräparate zu therapeutischen und diagnostischen Zwecken für den Arzt von den betreffenden Instituten zu besorgen hat, wenigstens mit den Grundzügen der Serologie vertraut ist. Da wir weiterhin der Ansicht sind, daß es oft von großem Vorteil sein würde, wenn Arzt und Apotheker solche Untersuchungen gemeinschaftlich ausführten, so empfehlen wir es sogar jedem Pharmazeuten, sich die dazu erforderlichen, etwas eingehenderen Kenntnisse anzueignen. Daß der Apotheker allein serodiagnostische Untersuchungen anstellt, halten wir nicht für empfehlenswert, wenn er nicht an Universitätsinstituten oder an gleich zuverlässiger Quelle die entsprechende Vorbildung genossen hat. Für ganz falsch halten wir es, die Ausführung solcher Untersuchungen ungenügend geschultem Personal lediglich auf technische Anleitung hin zu überlassen. Das Gesagte gilt ganz besonders für die ziemlich komplizierte Wassermannsche Reaktion.

Aus den angeführten Erwägungen glaubten wir es nicht unterlassen zu dürfen, den mehr oder weniger rein technischen Anleitungen für die Ausführung der serodiagnostischen Reaktionen eine, wenn auch möglichst kurz gefaßte theoretische Einleitung vorauszuschicken.

Alle serodiagnostischen und serotherapeutischen Bestrebungen beruhen auf der durch zahlreiche Beobachtungen der verschiedensten Art festgestellten Tatsache, daß der menschliche und tierische Organismus über bestimmte Abwehrkräfte gegen ihm fremdartige und schädliche Substanzen verfügt, und daß diese Abwehrvorrichtungen fast ausnahmslos sich als im Serum des betreffenden Organismus gelöste chemische Verbindungen (Eiweißstoffe) nachweisen lassen.

Man kann diese Schutzvorrichtungen des Körpers in zwei Klassen einteilen:

I. Solche, die dauernd jedem Organismus zur Verfügung stehen und mehr oder weniger gegen alle eindringenden Schädlichkeiten in gleicher Weise wirksam sind.

II. Solche, die erst durch den Reiz eingedrungener Schädlichkeiten, und zwar als streng spezifisch nur gegen dieselbe Schädlichkeit wirksame Stoffe, in nachweisbarer Menge erzeugt werden. Es ist leicht verständlich, daß vor allem sie für die Serodiagnostik von Bedeutung sind.

Zu I. Über die Entstehung dieser Schutzkräfte ist nichts Besonderes zu sagen; sie bilden wie alle anderen lebenswichtigen Bestandteile des Körpers eine unentbehrliche Mitgift jedes gesunden Organismus vom Beginn seines Lebens an. Sie stehen zu einigen von den unter II zusammengefaßten Abwehrsubstanzen des Körpers in inniger Beziehung, insofern als sie erst durch diese instandgesetzt werden, ihre Wirkung auf die eingedrungenen Schädlinge zu entfalten. Sie werden repräsentiert:

1. Durch die Fähigkeit der Leukozyten, eingedrungene Fremdkörper — von Bedeutung sind vor allem pathogene Keime — aufzunehmen und zu zerstören. Man nennt den Vorgang Phagozytose. Die spezifischen Schutzstoffe des Organismus, welche es den Leukozyten ermöglichen, diese ihre phagozytische Kraft auf die jeweils eingedrungenen Fremdkörper zu entfalten, sind die unter II 1 c (s. S. 88) aufgeführten bakteriotropen Substanzen s. Opsonine Wrights.

2. Durch zellenzerstörende Stoffe. In Betracht kommen in erster Linie, speziell für die praktischen Untersuchungsmethoden, pathogene Keime und rote Blutkörperchen fremder Tierspezies. Die gebräuchlichsten der ziemlich genau identischen Namen für diese Substanzen sind: Komplement (Ehrlich), Substance bactéricide (Bordet), Zytase (Metschnikoff), Alexin (Buchner). Die Bedeutung, welche die Opsonine (s. o.) für die Phagozytose haben, besitzen für die Komplemente die unter II 1b aufgeführten Ambozeptoren (= Bordets Substance sensibilatrice). — Eine für gewisse serodiagnostische Reaktionen sehr wichtige physikalische Eigenschaft der Komplemente ist zu erwähnen: sie sind thermolabil, d. h. sie werden durch $\frac{1}{2}$ stündiges Erhitzen auf 56 ⁰ unwirksam gemacht.

Zu II. Diese spezifischen, erst durch den Reiz eingedrungener Schädlichkeiten in nachweisbarer, resp. wenigstens in größerer Menge erzeugten Schutzstoffe des Körpers sind von der größten Mannigfaltigkeit, und ihre Wirkungsweise ist zum Teil äußerst kompliziert und rätselhaft. Es sind daher zahlreiche Versuche gemacht worden, von Hypothesen über die Art ihrer Entstehung im Organismus ausgehend, Systeme aufzubauen, in die sich die einzelnen Beobachtungen möglichst zwanglos und folgerichtig einreihen lassen. Von allen diesen Versuchen hat nur einer so ziemlich allgemeine Anerkennung gefunden, nämlich die

Ehrlichsche Seitenkettentheorie.

Sie ist zum Verständnis der meisten serodiagnostischen Methoden, vor allem aber der so sehr wichtigen Wassermannschen Syphilis-Reaktion geradezu unentbehrlich. Wir müssen sie daher, wenigstens in ihren Grundzügen, an dieser Stelle zur Darstellung bringen. Ausführlichere Darstellungen sind in allen Lehrbüchern der Bakteriologie zu finden, wo auch die diesbezügliche Literatur meist zusammengestellt ist.

Die Ehrlichsche Theorie geht von der Annahme aus, daß jede Zelle des Organismus aus einem Leistungskern besteht, etwa analog dem Benzolkern, dem Seitenketten angefügt sind. Diese Seitenketten wiederum sind vermittelst bindender Gruppen, sogenannter haptophorer Gruppen s. Rezeptoren, in der Lage, mit bestimmten bindenden Gruppen von mit der Zelle in Berührung kommenden Körpern in Verbindung zu treten und so eine gegenseitige Einwirkung zwischen der Zelle und dem an sie gebundenen Körper zu vermitteln. Dieser Vorgang, der unter physiologischen Verhältnissen die Nahrungsaufnahme der Zelle bewirken soll, soll nun auch für die Zelle bedrohende schädliche Körper die einzige Möglichkeit abgeben, ihre verderbliche Wirkung auf die Zelle zu entfalten. Da man nun ferner annimmt, daß die haptophoren Gruppen der Zellen-Seitenketten immer streng spezifisch nur solche haptophore Gruppen von an die Zelle herantretenden Körpern zu binden vermögen, auf die sie eingepaßt sind wie der Schlüssel auf sein Schloß, so ist ein Organismus, dessen Zellen für die haptophoren Gruppen einer bestimmten Schädlichkeit keine passenden haptophoren Gruppen besitzen, gegen diese Schädlichkeit immun (angeborene Immunität). Auf dieser spezifischen Eigenschaft der Seitenketten mit ihren Rezeptoren baut sich nun weiterhin die Erklärung des Entstehens der sämtlichen spezifischen Schutzstoffe des Blutserums durch den Reiz der homologen eingedrungenen Schädlichkeiten auf. Man denkt sich den Vorgang so: Eine gewisse Zahl Individuen eines Körperschädlings, für den der betreffende Körper natürlich nicht immun sein darf, sind in den Organismus eingedrungen und belegen nun vermittelst ihrer Rezeptoren je eine auf diese passende haptophore Gruppe von Seitenketten der Zellen, mit denen sie zuerst in Berührung kommen. Den so erlittenen Verlust von Seitenketten mit den entsprechenden haptophoren Gruppen sucht nun die Zelle zu kompensieren, und zwar wird sie, vorausgesetzt, daß die Zahl der

von ihr neugebildeten Seitenketten zunächst genügte, um den an-
stürmenden Feinden standzuhalten, d. h. daß sie nicht im Kampf
gegen die eindringende Schädlichkeit zugrunde geht, nach einem
allgemeinen biologischen Gesetz ihre Verluste überkompensieren.
Die dann überschüssigen Seitenketten, nimmt man an, stößt sie
ins Blutserum ab. Das sind dann die spezifischen Schutzstoffe
des Blutserums, die wir zu diagnostischen und therapeutischen
Zwecken zu verwenden bestrebt sind. Man nennt sie alle mit
Sammelnamen Antikörper, Schutz- oder Immunkörper,
während man alle die Stoffe, welche in der Lage sind, ihre Erzeugung im Organismus anzuregen, als Antigene bezeichnet.

Um nun weiterhin die verschiedenen Wirkungsweisen der
einzelnen Antigene und Antikörper zu erklären, nimmt Ehrlich
an, daß sie eine verschiedene Anzahl wirksamer Gruppen besitzen.
Um von Antigenen nur ein Beispiel zu bringen, seien die Toxine
angeführt: sie besitzen eine haptophore Gruppe, welche das Gift
an der Seitenkette verankert und eine toxophore Gruppe, welche
die Giftwirkung selbst vermittelt. Unter den Antikörpern gibt es
drei verschiedene Arten, je nach dem Verhalten ihrer bindenden
Gruppen. Ehrlich unterscheidet daher: Haptine (Sammelname
für alle Körper, welche haptophore Gruppen zu binden vermögen)
1., 2. und 3. Ordnung. Von den im folgenden kurz charakteri-
sierten Antikörpern sind:

Haptine 1. Ordnung: Die Antitoxine und Antifermente mit
nur einer haptophoren Gruppe, durch die sie die haptophore
Gruppe der Toxine resp. Fermente zu binden und so zugleich
die ergophore Gruppe, d. h. die eigentliche Funktionsgruppe derselben unschädlich zu machen vermögen.

Haptine 2. Ordnung: Die Agglutine und Präzipitine. Sie
besitzen eine die Bakterien resp. die betreffenden Eiweißkörper
bindende und eine die agglutinierende, resp. präzipitierende Wirkung vermittelnde Gruppe.

Haptine 3. Ordnung: Die Ambozeptoren, das spezifische
immunisatorische Prinzip der zellenlösenden Substanzen und der
Opsonine. Sie erfüllen ihre auf S. 86 erwähnte Aufgabe vermittelst zweier haptophorer Gruppen. Die eine verbindet sich bei
den zellenlösenden Antikörpern mit der aufzulösenden Zelle (zyto-
phile Gruppe), die andere mit dem Komplement (komplemento-
phile Gruppe), welches dann seine lösende Wirkung auf die ver-
ankerte Zelle ausüben kann. Bei den Opsoninen verankert die

eine die Bakterienzelle, die andere verbindet sich mit dem Leukozyten, der dann seine phagozytische Kraft entfalten kann.

Übersicht und kurze Charakteristik der wichtigsten Antikörper:

1. Gegen zellige Antigene gerichtete Antikörper:

a) Die Agglutinine sind Stoffe, welche die Individuen einer bestimmten Bakterienart zusammenballen und ihnen ihre Beweglichkeit nehmen, wenn sie eine Eigenbewegung besitzen. Man nennt den Vorgang Agglutination. Durch Erhitzen auf 50—60 ⁰ oder durch Säuren kann man die agglutinierende Wirkung zerstören.

b) Die zellenlösenden Substanzen. Sie vermitteln, wie oben angeführt, die zerstörende Wirkung der Komplemente auf die betreffenden Zellen. Von praktischer Bedeutung sind die Substanzen, welche die Bakterien und roten Blutkörperchen der lösenden Wirkung preisgeben, und mit dem Komplement zusammen die Bakterio- resp. Hämolysine repräsentieren. Wie oben ausgeführt, nennt man den Immunkörper dieser Verbindungen Ambozeptor. Dieser ist thermostabil, d. h. durch ½ stündiges Erhitzen auf 60 ⁰ nicht zerstörbar, während das Komplement, wie S. 85 erwähnt, thermolabil ist. Man kann daher ein zellenlösendes Immunserum durch ½ stündiges Erwärmen auf 56 ⁰ inaktivieren. Setzt man diesem inaktivierten Immunserum dann normales, nicht immunkörperhaltiges, aber auch nicht inaktiviertes Serum zu, so erlangt das inaktivierte Immunserum seine spezifische Wirksamkeit wieder, es wird „reaktiviert".

c) Die bakteriotropen Substanzen (Neufeld) oder Opsonine (Wright). Sie vermitteln die phagozytische Kraft der Leukozyten gegenüber Bakterien. Sie sind wahrscheinlich identisch mit den Antiaggressinen Bails, und es würde dann die Art ihrer Wirkung etwas anders zu deuten sein. Doch können wir hier darauf nicht näher eingehen, da sie eine größere praktische Bedeutung noch nicht besitzen.

2. Gegen nicht zellige Antigene gerichtete Antikörper:

a) Die Antitoxine sind in der Lage, lösliche Giftstoffe unschädlich zu machen (s. o.). Sie bilden den wirksamen Bestandteil unserer gebräuchlichen Heilsera, sie sind thermostabil (s. o.).

b) Die Antifermente machen Fermente unwirksam (s. o.).

c) Die Präzipitine geben mit bestimmten gelösten Eiweißsubstanzen, besonders solchen artfremder Individuen Niederschläge, Präzipitate.

Die in der Praxis gebräuchlichen serodiagnostischen Methoden und ihre Ausführung.

Diejenigen Antikörper, welche für die serodiagnostischen Methoden in der Praxis eine Rolle spielen, gehören zu den Agglutininen (II 1 a) und zu den zellenlösenden Substanzen (II 1 b).

Die meisten von den für die Ausführung der serodiagnostischen Methoden erforderlichen Reagenzien werden heute von den bakteriologischen und Seruminstituten in den Handel gebracht, und man wird sie sich daher im allgemeinen nicht mehr selbst herstellen. Wir werden aus dem Grunde auch ihre Darstellung immer nur kurz berühren. Zu beziehen sind die Reagenzien durch die Drogengrossogeschäfte oder von den Seruminstituten direkt.

1. Die Agglutinationsproben.

Je nach dem Zweck, den man verfolgt, führt man zwei Arten von Agglutinationsproben aus: a) die einen stellt man an, um Kulturen einer bestimmten Bakterienart als solche zu identifizieren; b) mit den anderen sucht man die Infektion eines Organismus mit einem bestimmten pathogenen Keim festzustellen.

Beide Arten von Proben stellt man in der Weise an, daß man die betreffende Bakterienart mit einer bestimmten Verdünnung (s. u.) des agglutininhaltigen Serums durch physiologische NaCl-Lösung im Reagenzglas (makroskopische Agglutinationsprobe) oder bei schwacher Vergrößerung unterm Mikroskop (mikroskopische Agglutinationsprobe) zusammenbringt und den Erfolg beobachtet. Als positiv ist der Ausfall der Reaktion zu bezeichnen, wenn bei der mikroskopischen Probe die vorher eventuell beweglichen, mehr oder weniger gleichmäßig im Präparat verteilt beobachteten Bakterien sich zu unbeweglichen Haufen zusammengeballt haben (s. Abb. 27); bei der makro-

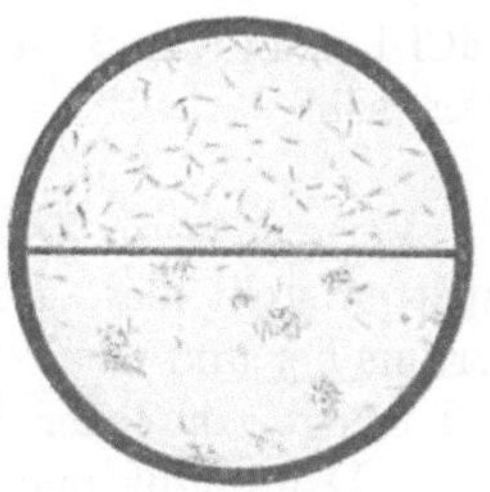

Abb. 27.
Typhus-Agglutination.
Nach F. Rolly.

skopischen Agglutinationsprobe zeigt sich der positive Ausfall dadurch an, daß sich die vorher gleichmäßig durch die Bakterien getrübte Flüssigkeit unter Bildung gröberer, allmählich zu Boden sinkender Flocken klärt.

Zur Anstellung der unter a) genannten Agglutinationsproben, zur Identifizierung von Bakterienkulturen braucht man außer der zu prüfenden Kultur (s. u. α) ein agglutinierendes Serum für die betreffende Keimart (s. u. β) und physiologische NaCl-Lösung zur Verdünnung des Serums (s. u. γ).

α) Von der zu prüfenden Bakterienkultur stellt man sich, vorausgesetzt, daß man keine Bouillonkultur verwendet, entweder für alle vorzunehmenden Proben und Kontrollproben gemeinsam eine feine Verteilung in einem flüssigen Nährboden oder in physiologischer NaCl-Lösung folgendermaßen her: Man verreibt mehrere Ösen einer jungen lebenskräftigen Agarkultur darin in der Weise, daß man an der Grenze von freier Glaswand und Flüssigkeit eine ganz homogene Emulsion der Bakterienmasse erzeugt, und schüttelt dann den gesamten Inhalt der Röhrchen gut durcheinander. Oder man führt die geschilderte feine Verteilung einer Öse Agarkultur in jedem Reagenzröhrchen gesondert aus.

β) Agglutinierendes Serum gewinnt man von Tieren, die wiederholt mit abgetöteten Kulturen der betreffenden Keimart geimpft worden sind. Es ist von den genannten Instituten fertig zu beziehen. Um solche Sera zu Agglutinationsproben verwenden zu können, muß man ihre Agglutinationskraft kennen. Diese wird durch den Grad der Verdünnung des betreffenden Serums mit physiologischer NaCl-Lösung angegeben, in der es noch seine homologe Bakterienart zu agglutinieren vermag: „Titer" des Serums.

γ) Die zur Verdünnung der Sera verwendete physiologische NaCl-Lösung muß sorgfältig durch ein gehärtetes Filter geklärt sein.

Vermittelst in Zehntel- und Hundertstelgrade geteilter Mischpipetten stellt man sich nun Verdünnungen des agglutininhaltigen Serums her und zwar: 1 : 50, 1 : 100, 1 : 200, 1 : 500, 1 : 1000 usw. und bringt von jeder Verdünnung 1 ccm in ein kleines Reagenzglas. Dann gibt man zu jedem Gläschen eine gleiche, geringe Menge der hergestellten Bakterienemulsion, oder man verreibt in jedem eine volle Öse einer Agarkultur (s. o.). Handelt es sich um Bakterien mit Eigenbewegung, so setzt man danach die Röhrchen etwa zwei Stunden einer Temperatur von 37 oder 55 ^{0} aus, wozu bei nicht beweglichen Bakterien 20—24 Stunden Wartezeit erforderlich sind. Nach dieser Zeit untersucht man die einzelnen Reagenzgläser auf den Erfolg der Reaktion und zwar in der Weise, daß man sie annähernd horizontal etwa in Kopfhöhe hält und so von unten nach oben in dünner Schicht die Flüssigkeit, eventuell mit der Lupe, betrachtet. Bei positivem Ausfall der Probe sieht man in den betreffenden Röhrchen dann in sonst klarer Flüssigkeit zahlreiche kleine schwebende Häufchen. Läßt man die Röhrchen dann noch länger stehen, so werden die Häufchen immer größer und geringer an Zahl und sinken schließlich zu Boden. Schüttelt man den Bodensatz wieder auf, so entsteht keine Emulsion wieder wie zu Beginn der Probe, sondern man sieht immer nur mehr oder weniger grobe Flocken in sonst klarer Flüssigkeit schweben.

Die Frage, ob nun die betreffende Kolonie zu der vermuteten Bakterienart gehört, ist mit ja zu beantworten, wenn die Agglutination bei einer dem Titer des verwendeten Serums naheliegenden Verdünnung desselben erfolgt ist. Dagegen ist man nicht berechtigt, bei negativem Ausfall der Probe mit Sicherheit zu behaupten, daß es sich nicht um die betreffende Bakterienart handelte.

In jedem Falle sind gleichzeitig folgende Kontrollproben anzustellen:

1. Darauf, daß nicht Spontanagglutination der Bakterien eintritt: Bakterien + physiologischer NaCl-Lösung; das Röhrchen muß während der gesamten Versuchsdauer gleichmäßig getrübt bleiben.

2. Proben auf die Verwendbarkeit des Serums:

a) Zur Impfung des Tieres verwandte Kultur + Serum dieses Tieres (= das von uns verwendete agglutinierende Serum); es muß in einer dem Titer des Serums entsprechenden Verdünnung noch Agglutination eintreten.

Diese Probe kann man sich ersparen, wenn man ein zuverlässig geprüftes Serum bezogen hat.

b) Zu prüfende Kultur + normales Serum der Tierspezies, von der das verwendete agglutinierende Serum gewonnen worden ist.

Um rasch ein Urteil über eine Bakterienkultur zu bekommen, kann man eine mikroskopische Agglutinationsprobe anstellen und zwar auf folgende Art: Auf die Mitte eines Deckgläschens gibt man einen Tropfen eines stark agglutinierenden Serums für die vermutete Bakterienart in einer Konzentration, die einem Mehrfachen (etwa fünffachen) seines Titers entspricht, und verreibt in diesem Tropfen mit einer Platinnadel eine ganz geringe Menge der zu prüfenden Bakterienkultur. Sodann deckt man auf das Deckgläschen einen hohl geschliffenen Objektträger, dessen Höhlung man mit Fett umrandet hat, derart, daß der Tropfen auf dem Deckgläschen in die Mitte der Höhlung zu liegen kommt, und untersucht danach bei schwacher Vergrößerung im hängenden Tropfen. Kontrollproben sind entsprechend den oben aufgeführten (s. S. 91) anzustellen, wobei das Serum der Probe 2 b ungefähr 10 mal so konzentriert sein soll, wie die angewandte Verdünnung des agglutinierenden Serums. Der Ausfall der Probe ist als positiv zu bezeichnen, wenn in ihr sofort oder nach einigen Minuten kleine Häufchen sichtbar werden, während die Kontrollproben ihr homogenes Aussehen behalten haben.

Zu den Agglutinationsproben, welche über die Infektion eines Organismus mit einer bestimmten Keimart Aufschluß geben sollen, ist dreierlei erforderlich:

α) Vom zu untersuchenden Organismus aseptisch gewonnenes Blutserum: man bringt mehrere ccm Blut aseptisch in ein steriles Röhrchen, läßt gerinnen, löst den Blutkuchen mit steriler Nadel von der Röhrchenwand, zentrifugiert und hebt das so gewonnene Serum mit graduierter Mischpipette ab, in der man zunächst eine Verdünnung 1 : 10 mit physiologischer NaCl-Lösung herstellt. Dann zentrifugiert man nochmals, um eine absolut klare Lösung zu erhalten.

β) Eine Reinkultur der betreffenden Keimart, resp. eine Aufschwemmung einer solchen in Bouillon oder physiologischer NaCl-Lösung. Für Untersuchungen in der Praxis empfiehlt es sich, für die gebräuchlichste dieser Reaktionen, die Gruber-Widalsche Typhus-Agglutinationsprobe, nicht lebende Keime, sondern, nach dem Vorschlag von Ficker, sterile Aufschwemmungen abgetöteter Typhusbazillen zu verwenden: Fickers Typhusdiagnostikum[1]) (Paratyphusdiagnostikum B s. S. 93).

γ) Physiologische NaCl-Lösung zur Herstellung der Verdünnungen.

Von dem 1 : 10 verdünnten Serum (s. α) stellt man sich nun weitere Verdünnungen (1 : 20, 1 : 40, 1 : 50, 1 : 60 usw.) her und behandelt weiter genau so, wie auf S. 90 angegeben wurde.

Verwendet man statt lebender Bakterien das Fickersche Diagnostikum, so verfährt man im Prinzip genau so. Die genaueren Vorschriften über Einzelheiten sind immer den Sendungen von Merck in Darmstadt beigelegt.

Für die Agglutinationsprobe beim Typhus abdominalis gelten als Zahlen für die Entscheidung, ob eine Typhusinfektion vorliegt:

---

[1]) Zu beziehen von E. Merck, Darmstadt.

Agglutination bei Verdünnung 1 : 50 für nicht ikterische, etwa 1 : 100 für ikterische Patienten. Der diagnostische Wert der Agglutinationsprobe beim Typhus ist sehr bedeutend, doch darf man sich niemals auf sie allein verlassen, weil immer mehrere Fehlerquellen zu berücksichtigen sind, deren eingehende Erörterung aber nicht unsere Aufgabe sein kann, da es natürlich immer dem Arzt überlassen werden muß, das Resultat der Untersuchung für den einzelnen Krankheitsfall entsprechend zu bewerten. Nur ein Punkt sei erwähnt, da er eine gewisse Bedeutung für die ganze Versuchsanordnung besitzt: bei negativem Ausfall der Agglutinationsprobe auf Typhus kann Paratyphus vorliegen; man soll sich daher, wenn man sich das Typhusdiagnostikum kommen läßt, immer auch das gleichfalls von Merck-Darmstadt in den Handel gebrachte Paratyphusdiagnostikum B mitbesorgen, um beide Proben anstellen zu können.

Natürlich sind auch bei diesen Agglutinationsproben Kontrollproben anzustellen, um Spontanagglutination der Keime auszuschließen.

Von den Infektionskrankheiten, die wie Typhus Agglutinine im Blutserum entstehen lassen, seien erwähnt: Dysenterie, Meningitis epidemica, Pest, Cholera. Einen größeren diagnostischen Wert besitzen aber bisher die Agglutinationsproben auf diese Infektionen nur bei der Dysenterie und bei der Meningitis epidemica, da bei den übrigen eine Frühdiagnose durch die Agglutination nicht zu stellen ist. Erwähnt sei hier noch, daß die beiden Typen A und B des Erregers der Bazillendysenterie (s. S. 63) nur durch Agglutination voneinander zu unterscheiden sind.

2. Reaktionen vermittelst zellenlösender Substanzen.

a) Bakteriolysinreaktionen: Pfeifferscher Versuch. Sie dienen einerseits zur Identifizierung von Keimen, andererseits zur Feststellung von Infektionen eines Organismus und zwar in erster Linie von überstandenen. Sie sind anwendbar vor allem für die Choleravibrionen und die Bakterien der Typhus-Koli-Gruppe. Infolge der großen Kompliziertheit der Ausführung dieser Versuche wird sich der nicht spezialistisch Ausgebildete im allgemeinen nicht damit befassen können. Es sei daher nur das Prinzip dieser Reaktionen kurz angedeutet: Bringt man den zu identifizierenden Keim zusammen mit einem Serum, das von einem gegen die in Frage stehende Keimart immunisierten Organismus stammt, in die Bauchhöhle von Meerschweinchen und entnimmt nach etwa 20 Minuten bis 1 Stunde eine Probe des injizierten Materials, so findet man, daß die Mikroorganismen zu kleinen trüben Kügelchen aufgelöst worden sind, wenn der Keim zu der vermuteten Art gehörte. Führt man umgekehrt dieselbe Reaktion mit dem Serum eines auf eine überstandene Infektion mit einem der genannten Keime verdächtigen Organismus und mit dem Erreger der vermuteten Erkrankung aus, so erhält man durch den positiven Ausfall der Probe Aufschluß darüber, ob eine Infektion dieser Art durchgemacht worden ist.

b) **Hämolysinreaktionen: Die Wassermann-Neißer-Brucksche Komplementbindungsreaktion auf Syphilis:** Da der Apotheker gewiß so gut wie nie in die Lage kommen wird, die Reagenzien für die Wassermannsche Reaktion selbst herzustellen, so werden wir auf die Methoden der Darstellung dieser Stoffe auch nur ganz kurz zu sprechen kommen. Da weiterhin den Sendungen der Reagenzien von den Serum-Instituten immer ausführliche Gebrauchsanweisungen beiliegen, so brauchen wir auch auf die genaueren technischen Anleitungen nicht besonders zu sprechen zu kommen, sondern können unser Hauptaugenmerk auf eine möglichst vollkommene Darstellung des Prinzips der Reaktion richten, dessen genaue Kenntnis es dann jedem leicht machen wird, auch Variationen in der Methodik der Ausführung sofort zu verstehen.

Den Ausgangspunkt für die Entdeckung bildete die von **Bordet** und **Gengou** 1901 gefundene **Komplementablenkung oder Komplementfixation.**

Was ist Komplementablenkung? Wie auf S. 88 auseinandergesetzt wurde, sind Hämolysine Verbindungen eines thermostabilen Ambozeptors mit dem thermolabilen Komplement, und man kann daher durch Erhitzen auf 56 ⁰ die Hämolysine unwirksam machen, weil man ihnen dadurch ihr Komplement wegnimmt. Um dies durch eine Reaktion zu zeigen, impft man Kaninchen mit Hammelblut und erhält so im Kaninchenserum Hämolysin für Hammelblutkörperchen. Bringt man dann das Kaninchenserum mit ausgewaschenen Hammelblutkörperchen zusammen, so tritt Hämolyse ein, d. h. die vorher undurchsichtige Aufschwemmung von Hammelblutkörperchen wird durchsichtig = lackfarben. Durch eine Formel läßt sich diese Reaktion folgendermaßen darstellen:

$$\underbrace{\begin{array}{c}\text{Kaninchenserum}\\\text{(Ambozeptor + Komplement)}\end{array}}_{\text{Hämolyse}} + \text{Hammelerythrozyten}$$

Führt man dieselbe Reaktion aus, nachdem man das Kaninchenserum inaktiviert hat, so bleibt die Hämolyse aus. Formel:

$$\underbrace{\begin{array}{c}\text{inaktiviertes Kaninchenserum}\\\text{(Ambozeptor)}\end{array} + \text{Hammelerythrozyten}}_{\text{keine Hämolyse}}$$

Wie auch bereits erwähnt, kann man nun inaktiviertes Hämolysin durch Zusatz von normalem Serum (man verwendet meist wegen seines ziemlich hohen Komplementgehaltes Meerschweinchenserum) reaktivieren, d. h. ihm sein verlorenes Komplement ersetzen. Es wird dann die vorher ausgebliebene Hämolyse wieder eintreten. Formel:

$$\underbrace{\begin{array}{c}\text{Inaktiv. Kaninchenserum}\\\text{(Ambozeptor)}\end{array} + \begin{array}{c}\text{Meerschweinchenserum}\\\text{(Komplement)}\end{array}}_{\text{Hämolyse}} + \text{Hammelerythrozyten}$$

Bordets und Gengous Entdeckung war nun folgende: Bringt man bei Gegenwart von Komplement ein Antigen mit seinem spezifischen Antikörper zusammen, so wird das anwesende Komplement gebunden. Bringt man daher ein Antigen + spezifischen Antikörper zusammen mit einem hämolytischen System (Hämolysin + homologe Blutkörperchen), so erfolgt Inaktivierung des Hämolysins, also: es unterbleibt die Hämolyse. Diese Vorgänge durch Formeln veranschaulicht:

$$\text{Antigen} + \text{Antikörper} + \begin{array}{c}\text{hämolytisches Kaninchenserum}\\\text{(Komplement + Ambozeptor)}\end{array}$$

dies ergibt:

$$\begin{array}{c}\text{Antigen} + \text{Antikörper} + \text{inaktiviertes hämolytisches Kaninchenserum}\\\text{(Komplement)} \qquad\qquad \text{(Ambozeptor)}\\\text{(fest gebunden)}\end{array}$$

Also bei Zusatz von Hammelerythrozyten: keine Hämolyse.

Da jedoch das Immunserum meist ziemlich reichlich Komplement enthält, so hat man größere Sicherheit für Gelingen der Reaktion, wenn man durch den Komplex Antigen + Antikörper die Reaktivierung vorher inaktivierten hämolytischen Serums verhindert. Formeln hierfür:

Antigen + Antikörper + Meerschweinchenserum
(Komplement)

ergibt:

Antigen + Antikörper + inaktiviertes Meerschweinchenserum
(Komplement)
(fest gebunden)   (kein Komplement mehr)

Also weiterhin:

Antigen + Antikörper + inaktiviertes Meerschweinchenserum + inaktiviertes hämolytisches Kaninchenserum + Hammelerythrozyten
(Komplement)
(fest gebunden)

keine Hämolyse

Erfolgt bei dieser Reaktion keine vollkommene Hämolysehemmung, so spricht man von partieller oder inkompletter Hämolysehemmung, bei vollkommener von totaler oder kompletter.

Es leuchtet ein, daß man diese Formeln etwa wie Gleichungen mit einer Unbekannten dazu verwenden kann, um, eines der Glieder der Gleichung als Unbekannte angenommen (natürlich sind Antigen und Antikörper für die Praxis hierfür die wichtigsten), alle übrigen dagegen als bekannt vorausgesetzt (zuverlässig geprüfte Reagenzien), die Unbekannte zu bestimmen. Mit anderen Worten: die von Bordet und Gengou gefundene Komplementablenkung oder -bindung gibt ein Mittel an die Hand, einerseits bestimmte Krankheitskeime als solche zu identifizieren, andererseits eine bestehende oder überwundene Infektion eines Organismus mit einem bestimmten Keim festzustellen.

Nun haben Wassermann und Bruck 1905 nachgewiesen, daß man das Antigen nicht nur in Form von Bakterien-Reinkulturen, sondern auch als Bakterienextrakte zur Verwendung bringen kann. Diese Entdeckung ermöglichte es dann Wassermann und seinen Mitarbeitern, die Komplementablenkungsreaktion auf die Syphilis anzuwenden, deren Erreger man noch nicht in Reinkulturen zu züchten vermag, und gelangten so durch zahlreiche Versuche zu dem Resultat, daß man durch die Komplementablenkungsreaktion sowohl die Anwesenheit von Spirochäten (Antigen) als auch die Anwesenheit von spezifischen Syphilis-Antikörpern in einem Organismus und somit eine syphilitische Infektion desselben nachzuweisen vermag. Für die Praxis hat vor allem der letztere Nachweis eine große Bedeutung gewonnen, und man pflegt ihn kurz als Wassermannsche Reaktion zu bezeichnen. Auf die Gewinnung der für diese Reaktion erforderlichen Reagenzien wollen wir noch mit ein paar kurzen Worten eingehen:

1. **Ambozeptor:** Es ist allgemein üblich, hämolytisches Kaninchenserum für Schaferythrozyten zu verwenden. Defibriniertes Schafblut wird Kaninchen in steigenden Dosen injiziert, bis man ein hämolytisches Serum von genügend hohem Titer erhält. Es wird dann inaktiviert und in bestimmter Verdünnung zur Ausführung der Reaktion verwendet. Genaue Gebrauchsanweisungen werden von den Instituten geliefert, von denen man das Serum bezieht.

2. **Das Komplement** (muß jedesmal frisch hergestellt werden): Man läßt ein Meerschweinchen an dem Tage, an dem man die Reaktionen anstellen will, aus den Karotiden sich in einen Trichter verbluten, defibriniert und zentrifugiert die roten Blutkörperchen ab. Gefroren ist das Serum 1—2 Tage haltbar. Verdünnungen usw. siehe die Gebrauchsanweisungen.

3. **Die Schaferythrozyten:** Gewaschene konservierte Aufschwemmungen werden von den Instituten geliefert.

4. **Das Antigen:** Alkoholische oder wässerige Extrakte syphilitischer Organe liefern die Institute.

5. **Das Patientenserum** ist durch Schnitt ins Ohr oder durch Venenpunktion aus der Vena cubitalis zu entnehmen. Man defibriniert, zentrifugiert und inaktiviert sofort. Dann bewahrt man es bis zur Verwendung im Eisschrank auf. Vor der Einwirkung direkten Sonnenlichts muß man es schützen.

Alle genaueren technischen Vorschriften für die Ausführung der Reaktion und der Kontrollreaktionen sind den Gebrauchsanweisungen für die bezogenen Reagenzien zu entnehmen, da sie je nach deren Beschaffenheit verschieden sein müssen.

Es wäre nun zum Schluß noch mit einigen Worten auf den Wert der Wassermannschen Syphilisreaktion einzugehen. Zunächst ist zu sagen, daß auch sie, wie alle serologischen Reaktionen, im Grunde genommen eine quantitative Reaktion ist, und daß es demgemäß schon in einer ziemlich großen Zahl von Fällen nicht mit absoluter Sicherheit zu entscheiden ist, ob der Ausfall als positiv oder negativ bezeichnet werden muß. Hat nun schon dieses Moment eine gewisse Verminderung der diagnostischen Bedeutung der Reaktion zur Folge, so mahnt vor allem die Tatsache, daß von einer großen Zahl beobachteter Fälle, bei denen man nur ganz vollkommene Hämolysehemmung als wassermannpositiv bewertet hatte, ein relativ großer Prozentsatz positiven Ausfall zeigte, ohne auch nur den geringsten Anhalt zur Annahme einer syphilitischen Infektion zu geben, dringend zur Vorsicht bei ihrer Bewertung für die Diagnostik der Lues. Eine befriedigende Erklärung für diese Fälle von positiver Wassermannscher Reaktion ohne sonstige Anzeichen einer luetischen Infektion zu geben, ist bisher noch nicht gelungen. Andererseits zeigt auch in Fällen, wo eine syphilitische Infektion außer Zweifel steht, die Reaktion gelegentlich einen negativen Ausfall. Dies alles läßt es ohne weiteres verständlich erscheinen, daß eine richtige Bewertung des gefundenen Resultates nur einem erfahrenen Arzt möglich sein kann. Für diesen besitzt die Reaktion aber im Verein mit den anderen vorhandenen Symptomen, besonders wenn sie wiederholt angestellt wird, einen sehr hohen diagnostischen Wert.

II. Nicht pathogene und tierpathogene Mikroorganismen von pharmazeutischem Interesse.

Es kann natürlich nicht zur Aufgabe dieses Buches gehören, die nicht pathogenen Keime und die bei Tieren bekannten Krankheitserreger hier in großer Ausdehnung zu behandeln. Ganz ausgeschlossen erscheint es, die biochemischen Prozesse der Technik, wie diejenigen der Zitronensäure- und Milchsäuredarstellung, hier unterzubringen. So kann dieser, eine Ergänzung zu den vorhergehenden Abschnitten bildende Teil nur der Diagnostik dienen.

A. Nicht pathogene Mikroorganismen im menschlichen Körper.

1. Im oberen Teile des Respirations- und Verdauungstrakts.

Hier kommen höhere Pilze, wie Schimmel- und Sproßpilze, seltener vor (Soor S. 76). Bei einzelnen Erkrankungen der Lunge, besonders bei Kindern, sind Penicilliumarten in Form von gelegentlich bis zu den Bronchien hinabreichenden Wucherungen gefunden worden. Auch bei Lungenabszessen Erwachsener hat v. Jaksch im frischen Sputum Schimmelpilze mit eigenartiger Keulenbildung gefunden[1]). Nicht unberücksichtigt darf das sekun-

---

[1]) v. Jaksch, Klinische Diagnostik. 6. Aufl. 1907. S. 167.

däre Eindringen und Entwickeln von Schimmel- und anderen Pilzen im Sputum bleiben. Zahlreich finden sich Spaltpilze, Kokken, Bazillen, Spirillen, teils in Haufen vereinigt, teils in beweglichen, spiraligen Fäden (Spirochaeta buccalis). Einige färben sich leicht mit Lugolscher Lösung rötlich oder blaurot. In dichteren Mengen bilden Mikroorganismen den Zahnbelag, der leicht mittelst Spatels abgehoben werden kann.

Einige Formen dieses Belages sind besonders zahlreich z. B. Spirochaeta und Leptothrix buccalis und Bacillus maximus buccalis, deren Säurebildung das Zahnbein angreift.

2. Im Magen.

Die Menge der verschiedenen Pilzarten, die besonders den Spalt-, Sproß- und Schimmelpilzen angehören, ist sehr, groß. Am meisten beobachtet man die Paketform der Sarzine (Sarcina ventriculi), vereinzelt normal die Milchsäurebakterien (Bacterium acidi lactici), die bei bestimmten Magenaffektionen oder bei längerem Aufenthalt des Mageninhaltes im Magen ein intensiveres Wachstum zeigen können. Als charakteristischer Hinweis gilt bekanntlich die Milchsäureproduktion bei Magenkarzinom. Sproß- und Schimmelpilze findet man wohl gelegentlich auch unter physiologischen Verhältnissen; dichtes und massenhaftes Auftreten deutet jedoch auf pathologische Zustände, die die Wirkung dieser Pilze als Gasentwickler deutlich zeigen (Ektasie des Magens).

3. Im Darminhalt.

Der Darm ist von allen Organen des Menschen am reichlichsten mit der Flora der Mikroorganismen versehen, den pathogenen und nicht pathogenen. Pathogenität kann vielfach bei Keimen beobachtet werden, die normal keine den menschlichen Organismus schädigenden Eigenschaften aufweisen, sogar günstig in mancher Richtung, z. B. für die Resorption von Nährstoffen, auftreten können.

Vielfach wird die Schädigung durch die Masse der Keime hervorgerufen. Bacterium coli commune zeigt das beste Bild für die wechselnde Biologie; wahrscheinlich aber als Folge entstandener Darmaffektionen. Strasburger hat eine quantitative Methode mitgeteilt[1]), wonach der normale Stuhl Erwachsener täglich 8 g Bakterien enthält, bei gewissen Darmstörungen 14 g. Die Formen der nicht pathogenen und pathogenen sind sehr ähnlich, so daß bei der Diagnose mit Vorsicht zu urteilen ist. Das

---

[1]) Strasburger, Zeitschr. f. klin. Med. 46. 1902. 413.

Nähere findet sich bezüglich der Diagnostik im vorigen Abschnitte: „Pathogene Pilze".

Bewohner des Darms sind selten Schimmelpilze, häufiger Sproßpilze und zumeist Spaltpilze.

Sproßpilze treten in den sauer reagierenden Milchstühlen der Kinder reichlich auf, auch bei akuten Katarrhen des Dünndarms werden Saccharomyces-Arten zahlreich gefunden und färben sich mit Jodjodkaliumlösung mahagonibraun. Neben dem Hauptvertreter der Spaltpilze im Darm, dem Bacterium coli commune, sind noch einige andere erwähnenswert, Bacillus subtilis und die verschiedenen Formen der Clostridien, Closterium butyricum u. a., die gelegentlich bei pathologischen Prozessen des Darmes haufenweise die Fäzes durchsetzen.

4. Am Urogenitalapparat und in dessen Sekreten.
Bei der Diagnose der Tuberkelkeime (S. 51) ist bereits auf das Vorkommen diesen ähnlicher Keime hingewiesen worden, der Smegmabazillen, im Präputial- und Vulvasekret. Sie werden nicht selten auch bei der mikroskopischen Prüfung des Harnsediments berücksichtigt werden müssen.

Die im Scheidensekret auftretenden Säurebakterien sind verschieden geartet, am meisten findet man das Bacterium vaginae (Kruse) Mig. [1]), den Döderleinschen Scheidenbazillus, einen nicht obligaten Saprophyt (an das Leben auf der Vaginalschleimhaut gewöhnt). Es sind unbewegliche, ziemlich schlanke, mittelgroße Stäbchen, die nicht selten artenrein den Keimbestand des Vaginalsekretes ausmachen.

Als Nährboden ist 1%ige Zuckerbouillon zu empfehlen, worin man das bazillenhaltige Sekret einträgt; man züchtet 24 Stunden bei 37⁰ und überträgt dann in Glyzerinagar. In zuckerhaltigen Nährböden wird Milchsäure gebildet. Wachstum nicht unter 27⁰. Fakultatives Anaërobion. Die Bakterienflora der Scheide enthält meist stäbchenförmige Anaëroben. Auch Soorwucherungen und Hefe sind in der Scheide gefunden worden.

Für die Diagnostik der Urethrasekrete sind die nicht pathogenen Keime von geringer Bedeutung. Die den Tripperkokken morphologisch ähnlichen Gebilde des Genitaltrakts wurden im vorigen Abschnitte bei „Gonococcus" [2]) erwähnt.

---

[1]) Migula, System der Bakterien 1900. 505.
[2]) Pseudogonokokken gram-positiv.

Der normale, frisch entleerte Harn ist als keimfrei zu betrachten, die in ihm erscheinenden Bakterien stammen von den Schleimhäuten der Harnwege. Aber bei längerem Stehen sammeln sich im Harne harnstoffzersetzende Mikrorganismen an, die den Harnstoff in Ammoniumkarbonat umwandeln:

$$CO{<}{\substack{NH_2 \\ NH_2}} + 2\,H_2O = (NH_4)_2CO_3.$$

Die beiden wichtigsten im Harn später auftretenden Gärungs- und Fäulnisspaltpilze sind:

1. Micrococcus ureae Cohn. Mittelgroße, runde Kokken, Diplokokken, auch kettenförmig aneinander gereiht, dünne weiße perlmutterglänzende Kolonien auf Agar bildend; gram-positiv.

2. Bacterium ureae — Leube. Stellt plumpe Stäbchen mit abgerundeten Ecken dar, ist unbeweglich, nicht Sporen bildend, wächst bei Zimmertemperatur, verflüssigt Gelatine nicht. In sterilem Harn wirkt es kräftig gärungsfördernd. Beide Arten führen Harnstoff in Ammoniumkarbonat über.

Von den zahlreichen Arten der Bakterienflora, die noch morphologisch und biologisch beschrieben wurden, seien nur der Bacillus gliserogenus Maluba, der in schleimigem, zähflüssigem Harn vorgefunden wurde und bewegliche Kurzstäbchen von ovaler Gestalt vorstellt, und ferner Leptothrix buccalis (im Diabetikerharn) genannt.

Das massenhafte Auftreten von Harnsarzinen ist diagnostisch ohne Belang. Für gewisse quantitative Bestimmungen ist der Eingriff von Saccharomyces-, Penicillium- und Oidium-Arten nicht bedeutungslos, da gelegentlich in länger aufbewahrtem Diabetikerharn der Zuckergehalt eine wesentliche Abnahme erfahren kann. Einige Tropfen Chloroform oder Thymollösung verhindern die Pilzbetätigung.

B. Mikroorganismen der biochemischen Technik.

An zahlreichen Prozessen der Mikroorganismen, die in geeignetem Nährmaterial, zur Bildung pharmazeutisch wichtiger Stoffe führen, haben die Apotheker zumeist nur wissenschaftliches Interesse. Solche Darstellungen fallen in den Bereich der Industrie und haben, wie Alkohol- und Essigsäuregärung u. a., dort weitgehende wissenschaftliche Bearbeitung erfahren. Die Arbeiten von E. Buchner stellten die Unabhängigkeit der Gärung von den vitalen Funktionen der Kleinwesen fest, so daß die im Protoplasma enthaltenen Enzyme die Umbildungen bei Gärprozessen ausmachen.

Von den Gärprodukten des Handels, bei denen Saccharomyces-Arten, Milch- und Buttersäurebakterien zertrümmernd auf die Zuckermoleküle einwirken, gehen heute besonders noch zwei durch die Hände des Apothekers: der Kefir und Yoghurt, so daß deren Gärungserreger nicht unerwähnt bleiben können.

Kefir. Die zumeist angenommene Diagnose dieser gekröse-artigen Kefirkörner und ihrer Wirkung geht dahin, daß sie aus Saccharomyceten und einer Torulaart bestehen, die den Milch-zucker zur Vergärung bringen, wenn er von Milchsäurekeimen in-vertiert wurde. Zugleich veranlassen diese die Gerinnung der Milch. Ein Milchsäurebakterium, Lactobacillus caucasicus Flügge, soll einen wesentlichen Teil der erwähnten Gekrösesubstanz ausmachen. W. Kuntze nimmt noch zwei Buttersäurebakterien an, Bacillus esterificans, ein angenehmes Aroma erzeugend, und einen Bacillus Kefir, der das Kasein zersetzen soll. Für die mikroskopische Betrachtung empfiehlt sich die Bereitung des Kefirs aus den käuf-lichen Körnern und Aussaat einiger Proben an verschiedenen Tagen auf Gelatine.

Kefirbereitung. Die käuflichen Kefirkörner, mehrfach mit lauwarmer Milch abgewaschen, werden mit der zehnfachen Menge Milch übergossen und unter öfterem Umschütteln 6—12 Stunden bei 20° C (auf dem Küchen-ofen) aufbewahrt und dann durch Gaze geseiht.

75 ccm (ein drittel Wasserglas) der durchgeseihten Flüssigkeit gießt man in eine reine, starkwandige Flasche mit Patentverschluß von ca. 700 ccm Fassungsraum (etwa eine Weinflasche voll), füllt diese mit Milch nahezu vollständig an und verschließt sie fest. Unter öfterem Umschütteln läßt man die Mischung bei 15° C stehen, wobei das Getränk innerhalb 1—3 Tagen fertig zum Gebrauch wird.

Die Milch muß vorher abgekocht und wieder auf ca. 20° C erkaltet sein.

Yoghurt. Unter diesem Namen werden heute eine Reihe Han-delsprodukte auch von Apotheken aus in den Verkehr gebracht, so daß es notwendig erscheint, die Bestandteile näher zu kenn-zeichnen. Durch Vermittlung eines der besten Kenner der Balkan-staaten, Herrn Prof. Weigand, wurde uns über den Sprachgebrauch mitgeteilt, daß die Bezeichnungen „Majà" und „Yoghurt" ver-schiedene Bedeutung haben. Mit Majà wird erstens aus dem Lab-magen gewonnenes Lab bezeichnet, zweitens Hefe jeder Art Das Wort ist türkisch, wird aber auch in Bulgarien gebraucht. Das eigentliche Wort für Lab ist „Sirischte" und das für Hefe „Quas". Bezüglich der Herstellung des Yoghurts (sprich Ja-urt) teilt

Weigand mit, daß man die geronnene Milch, bez. den Mageninhalt, also nicht den ganzen Labmagen von Sauglämmern oder Zicklein als Ferment für die Milchgärung benutzt, so daß guter Yoghurt nur im Frühjahr zu haben ist.   Was nun die Mykologie der Yoghurtpräparate anlangt, so ist durch Untersuchungen bekannt, daß in der geronnenen Milch des Labmagens sowohl acidophile (säureliebende) Bazillen als auch Hefe vorhanden sind, außerdem natürlich die vom Magen sezernierten Labenzyme, die eine peptische und tryptische Spaltung der Eiweißkörper unter der gegebenen Körperwärme bewirken.   Bei den Handelsprodukten, die mit dem Namen Yoghurt (Yoghurtferment) und Majà (Maya) bezeichnet werden und ein gelbliches sauerreagierendes Pulver, bzw. Tabletten darstellen, wurden durch bakteriologische Untersuchungen im wesentlichen langstäbchenförmige Milchsäurebakterien auch Diplostreptokokken, aber zunächst keine Hefe vorgefunden.   Ein uns vorliegendes Ausstrichpräparat von bulgarischem Original-Yoghurt (Abb. 28) enthielt Körnchenbazillen, Diplostreptokokken und Hefe. Die geprüften Handelsprodukte von Yoghurt ließen eine Ansiedelung ovaler Hefezellen erst vom zweiten oder dritten Tage an erkennen.

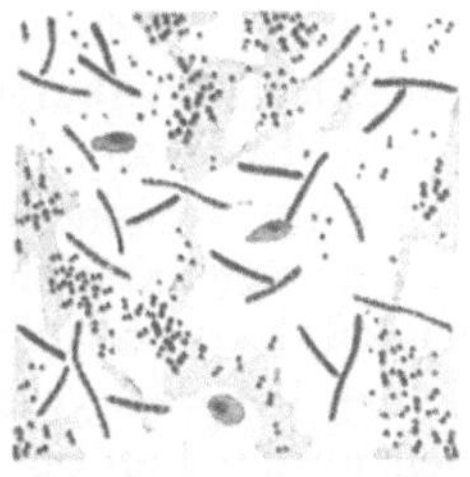

Abb. 28. Präp. von bulgar. Origin. Yoghurt. Stäbchen, Diplostreptokokken, Kokken, Hefe.

Bezüglich der Physiologie der Langstäbchen und Diplostreptokokken einerseits und der Hefe andererseits wird angenommen, daß sich beide in ihren vitalen Prozessen unterstützen, demnach in symbiotischem Verhältnis stehen.   Die bisweilen im Handel erscheinenden Yoghurt-Pilze stellen blumenkohlartige Gebilde vor, mit verschiedenem Keimgehalt.

Inwieweit den Übertreibungen der Reklameprospekte über Yoghurteinfluß im günstigen Sinne auf die Vorgänge im menschlichen Darme Wahres unterliegt, kann hier nicht entschieden werden. Sollten die Kolibakterien im Darm bei Benutzung von Yoghurt wirklich zurückgehen, so kann ebensogut die Milchsäure als auch die Wirkung der Milchdiät im allgemeinen als Ursache angenommen werden. Ferner dürfte noch fraglich sein, ob Einschränkung der Koliflora wirklich als günstiger Gesamteffekt für den menschlichen Organismus zu betrachten ist.

Die medizinische Literatur der letzten Jahre, die sich mit

der Wirkungsweise von Yoghurtkuren und ihren Indikationen bei Magen-Darmerkrankungen beschäftigt, ist, in der Arbeit von C. Wegele[1]) gesammelt, wiedergegeben. Eine vergleichende chemische Zusammensetzung der Sauermilchpräparate ist von Combe[2]) mitgeteilt worden.

	Sauermilch	Kefir	Yoghurt
Eiweiß	3,55 %	3,26 %	7,1 %
Fett.	3,7 „	3,1 „	7,2 „
Milchzucker	4,5 „	2,78 „	8,3—9,4 „
Salze	0,71 „	0,79 „	1,38„
Milchsäure	0,6 „	0,80 „	0,80„
Wasser	87,17 „	88,50 „	73,7 „
Alkohol		0,70 „	0,02„

Nach den Untersuchungen und Erfahrungen C. Wegeles eignen sich die Yoghurtpräparate zur Behandlung schwerer Darmstörungen, besonders der tropischen Dysenterie, ferner zur Behandlung der mit verminderter oder fehlender Saftabscheidung einhergehenden Magenkrankheiten und den damit in Zusammenhang stehenden Darmstörungen. Unsere Sauermilch, die durch Entwickelung der wenig widerstandsfähigen Milchsäurebakterien beim Stehen an der Luft gewonnen wird, soll lediglich durch ihren Gehalt an Milchsäure wirken, nicht durch Verminderung der Darmflora mittelst antagonistischer Bakterien.

Literatur.

Besonders sei auf die Arbeiten von W. Kuntze, Leipzig hingewiesen. Ferner:

Centralbl. für Bakt. II. Abteilg. Bd. 21. 1908. S. 737. II. Abt. 1909. Bd. 24. S. 101.

Sommerfeld, Handbuch der Milchkunde 1909. 386.

Weigmann, Mykologie der Milch. 1911. S. 87.

Benjamin Rubinsky, Studien über Kumiß. Centralbl. f. Bakt. II. Abt. Bd. 28. S. 181.

Lafar, Handb. d. techn. Mykologie. 1908. S. 128.

Klotz, Über Yoghurt als Säuglingsnahrung. Jahrb. für Kinderheilkunde 1907. N. F. Bd. LXVIII.

Derselbe, Centralbl. f. Bakt. II. Abt. Bd. XXI. 1908. S. 392.

Einige Yoghurtfermente des Handels:

1. Mayofirm-Tabletten (Maya Yoghurt) von Dr. Mayer und Dr. Löloff, Breslau.

---

[1]) Deutsche med. Wochenschr. 1908. S. 11.
[2]) P. von den Wieden, Ztschr. für Unters. d. Nahrungs- u. Genußmittel.

2. Yoghurt-Tabletten (Marke Mühlrad) vom Hygiene-Laboratorium, G. m. b. H., Berlin.

3. Yoghurt-Ferment und Yoghurt-Tabletten vom chemisch-bakteriologischen Laboratorium Dr. Klebs, München.

C. Tierpathogene Mikroorganismen.

Davon können nach der Aufgabe des Buches nur zwei in Betracht kommen: Bacillus typhi murium Löffler der Mäusetyphusbazillus und Bacterium avicidum Pasteur, der Erreger der Geflügelpest, der sog. Hühnercholera.

Bacillus typhi murium sind Kurzstäbchen mit seitlichen Geißeln versehen und lebhafte Eigenbewegung äußernd. Dichtere, durchscheinende Flecken breiten sich oberflächlich auf der Gelatine aus, diese nicht verflüssigend. Agar und Kartoffel zeigen weißliche Auflagerungen. Am besten wachsen sie bei 36—38°, bei Zimmertemperatur langsam. Bei Verfütterung des Infektionsmaterials sind ausschließlich Haus- und Feldmaus der Keimentwickelung zugängig. Sie gehen, mit Kulturmaterial gefüttert, in 8—14 Tagen zugrunde, subkutan injiziert in 2—4 Tagen. Geflügel, Kaninchen, Ferkel, auch Katzen und Ratten sind widerstandsfähig. Eine Reihe umfangreicher Feldmausplagen wurden beseitigt, zuerst von Löffler[1]). Für die praktische Anwendung schrieben Nörig und Appel 1901 ein Flugblatt, herausgegeben vom Kaiserlichen Gesundheitsamt. Hier sei eine Anweisung mitgeteilt, die mit den Kulturen an das Publikum abgegeben werden kann. Jeder Apotheker kann sich leicht die Kulturen herstellen.

Anleitung zum Gebrauch der Kulturen des Mäusetyphusbacillus-Löffler.

Der Inhalt des Röhrchens wird mit Hilfe eines flachen Holzstäbchens in einen alten Topf gebracht und mit ¼ Liter Magermilch, welche vorher einige Minuten gekocht hatte, aber wieder erkaltet ist, gut verrührt. Hierauf läßt man den Topf über Nacht in der Nähe des warmen Ofens stehen, wodurch sich die Bazillen außerordentlich stark vermehren.

Am anderen Morgen schneidet man aus altbackenem Weißbrot etwa 1—2 cm große Würfel und tränkt dieselben vollständig mit der Milch. An Stelle des Weißbrotes kann man auch Würfel aus Kuchen von gewöhnlichem Weizenmehl verwenden, welche zu

---

[1]) Centralbl. f. Bakt. Bd. XII. 1892. Nr. 1.

diesem Zwecke besonders gebacken wurden. Schwarzbrot ist nicht zu empfehlen.

Von diesen mit Milch durchtränkten Würfeln werden nun 1—2 Stück in jedes Mäuseloch gesteckt. Die Mäuse sterben nach 8—14 Tagen, und es empfiehlt sich, nach etwa 2 Wochen die Mäuselöcher zuzutreten, um dann aus den sich später zeigenden neuen Löchern das Vorhandensein noch lebender Mäuse, welche sich nicht infiziert hatten, zu erkennen. Das Verfahren wird dann wiederholt. Die kranken und toten Mäuse sind liegen zu lassen, da dieselben von den gesunden angefressen werden, wodurch sich immer neue Mäuse infizieren.

Das Auslegen der Brotstücke erfolgt zweckmäßig bei trockener Witterung in den Abendstunden.

Die geeignetste Zeit zur Bekämpfung der Feldmäuse ist Herbst, Winter und Frühjahr. Der Inhalt eines Röhrchens reicht für ca. 1 Morgen Fläche. Vgl. auch S. 40, Fußnote.

Hühnercholerabazillen (Bacillus cholerae gallinarum Flügge, Bacterium avicidum, Kitt)[1]) sind kurze, plumpe Stäbchen mit abgerundeten Enden, 1,4—2 μ lang und 0,3—0,5 μ breit, die sich mit Anilinfarben nur an den Endpolen färben, während die Mitte frei bleibt. Ein Blutstropfen, dünn auf dem Objektträger ausgestrichen und eingetrocknet, läßt nach Färbung mit wässerigem Methylenblau 1:100 die unzähligen kleinen, den Diplokokken ähnlichen Stäbchen in der charakteristischen Polfärbung zwischen den großen ovalen Blutzellen erkennen.

Der Hühnercholerabazillus besitzt keine Eigenbewegung. Gelatinestichkulturen entwickeln einen zarten weißen Belag im Impfgange und an der Oberfläche. Agar und Blutserum bilden glänzenden, weißlichen Belag. Sporenbildung wurde nicht beobachtet.

Immunität der Tiere war bislang nicht zu erreichen. Man benutzt innerlich schwache Tannin- oder Alaunlösungen. Weitere Infektionen sucht man am besten durch Abtötung und Verbrennen der kranken Tiere zu verhindern und desinfiziert die Ställe und Geräte mit heißem Wasser und Kalkmilch oder Karbolseifenlösung[2]).

------

[1]) Vergl. Abbild. Realenzykl. d. ges. Pharm. 2. Aufl. Bd. VI. S. 432. Ferner: Günther, Bakteriologie. Tafel XIII. Fig. 73. Photogramm.

[2]) Vergl. Neue Beobachtungen zur Hühnerpest von F. K. Keine, Kgl. Inst. f. Infektionskrankheiten, Berlin 1910.

III. Die wichtigsten bei der mikroskopischen Untersuchung von Körperflüssigkeiten auf Bakterien vorkommenden geformten Bestandteile.

Der Zweck dieses Abschnittes soll es sein, für die Deutung von mikroskopischen Bildern, wie sie bei der Untersuchung von dem Körper direkt entnommenem, auf Gehalt an pathogenen Keimen verdächtigem Material auftauchen, einen Anhalt zu bieten, besonders in den Fällen, wo die Gefahr einer Verwechslung zufällig oder auch unter physiologischen Verhältnissen vorhandener Bestandteile der betr. Körperflüssigkeit usw. mit pathogenen Mikroorganismen vorliegt. Selbstverständlich erheben die folgenden Ausführungen durchaus keinen Anspruch darauf, die Mittel für eine exakte Diagnose solcher mikroskopischer Bilder an die Hand zu geben, wofür ja spezielle Bücher in großer Zahl zur Verfügung stehen; sie sollen vielmehr nur den Untersucher in den Stand setzen, durch einen Blick auf die Tafeln sich in erster Linie darüber zu orientieren, ob er Formen, die sich ihm im mikroskopischen Bilde darbieten, bei der bakteriologischen Diagnose weiterhin zu berücksichtigen hat, und in welches Gebiet die Formen etwa einzuordnen sind. Damit soll nicht ausgeschlossen sein, daß sie gelegentlich auch dazu dienen können, auf pathologische Zustände in dem betreffenden Organismus, ganz abgesehen vom bakteriologischen Befund, hinzuweisen und eine genauere Untersuchung in diesem Sinne zu veranlassen.

Es wurden für die Anordnung der einzelnen in Frage kommenden Formen in Tafeln die drei Gebiete des Organismus gewählt, die am häufigsten das Material zur direkten mikroskopischen Untersuchung auf Bakterien liefern: 1. Blut, 2. die Sekrete und Exkrete des Respirations- und oberen Verdauungstrakts und 3. die des Urogenitalapparates. Auf eine besondere Berücksichtigung der für die Mikroskopie des Stuhles in Betracht kommenden Gebilde wurde verzichtet, weil erstens eine direkte mikroskopische Untersuchung desselben auf pathogene Keime zu den Ausnahmen gehört, zweitens, weil in den seltenen Fällen, wo diese Notwendigkeit wirklich vorliegt, es sich meist um derart leicht kenntliche Formen handelt, daß die Gefahr einer Verwechslung kaum besteht (siehe besonders Amöben unter „Entamoeba histolytica" S. 79), drittens, weil bei der enormen Reichhaltigkeit des Stuhls an geformten Substanzen der verschiedensten Art in Anbetracht ihrer relativ geringen diagnostischen Bedeutung eine entsprechende Auswahl schwer zu treffen wäre.

Tafel I.
(Vergr. Bild 1—3 = 400, 4 und 5 = 1000.)
Bestandteile des normalen und pathologischen Blutbildes.

Bild 1: Rote Blutkörperchen s. Erythrozyten: die an Menge bei weitem alle übrigen geformten Bestandteile des Blutes überwiegenden Gebilde. Sie erscheinen als runde in der Mitte· eingedellte Scheiben, die sich mit großer Vorliebe in Geldrollenform (a) anordnen, besonders im frischen Präparat. Erblickt man sie in Seitenansicht (b), so ist die Form natürlich eine andere: oval bis stäbchenförmig, unter günstigen Verhältnissen ist die Bikonkavität der Scheiben dabei zu erkennen. Sie stellen unter normalen Verhältnissen kernlose Zellen dar. Ungefärbt zeigen sie ein gelblich-rötliches Kolorit. Im gefärbten Präparat verhalten sie sich verschieden, je nach der Art des verwendeten Farbstoffs. Für zwei bei Blutpräparaten viel verwendete Färbemethoden seien die Farbennuancen, in denen die Erythrozyten erscheinen, angegeben: bei Färbung mit Methylenblau zeigen sie einen grünlichen Farbenton, bei der Giemsafärbung, die besonders zur Färbung von protozoïschen Blutparasiten viel Verwendung findet, einen gelbroten. — Was ihre Zahl anbetrifft, so beträgt diese unter physiologischen Verhältnissen für den cmm beim Manne 5 Millionen, beim Weibe etwa $4\frac{1}{2}$ Millionen. Ziemlich leicht, auch bei oberflächlicher Untersuchung ist eine starke Abnahme der Erythrozyten zu bemerken. Wagt man nicht ohne weiteres, ein Urteil zu fällen, so achte man darauf, ob die Neigung zur Geldrollenbildung wesentlich verringert ist. Genaueres hierüber gehört nicht hierher.

Außer den beschriebenen Erythrozyten zeigt das Bild 1 noch einen polynukleären Leukozyten (c) (s. unter Bild 5).

Untersucht man Blut im frischen Präparat, so beobachtet man sehr bald infolge der eintretenden Wasserverdunstung Schrumpfungserscheinungen an den roten Blutzellen: es treten zunächst Formen auf, die an die Gestalt von Maulbeeren erinnern und weiterhin die in

Bild 2: dargestellten Stechapfelformen.

Bild 3 und Bild 4 sollen einen Begriff von den Formen der roten Blutkörperchen bei verschiedenen Erkrankungen des Blutes

Zur mikroskopischen Untersuchung des Blutes.

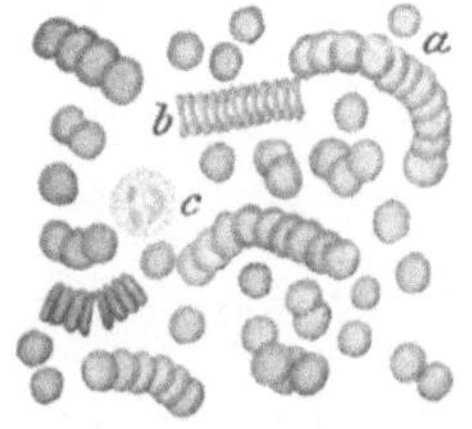

1. Normal. menschl. Blut, rote und weiße Blutkörperchen.

2. Rote Blutkörperchen in Stechapfelform.

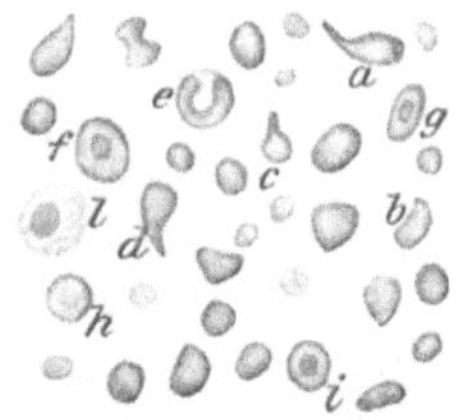

3. Pathol. verändertes Blut. Rote Blutkörper in Keulenform und solche mit Kern.

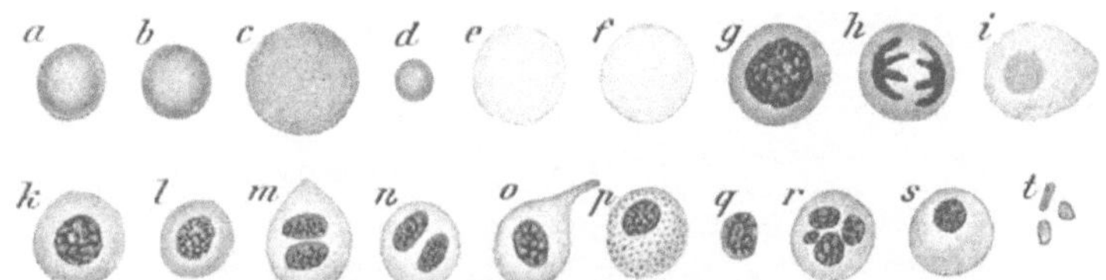

4. Pathologisch veränderte, künstlich gefärbte Blutkörperchen und Blutplättchen.

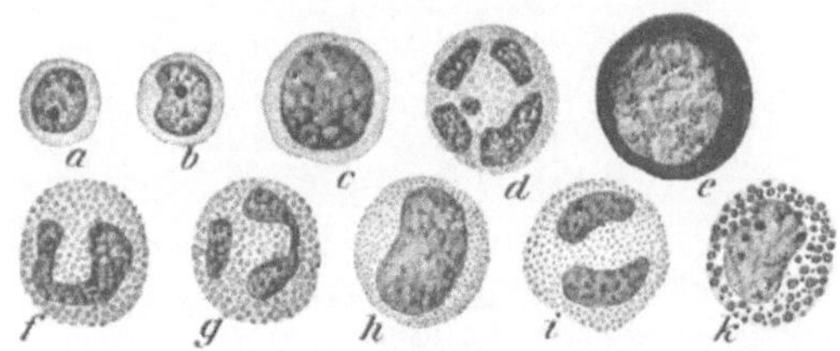

5. Wichtigste Formen der weißen Blutkörperchen (Leukozyten).

Verlag von Julius Springer in Berlin.

geben. Es sei nur kurz darauf hingewiesen, daß die beiden Hauptfaktoren, die für die Entstehung abnormer Erythrozytenformen in Frage kommen, einerseits akuter Blutkörperchenzerfall, andererseits die dadurch veranlaßte rapide Blutkörperchenneubildung sind. Der akute Blutkörperchenzerfall zeigt sich durch das Auftreten der besonders in Bild 3 dargestellten, z. T. geradezu abenteuerlichen Gebilde, Reste zerstörter und in Zerfall begriffene Erythrozyten (Bild 3 a—e). Die überstürzte kompensatorische Blutkörperchenneubildung (außer bei den oben erwähnten Blutkrankheiten übrigens auch nach schweren Blutverlusten regelmäßig zu beobachten) erkennt man im mikroskopischen Bild am Vorhandensein zahlreicher kernhaltiger und Reste von Kernen enthaltender Erythrozyten (Bild 3 f—l). Um von der großen Mannigfaltigkeit der dabei zu beobachtenden Formen einen Begriff zu geben, sind in Bild 4 mehrere zusammengestellt worden (Bild 4 g—s).

Ein paar Worte seien noch den sechs ersten Figuren (a—f) des Bildes 4 gewidmet. Abnorm starke Färbung (a—d) zeigen häufig bei starkem, krankhaftem Blutzerfall die übrig gebliebenen roten Blutkörperchen, indem sie als eine Art Kompensation für die infolge der geringen Erythrozytenzahl sonst ungenügende O-Zufuhr größere Mengen Hämoglobin aufnehmen; andererseits findet man abnorm schwach gefärbte (e—f), beziehentlich ganz entfärbte, sog. Schemen oder Schatten von roten Blutkörperchen, besonders in Fällen von Vergiftung mit Blutfarbstoff lösenden Substanzen (z. B. mit Kali chloricum).

Rechts unten in Bild 4 (t) sind drei Blutplättchen dargestellt: sehr kleine, in ziemlich großer Zahl (ca. 200000 pro cmm) im Blut vorhandene Gebilde, deren Natur noch nicht ganz und gar sichergestellt ist, von denen man aber weiß, daß sie für die Blutgerinnung eine wesentliche Bedeutung haben.

Bild 5 stellt die wichtigsten Formen der weißen Blutkörperchen (s. Leukozyten im weiteren Sinne des Wortes) dar. Um zunächst ihr Zahlenverhältnis gegenüber der Erythrozyten festzustellen, sei erwähnt, daß man allgemein unter physiologischen Verhältnissen auf 1 cmm Blut 5000—10000 weiße Blutkörperchen rechnet. Diese Zahlen unterliegen bei den verschiedensten pathologischen Zuständen des Organismus den weitestgehenden Schwankungen. Man bezeichnet Vermehrung der Leukozytenzahl als Hyperleukozytose (deren höchste Grade als Leukämie), Verminderung als Hypoleukozytose oder Leukopenie. Auf die ganz außerordentlich wichtigen Verhältnisse der Zahlen der einzelnen Leukozytenformen untereinander, besonders bei Vermehrung der Gesamtleukozytenzahl wird unten kurz hingewiesen werden.

Was die einzelnen Arten der Leukozyten anbetrifft, so müssen wir vorausschicken, daß wir dieses ziemlich komplizierte Gebiet der normalen und pathologischen Histologie nur andeutungsweise behandeln können. Zunächst sind nach dem Ort ihrer Entstehung zwei große Gruppen von weißen Blutkörperchen auseinanderzuhalten: 1. im lymphatischen System des Körpers gebildete, meist kreisrunde Zellen mit großem rundem Kern, der fast den ganzen Zelleib einnimmt und nur von einem ganz schmalen Protoplasmasaum eingefaßt erscheint: Lymphozyten (Bild 5a—b); 2. weiße Blutkörperchen, welche vom Knochenmark erzeugt werden. Nach der Zahl und Beschaffenheit ihrer Kerne, nach dem Vorhandensein oder Fehlen von Körnungen oder Granulationen und nach dem Verhalten aller ihrer Bestandteile, speziell der Granulationen, gegen basische und saure Farbstoffe unterscheidet man von diesen nun wieder eine große Anzahl Unterarten (c—k). Da nur eine genauere Besprechung all dieser Formen einen praktischen Wert für die Diagnostik hätte, eine solche aber nicht hierher paßt, so seien nur zwei von ihnen erwähnt: die neutrophilen, d. h. sauren und basischen Farbstoffen gleich affinen, vielkernigen-polynukleären oder gelapptkernigen Leukozyten, welche durch ihr wesentliches Vorherrschen an Zahl im normalen Blut (70 % aller weißen Blutkörperchen) und durch ihre Funktion als fermentativ und phagozytisch wirkende „Eiterzellen" eine besondere Bedeutung besitzen, und die physiologisch nur in sehr geringer Zahl vorhandenen, bei gewissen pathologischen Zuständen aber stark vermehrten azidophilen und eosinophilen Zellen, welche (natürlich im gefärbten Präparat) leicht an der roten Farbe ihrer Granulationen (Affinität für saure Farbstoffe, also Eosin) kenntlich sind. Je nachdem man nun bestimmte der erwähnten Unterarten der Leukozyten gegenüber den anderen vorherrschend findet, meist bei gleichmäßiger Vermehrung der Gesamtleukozytenzahl, kann man gewöhnlich unter gleichzeitiger Berücksichtigung abnorm geringer Zahlenwerte der Erythrozyten im cbmm bestimmte Krankheitsbilder aufstellen, die wiederum auf bestimmte pathologische Zustände im Organismus hindeuten. Als diejenigen, deren zahlenmäßiges Verhalten im cbmm Blut praktisch das größte Interesse

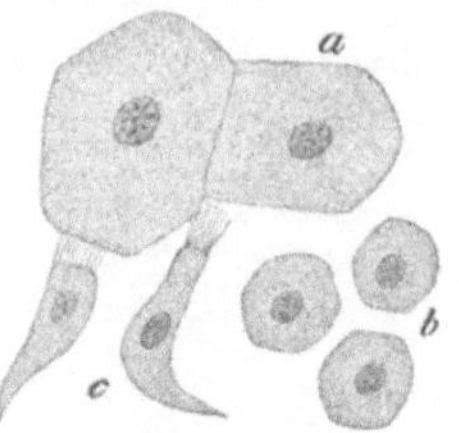

1. Epithelien.

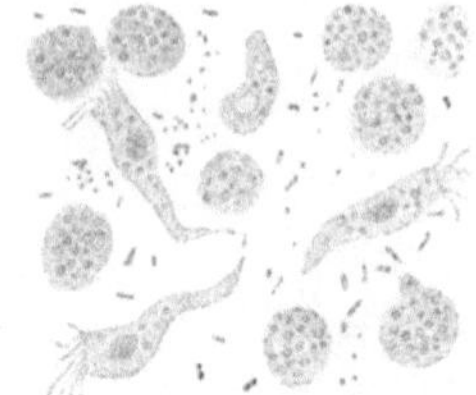

2. Nasenschleim.

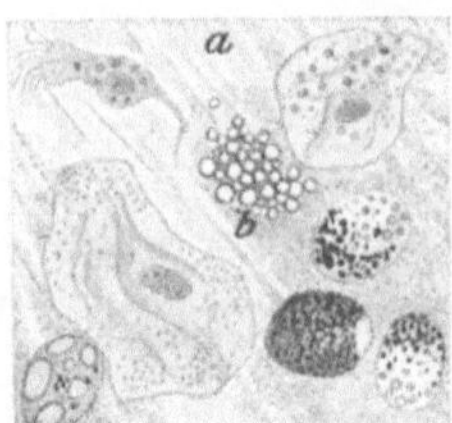

3. Mundspeichel.

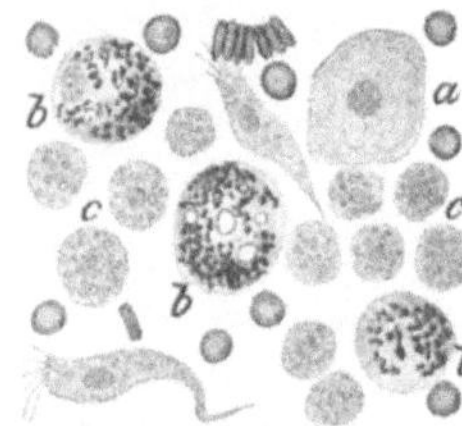

4. Sputum.

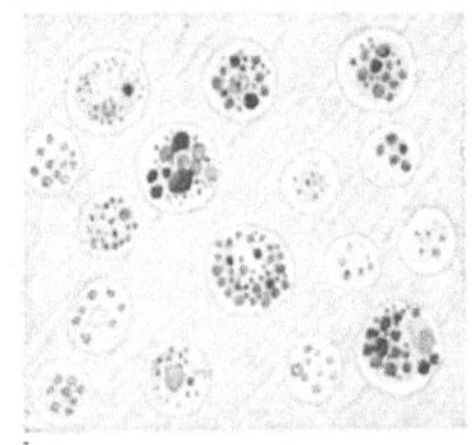

5. Sputum mit Herzfehlerzellen.

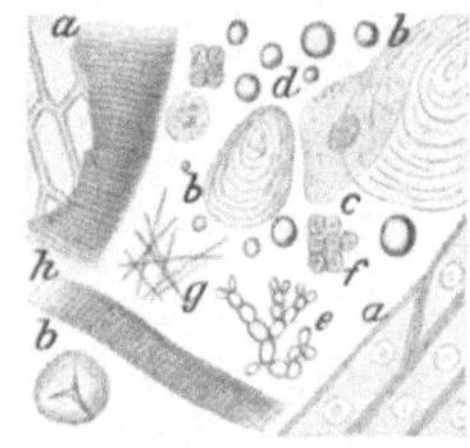

6. Erbrochenes.

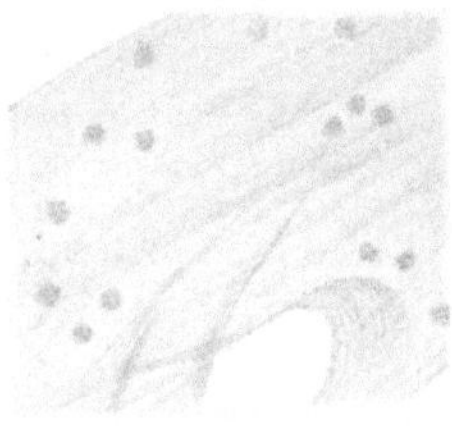

7. Fibrin mit Eiterzellen.

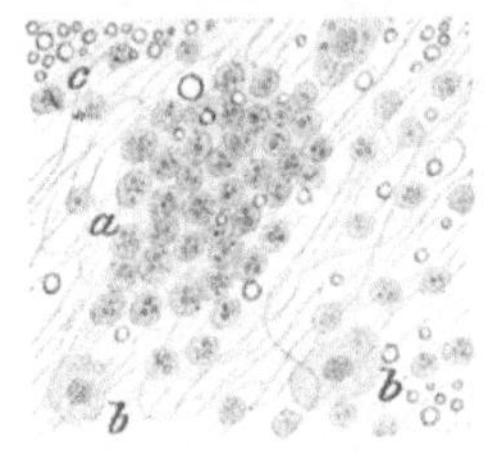

8. Pseudomembran.

9. Fibrinausgüsse.

10. Curschmannsche Spirale.

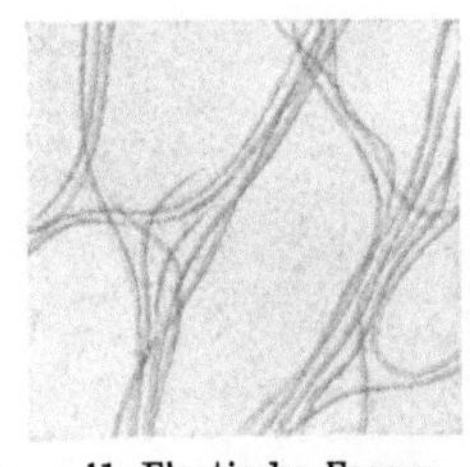

11. Elastische Fasern.

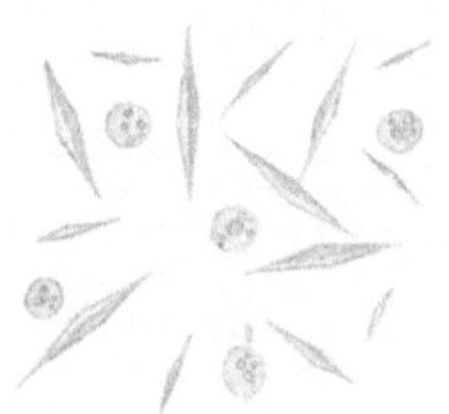

12. Charcot-Leydensche
Kristalle.

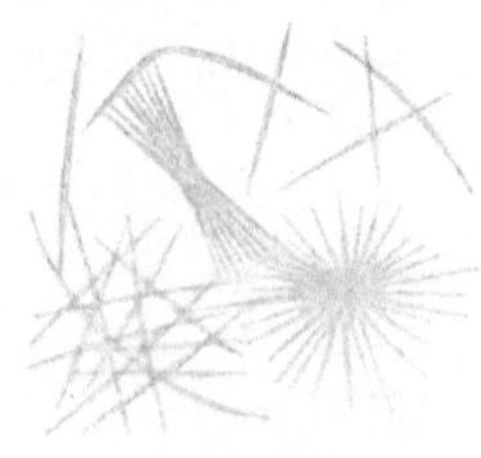

13. Fettsäurenadeln.

14. Cholesterintafeln.

Verlag von Julius Springer in Berlin.

verdient, nennen wir nur die Lymphozyten und die polynukleären Leukozyten.

NB. Von anderen Bestandteilen, die gelegentlich im Blutbilde auffallen könnten, deren Darstellung aber hier unterblieben ist, führen wir noch an Melaninkörner: schwarze Körnchen (bes. bei Malaria) und Fetttröpfchen: kleine, bei auffallendem Licht hellglänzende, bei durchfallendem dunkelschwarze Kügelchen (bes. nach starken Knochenerschütterungen).

Tafel II.

(Vergr. 400).

Bestandteile des mikroskopischen Bildes der Sekrete und Exkrete des Respirations- und obersten Verdauungstraktes.

Bild 1: Platten- (a), Alveolar- (b) und Flimmerepithelzellen(c). Plattenepithelien können herstammen von der Schleimhaut des Mundes, des Rachens, des oberen Teils der Speiseröhre und bestimmten Stellen des Kehlkopfs, Alveolarepithelien stammen her von der Auskleidung der Lungenalveolen, Flimmerepithelien von der Nasen- oder Luftröhrenschleimhaut.

Bild 2: Ausstrich von Nasenschleim. Leukozyten und Flimmerepithelien mit zahlreichen Kokken und Stäbchen.

Bild 3: Mundspeichel. Die feinfädig ausgezogene Grundlage ist Schleim (a). Außer den verschiedenen Zellen, von denen mehrere reich mit Kohlepigment beladen sind, sieht man einen kleinen Haufen feiner Fettkügelchen (b).

Bild 4: Sputum, wie man es bei Pneumonie findet. Außer Platten- (a) und flimmernden Zylinderepithelzellen und mehr oder weniger mit Pigment usw. beladenen Leukozyten (b) findet man rote Blutkörperchen und abgestoßene gequollene Lungenalveolenepithelien (c), welche Körner von eisenhaltigem, gelblich-bräunlichem Blutfarbstoff in sich aufgenommen haben, sog. „Herzfehlerzellen".

Bild 5: Sputum mit „Herzfehlerzellen".

Bild 6: Bestandteile, wie man sie im erbrochenen Mageninhalt findet: pflanzliches Zellgewebe (a), Stärkekörner (b), Epithel (c), Fettkügelchen (d), Sproßpilze (e), Sarcinaformen (f), Fettsäurenadeln (g), quergestreifte Muskelfasern (h).

Bild 7: Geronnenes Fibrin mit eingeschlossenen Eiterzellen: Pseudomembran.

Bild 8: Pseudomembran. Man sieht zwischen den feinen Fibrinfasern zahlreiche Eiterzellen (a), mehrere Epithelien (b) und reichlich Fettkügelchen (c); besonders bei Diphtherie.

Bild 9: Fibrinausgüsse der feinen Verzweigungen des Bronchialbaums: bei fibrinöser Entzündung der Bronchialschleimhaut.

Bild 10: Sog. Curschmannsche Spirale: aus spiralig zusammengedrehtem zähem Schleim bestehend, mit einem sog. „Zentralfaden“. Charakteristisches Vorkommen im Sputum beim echten Asthma bronchiale.

Bild 11: Elastische Fasern, wie sie bei eiterigen Einschmelzungen von Lungengewebe vorkommen; bei jauchig-eiterigen Prozessen fehlen sie meist, weil sie durch die Jauchung mit zerstört werden. Man stellt sie isoliert dar, indem man Sputum durch Kochen in Kalilauge löst, wobei die elastischen Fasern zurückbleiben.

Bild 12: Charcot-Leydensche Kristalle: man findet sie besonders beim echten Asthma bronchiale (zugleich mit Curschmannschen Spiralen und eosinophilen Zellen).

Bild 13: Fettsäurenadeln.

Bild 14: Cholesterintafeln: besonders bei Zersetzungsprozessen.

Tafel III.

(Vergr. 400.)

Bestandteile des mikroskopischen Bildes der Sekrete und Exkrete des Urogenitalapparates.

Bild 1: Abgestoßene Epithelien der Niere (a). Es sind im allgemeinen kubische polygonale Zellen. Sehr häufig findet man in ihnen Fettkörnchen und nennt sie dann „Fettkörnchenzellen“ (b), (rechts oben bei c Zellen des Übergangsepithels).

Bild 2: Epithelien der ableitenden Harnwege: Aus der Form von Epithelzellen der ableitenden Harnwege, die man im Harnsediment findet, einen Schluß darauf zu ziehen, woher sie stammen, ist im allgemeinen nicht mit Sicherheit möglich, da der größte Teil dieser Gebilde die gleiche Epithelbedeckung besitzt, nämlich ein dem geschichteten Plattenepithel ähnliches, sog. Übergangsepithel. Darunter versteht man ein geschichtetes Epithel, dessen oberste Schicht aus Zellformen besteht, die z. T. als Plattenepithelien (d) anzusprechen sind, z. T. mehr zum Typus der po-

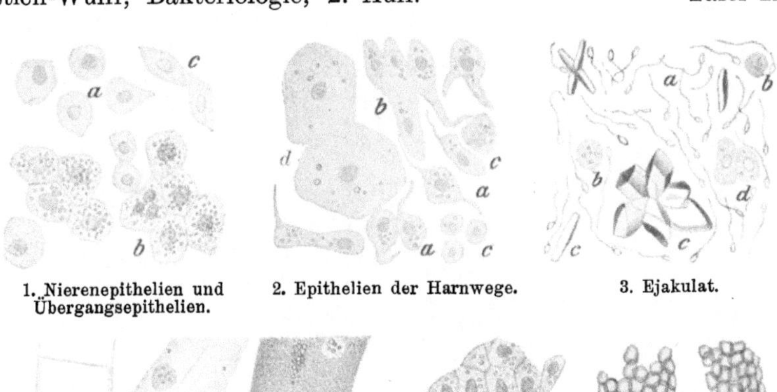

1. Nierenepithelien und
Übergangsepithelien.

2. Epithelien der Harnwege.

3. Ejakulat.

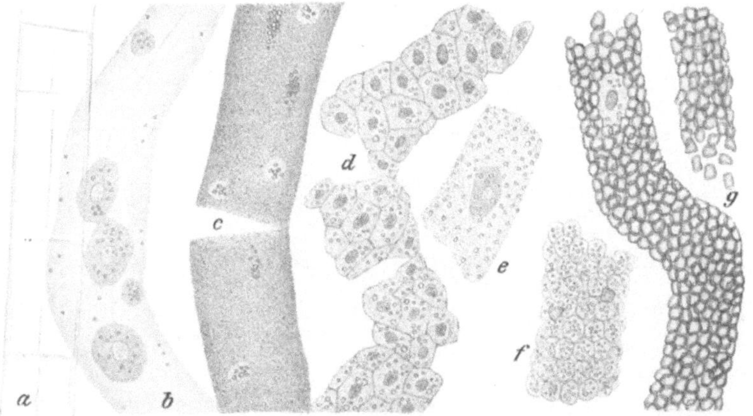

4. Harn- und Nierenzylinder.

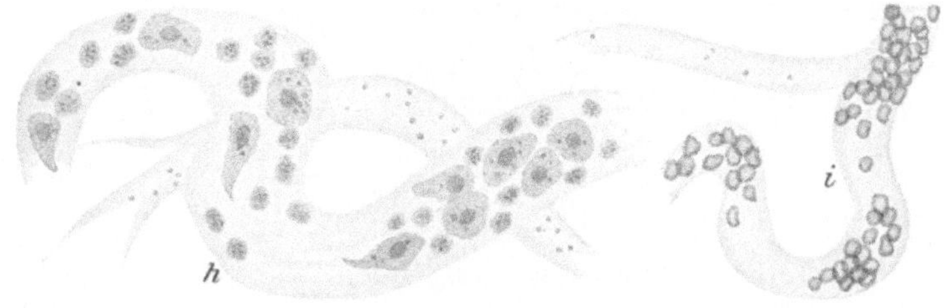

5. Cylindroide.

6—8. Nicht organisierte Bestandteile des Harnsediments.

lygonalen und Zylinderzellen hinneigen. Die mittleren Schichten werden dargestellt durch länger ausgezogene Zellformen (a), die häufig mit schwanzartigen Fortsätzen versehen sind, mit Hilfe deren sie ineinander greifen. Die tiefsten Schichten endlich bestehen aus Zellen von mehr kubischer bis kugeliger Form (c). Dieses geschichtete Epithel findet sich vom Nierenbecken an bis zum Anfangsteil der Harnröhre. Der Epithelüberzug des folgenden Teiles der Harnröhre des Mannes zeigt einen Übergang zunächst zu zweireihigem, dann einreihigem Zylinderepithel mit eingestreuten Becherzellen (Schleim absondernde Zellen b) und schließlich im Ausgangsteil echtes Plattenepithel.

Mit Hilfe dieser Angaben wird das Bild 2 leicht zu deuten sein.

Bild 3: Das Ejakulat. Es wird geliefert von den Hoden, den Samenbläschen und der Prostata. Seine bei weitem alle anderen geformten Bestandteile an Zahl überwiegenden Gebilde sind die Spermatozoën (a), an denen man leicht einen Kopf, ein kurzes Mittelstück und einen lebhaft beweglichen Schwanz unterscheiden kann. Außerdem findet man im Spermabild von zelligen Elementen noch Leukozyten (b) und Epithelien (d) resp. Trümmer derselben. Nach längerem Stehen der Präparate kann man leicht reichlich die sog. Böttcherschen Spermakristalle (c) beobachten: Kristallformen, die an die Asthmakristalle erinnern, nur meist etwas größer sind und das Licht stärker brechen.

Die Bilder 4 und 5 stellen die verschiedenen Formen der sog. Harn- oder Nierenzylinder dar. Es sind dies Ausgüsse von Harnkanälchen der Niere, welche entweder dadurch zustande kommen, daß eiweißartige Substanzen von den Epithelien ins Lumen der Harnkanälchen ausgeschieden werden und dort gerinnen, oder dadurch, daß direkt geformte Bestandteile (Zelltrümmer, Epithelien, Blutkörperchen, Hämoglobinkügelchen) ins Lumen ausgeschieden werden und dort sich zu zylindrischen Gebilden zusammenballen; häufig sind die beiden Entstehungsarten mehr oder weniger kombiniert. So erklären sich die sehr vielgestaltigen Elemente, deren genauere Kenntnis nur für denjenigen notwendig ist, der sich mit der Diagnostik von Harnsedimenten beschäftigt. Wir begnügen uns damit, die wichtigsten Namen aufzuführen und kurz zu erklären: hyaline Zylinder sind solche aus geronnener albuminoider Substanz; in sie können zellige Elemente (b) und anderes eingelagert sein. Wachszylinder (a) sind wachsartig gelblich getönte homogene Zylinder, deren wahre Natur nicht ganz aufgeklärt ist.   (c) Granulierte, (d) Epithelien-, (f) Blut-körperchen-Zylinder.   Hämoglobinzylinder sind solche, die Zelldetritus (körnige Massen), Epithelzellen, Blutzellen oder Hämoglobinkörner enthalten (e und g).

Gelegentlich findet man auch zylinderähnliche Gebilde, sog. Zylindroide (Bild 5, h, i).

Die Bilder 6—8 verfolgen den Zweck, einen Begriff von der Vielgestaltigkeit der nicht organisierten Bestandteile des Harnsediments zu geben.

Bild 6: (a) Ammoniumurat, Kugel- und Stechapfelformen (Globoide), (b) Calc. oxalat., (d) Dumb-bells, (c und e) Urate, kristallinisch und amorph.

Bild 7: Harnsäure, (a) Wetzstein- und Drusen-, (b) Garben-form.

Bild 8: (a) Ammonium-Magnesium-Phosphat (Tripelphosphat), (b) Calcium-Phosphat in Messerklingen-Kristallform und amorph, (d) Calc. carbonat. amorph, (c) Magnesium-Phosphat.

II. Teil.

Sterilisation.

A. Wesen und Bedeutung der Sterilisation.

Während die Desinfektion darauf gerichtet ist, die einem Gegenstande anhaftenden krankheitserregenden Keime, häufig auch nur diejenigen einer bestimmten Infektionskrankheit unschädlich zu machen, und zwar sie entweder abzutöten oder, wenn die zu beobachtende Schonung des vorliegenden Substrates dies nicht möglich macht, sie in ihrer Entwickelung zu hemmen, bezweckt die Sterilisation alle in oder an einem Gegenstande vorhandenen lebenden Zellen, speziell die Mikroorganismen und ihre Dauerformen völlig zu vernichten. Beide Begriffe sind also nahe miteinander verwandt, so zwar, daß der weitere Begriff der Sterilisation den engeren der Desinfektion in sich schließt.

Der Sprachgebrauch macht, was besonders hervorgehoben sei, vielfach nicht den richtigen Unterschied zwischen beiden Ausdrücken, indem der eine für den anderen angewendet wird. Auch nennt man vielfach solche Gegenstände „sterilisiert", die zwecks „Konservierung" wohl einem Sterilisationsprozeß unterworfen wurden, nicht aber einem solchen, der für die völlige Keimabtötung Gewähr leistet. Man konstruiert in diesem Falle wohl auch einen Gegensatz zwischen „steril" und „sterilisiert". Statt dessen sollte man richtiger einerseits „steril" bzw. „sterilisiert" und andererseits „fast sterilisiert" sagen. Es sei hier an das jetzt übliche Sterilisierungsverfahren für Kindermilch erinnert, das bezweckt, der Milch eine gewisse Haltbarkeit zu geben und in ihr ev. vorhandene

8*

pathogene Keime unschädlich zu machen, andere für die Ver-
dauung förderliche Keime aber lebensfähig zu erhalten.

Da ebenso wie bei der Desinfektion auch bei der Sterilisation
auf eine schonende Behandlung der Substrate Wert gelegt werden
muß, gewisse Substrate aber gegen Einwirkungen, wie sie die Ver-
nichtung aller Keime, besonders der widerstandsfähigen Bakteriensporen erforderlich macht, sehr empfindlich sind, ist es in praxi
häufig sehr schwer, eine absolute Sterilität zu erzielen. Diese
dürfte auch in vielen Fällen selbst da, wo man sie mit einiger Berechtigung annehmen zu können glaubt, nicht vorhanden sein.

Was die Dauer der Sterilität anlangt, so dürfen, wie
Pharm. Austriac. ausführt, sterilisierte Objekte solange als steril
angesehen werden, als sie vom Augenblicke der vollzogenen
Sterilisation an in demselben gut verschlossenen Behälter verbleiben. Es ergibt sich hieraus zwar theoretisch, daß z. B.
eine Arzneiflüssigkeit keinen Anspruch auf Keimfreiheit mehr
machen kann, wenn der Stopfen der sie bergenden Flasche einmal
geöffnet wurde; wer aber praktische Erfahrung im bakteriologischen Arbeiten hat, weiß, daß bei Beobachtung der genügenden
Vorsicht das Öffnen eines sterilen Gefäßes nicht notwendig dessen
Infektion bewirkt. Wenn ein sterilisierter Gegenstand bei richtiger
Aufbewahrung auch dauernd als steril angesehen werden kann,
empfiehlt es sich doch, ihn vor der Verwendung nicht unnötig
lange lagern zu lassen. Viele Ärzte legen bekanntlich sowohl für
Verbandmaterial als auch für Arzneimittel auf frische Sterilisation
besonderen Wert.

Die Bedeutung der Sterilisation für die Apotheke hat
um so mehr zugenommen, je mehr im Laufe der Jahre die Vorzüge
der sterilisierten Arzneimittel und Verbandstoffe ärztlicherseits
anerkannt wurden. Besonderer Wert wird auf die Sterilität der
subkutanen und intravenösen Injektionen gelegt, die in der letzten
Zeit sehr in Aufnahme gekommen sind. Von Arzneizubereitungen, die der Apotheker vielfach keimfrei abzugeben hat, seien
weiter genannt Augen- und Ohrwässer, Injektionsflüssigkeiten für
Wundgänge und Gelenkhöhlen, Flüssigkeiten für Blasenspülungen
und Verbände, ferner Salben und Pasten, sowie Streupulver. Auch
bei der Herstellung einiger diätetischer Präparate kommt die
Sterilisation zur Anwendung. Ob bei Benutzung irgend eines
nicht sterilisierten Arzneimittels für den Organismus eine bakte-
rielle Schädigung zu befürchten ist, wird im allgemeinen der Ent-

scheidung des Arztes zu überlassen sein. Gleichwohl schreiben, wie ein Einblick in die Neuausgaben der Pharmakopöen verschiedener Länder zeigt, Pharm. Austriac. und Pharm. Italian. dem Apotheker vor, alle hypodermatischen und intravenösen Injektionsflüssigkeiten keimfrei zu verabfolgen. Das Deutsche Arzneibuch, Pharm. Helvet. und Pharm. Gallic. ordnen dagegen nur die Sterilisation der physiologischen Natriumchloridlösung an. Das letztgenannte Arzneibuch läßt außerdem die offizinellen Injektionsflüssigkeiten aus Natriumchlorid und Natriumsulfat, Chinin, Koffein, Kokain, sowie Morphium sterilisieren. Pharm. Helvet. und Gallic. haben auch für die Gelatinelösung das Sterilisieren vorgesehen. Für diese Lösung ist dies bekanntlich von ganz besonderer Wichtigkeit wegen der mehrfach vorgekommenen, tödlich verlaufenen Tetanuserkrankungen, die auf das Verarbeiten von mit Tetanuskeimen infizierter Gelatine und ungenügende bzw. gar nicht erfolgte Sterilisation der Lösung zurückzuführen sind. Pharm. Austriac. mißt besonders großen Wert auch der Sterilisation der Verbandstoffe bei und läßt in den Apotheken Verbandwatte und Verbandmull nur sterilisiert abgeben.

　　Das Sterilisieren im Apothekenbetriebe bleibt nun aber nicht auf die direkt zur Abgabe bestimmten Arzneimittel und Verbandstoffe beschränkt, vielmehr kann auch vorteilhaft von der Sterilisation Gebrauch gemacht werden, um Präparate, die vorrätig gehalten werden, aber wenig haltbar sind, zu konservieren. Es sei hier nur an die leicht gärenden Sirupe und Mel depurat., sowie an Sol. Succ. Liquirit. erinnert.

B. Die verschiedenen Sterilisationsverfahren.

　　Da, wie ausgeführt wurde, hinsichtlich der Ziele der Desinfektion und Sterilisation nur ein gradueller Unterschied vorhanden ist, sind die für beide in Anwendung kommenden Verfahren im Prinzip gleich. In jedem Einzelfalle der Sterilisation muß die Eigenart des vorliegenden Gegenstandes berücksichtigt und ein Verfahren ausgewählt werden, das ihn einerseits nicht oder nur möglichst wenig schädigt[1] und anderseits einen sicheren Sterilisationserfolg erwarten läßt. Während sich bei gewissen Gegen-

---

[1] Eine besondere Frage ist nach der Seite hin zu erörtern, wieweit die chemische Konstitution der gelösten Körper bei den angewandten Sterilisationsmethoden leidet. Es liegt nahe, eine Lösung durch vergleichende Messungen der elektrischen Widerstände vor und nach der Sterilisation zu versuchen.

ständen nur ein Verfahren als anwendbar erweist, führen bei der Mehrzahl der Substrate mehrere Wege zum Ziele. In letzterem Falle wird man demjenigen Verfahren den Vorzug geben, das vor anderen, für das Substrat sonst gleichwertigen, sich durch einfache und schnelle Ausführbarkeit auszeichnet.

Die verschiedenen Sterilisationsverfahren, die teils auf physikalischen, teils auf chemischen Einwirkungen beruhen, sollen nun im folgenden ihrem Wesen nach näher besprochen werden, und zwar zunächst nacheinander die Sterilisation durch trockene Hitze, durch Auskochen mit Wasser, durch Wasserdampf, durch Filtration und durch Chemikalien. Es folgen dann noch das sogenannte gemischte und das diskontinuierliche Sterilisationsverfahren.

1. Sterilisation durch trockene Hitze ist das älteste und einfachste Verfahren zum Keimabtöten. Man kann diese Hitze zunächst derart zur Einwirkung bringen, daß man Gegenstände der direkten Wirkung einer Gas- oder Spiritusflamme kürzere oder längere Zeit aussetzt, je nachdem ihre Beschaffenheit es zuläßt. So werden Platingeräte bis zum Glühen erhitzt, während man sich bei anderen Gegenständen mit einem mehrmaligen langsamen Durchziehen durch die Flamme begnügt. Gegenstände, die nicht direkt in die Flamme gebracht werden dürfen, erhitzt man in Trockenschränken oder Heißluftsterilisatoren, die in einem späteren Abschnitte eingehend besprochen werden.

Wie u. a. Koch und Wolfhügel[1]) nachwiesen, ist für die Abtötung der Sporen gewisser Bakterien ein dreistündiges Erhitzen auf 140° erforderlich. Bei Anwendung noch höherer Temperaturen kann die Einwirkungsdauer gekürzt werden. Pharm. Helvet. schreibt ein zweistündiges Erhitzen auf 160° vor, Pharm. Belgic. und das Deutsche Arzneibuch[2]) nennen Temperaturen von 160—190° bzw. 150°, verschweigen aber die Zeitdauer. Auch bei 150° wird eine zweistündige Einwirkung ausreichen. Bei umfangreichen Sterilisationsobjekten, namentlich solchen von großer Dichte und schwachem Wärmeleitungsvermögen muß natürlich die Sterilisationsdauer entsprechend verlängert werden.

Sogenannter Testobjekte bedient man sich häufig mit Vorteil, um festzustellen, ob im Sterilisationsraume bzw. im Innern hineingebrachter voluminöser Substrate die richtige Temperatur

---

[1]) Mitteil. a. d. Kais. Ges. Amt. Bd. 1. 1881. S. 301.
[2]) Vgl. Artikel Tuberculinum Koch.

erreicht worden ist. Auf diese wird später bei den Verbandstoffen (s. S. 237), für deren Sterilisation sie besonders wichtig sind, näher eingegangen.

Da der größte Teil der im Apothekenbetriebe zu sterilisierenden Gegenstände ein längeres Erhitzen auf hohe Temperaturen nicht verträgt, wird hier die trockene Hitze nur in beschränkterem Maße für das Sterilisieren benutzt.

2. Auskochen mit Wasser, ein zweites, nicht häufig angewandtes Sterilisationsverfahren, führt nur dann zur völligen Keimvernichtung, wenn es stundenlang anhält. Es können z. B. Bacillus subtilis auf diese Weise erst in fünf Stunden, Milzbrandsporen in zwei Stunden abgetötet werden [1]. Von Wichtigkeit ist aber, daß alle **pathogenen** Keime, auch ihre resistentesten Sporen durch halbstündiges Kochen zugrunde gehen. Die Wirkung des siedenden Wassers kann man beträchtlich steigern, wenn man darin 1—2 % Natriumkarbonat oder Borax löst.

3. Wasserdampf ist das gebräuchlichste und wirksamste Sterilisationsmittel. Er kann, nachdem er die Bakterienmembran zunächst gelockert hat, leicht in die Keime eindringen und äußert hier durch Koagulation des Protoplasmas seine vernichtende Wirkung. Vor der erhitzten Luft hat er auch den Vorzug, umfangreiche Sterilisationsgegenstände bedeutend leichter und schneller zu durchdringen. Er leistet bei gleicher Temperatur mehr als kochendes Wasser [2]. Man kann sowohl ungespannten als gespannten Dampf anwenden. Dieser ist jenem an keimtötender Kraft wesentlich überlegen. Daß gleichwohl viele für ungespannte Dämpfe eingerichtete Apparate in Gebrauch sind, erklärt sich daraus, daß sie leichter in der Handhabung und billiger sind. Eine Anzahl empfehlenswerter Apparate für beide Dampfarten sind in einem späteren Abschnitte (s. S. 119—146) veranschaulicht und beschrieben.

Strömender Dampf, der nicht leichter in die Sterilisationssubstrate eindringt als **ruhender** Dampf [3]), hat vor letzterem nur den Vorteil, daß er rasch die im Sterilisationsraum vorhandene Luft austreibt und bald rein, d. i. ungemischt mit Luft zur Wirkung

---

[1]) Vgl. Gérard, Technique de Stérilisation. 2e Ed. S. 12.
[2]) Vgl. Eijkmann, Zentralbl. f. Bakt. I. Abt. Bd. 33. 1903. S. 567.
[3]) Ruhender Dampf wird derjenige genannt, der nur in solchen Mengen zuströmt, daß der durch Kondensation entstehende Dampfverlust eben wieder ergänzt wird.

kommt. Dies ist deshalb von Bedeutung, weil dem Dampfe beigemischte Luft die keimtötende Kraft des Dampfes herabsetzt.

Ungesättigter oder überhitzter Dampf, der für die obwaltende Temperatur noch nicht die höchste Spannung und Dichte besitzt und beim Durchleiten gesättigten Dampfes durch eine über die Dampftemperatur erhitzte Röhre erzeugt wird, ist trotz seiner erhöhten Temperatur weniger wirksam als der gesättigte Dampf und ungefähr gleich wirksam als Luft gleicher Temperatur [1]).

Die Wirkung des ungespannten Dampfes ist eine solche, daß man bei ihrer halbstündigen bis einstündigen Andauer in den Sterilisationsobjekten, wenn auch nicht in allen Fällen, Keimfreiheit annehmen kann. Es halten z. B. Sporen gewisser Pektinvergärer fast 2 Stunden und die Sporen der zahlreich im Erdboden vorkommenden Kartoffelbazillen 6—16 Stunden einer solchen Dampfeinwirkung stand [2]). Man wird in praxi auf Grund der Angabe der Pharm. Helvet. die Sterilisationsdauer meist auf eine halbe Stunde bemessen. Will man mit Sicherheit durch ungespannten Dampf eine absolute Keimfreiheit erzielen, so empfiehlt sich die Anwendung des diskontinuierlichen Sterilisationsverfahrens (s. S. 128).

Die Wirkung des gespannten Dampfes ist bei einer Einwirkungsdauer von einer Viertel- bis halben Stunde unbedingt sicher. Durch ihn werden die dem ungespannten Dampfe gegenüber sich als sehr widerstandsfähig erweisenden Sporen des roten Kartoffelbazillus bei 113—116 ^{0} in 25 Minuten und bei 122—123 ^{0} in 10 Minuten abgetötet [3]). Obwohl die Wirkung des gespannten Dampfes mit der Zunahme des Überdrucks und der Temperatur zunimmt, verwendet man für Sterilisationszwecke meist nur mäßig gespannten Dampf, z. B. solchen von 120 ^{0} und 1 At. Überdruck [4]) oder von nur 112 ^{0} und $\frac{1}{2}$ At. Überdruck. Für ersteren, den auch Pharm. Belgic. vorschreibt, bemißt man die Sterilisationsdauer auf eine Viertel-, für letzteren auf eine halbe Stunde. Pharm.

---

[1]) Vgl. Günther, Einführung in das Studium der Bakteriologie. 6. Aufl. S. 43.

[2]) Vgl. Burri, Laffars Handbuch d. techn. Mykologie. Bd. I. S. 529 und 530.

[3]) Vgl. Günther, l. c. S. 41.

[4]) Über das Verhältnis von Dampfspannung und Dampftemperatur sei an folgendes erinnert: Dampf von 100 ^{0} = 1 At., von 105 ^{0} = 1,2 At., von 112 ^{0} = 1,5 At., von 120 ^{0} = 2 At., von 144 ^{0} = 4 At.

Helvet. schreibt viertelstündige Einwirkung eines Dampfes von 115 ⁰ vor.

4. Filtration zum Zwecke der Sterilisation kommt in Betracht für Flüssigkeiten und Gase, von ersteren namentlich für diejenigen, die ein mit Erhitzen verbundenes Sterilisierungsverfahren nicht ertragen. Man filtriert mit Hilfe besonderer Filtrierapparate, die an eine Druck- oder gewöhnlich an eine Saugvorrichtung angeschlossen werden. Die wichtigsten Teile dieser Apparate sind die bakteriendichten Filter. Im Handel gibt es diese in verschiedener Form und Größe; in der Regel bevorzugt man die Kerzenform (Bougies). Die bekanntesten sind die Chamberland- und Berkefeld-Filter, von denen die ersteren aus Porzellanerde, die letzteren aus gebrannter Kieselgur bestehen. Erwähnt seien weiter die porzellanartigen Haldenmangerschen und die aus Ton gefertigten Pukallschen Filter.

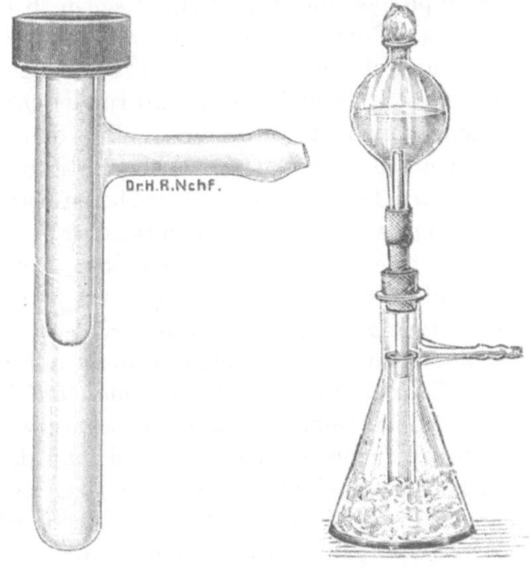

Abb. 29. Filtrierapparat von Silberschmidt.

Abb. 31. Filtrierapparat nach Kitasato.

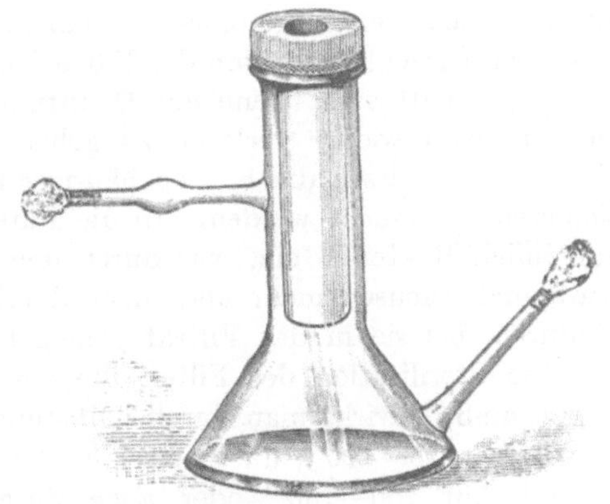

Abb. 30. Filtrierapparat von Reichel.

Als besonders praktisch für den Apotheker erweisen sich die Filtrierapparate von Silberschmidt[1]), Reichel und Kita-

––––––––––

[1]) Vgl. Münch. med. Wochenschr. 1902. S. 1461.

sato. Der erstere (s. Abb. 29), der für die Filtration kleinerer Flüssigkeitsmengen bestimmt ist, besteht aus einem dickwandigen Reagenzglase mit seitlichem Ansatz für den Anschluß der Wasserstrahlpumpe und einer zylindrischen, 6 bzw. 3,5 cm langen Filterkerze aus Porzellanerde mit oben verbreitertem Rand. Das Reagenzglas und die lose in dieses hineinhängende Kerze sind mittelst einer fest anliegenden, oben mit runder Öffnung versehenen Gummikappe luftdicht verbunden. Bei dem Reichelschen Apparat (s. Abb. 30) ruht das aus Ton gefertigte Filter mit seinem oben erweiterten Teil auf einem dem oberen Rande des Kolbenhalses aufgelegten Asbestring. Die luftdichte Verbindung wird auch hier durch eine Gummikappe bewirkt. Der Kitasatosche Apparat (s. Abb. 31) ist so zusammengesetzt, daß die Filterkerze mit Hilfe eines Gummischlauchs mit dem Kugeltrichter verbunden wird, der durch einen Gummistopfen luftdicht auf die Saugflasche gefügt ist.

Bei den Filterkerzen hat man auf Verschiedenes zu achten. Vor jedem Gebrauch sind sie auf etwa vorhandene Risse und Sprünge zu prüfen, so zwar, daß man das offene Ende der Kerze luftdicht mit einer Druckvorrichtung (ev. Gummiball) verbindet und dann vorsichtig Luft hineindrückt, während man den porösen Kerzenteil ganz unter Wasser hält. Von vorhandenen schadhaften Stellen aus sieht man dann große Luftblasen im Wasser aufsteigen. Ist ein Filter auch frei von Rissen und Sprüngen, so ist man doch niemals ganz sicher, daß es keine Keime durchläßt. Zuweilen herrscht zu Beginn der Filtration keine Bakteriendichtigkeit, diese tritt aber, wenn ein Quantum Flüssigkeit filtriert ist, ein, um bald wieder verloren zu gehen. Bei länger dauernden Filtrationen müssen die Kerzen häufiger auf einwandfreies Funktionieren untersucht werden. In die Filterporen dringen nämlich allmählich Bakterien ein, was durch den Saugprozeß unterstützt wird, und wachsen mehr und mehr durch die ganze Filtermasse hindurch, bis sie in das Filtrat gelangen.

Die Sterilisation der Filter, die vor jedem Gebrauch stattfinden muß, bewirkt man durch halbstündiges Erhitzen im Autoklaven bei 115—120°, durch zweistündiges Erhitzen im Trockenschrank auf 150—160° oder auch durch vorsichtiges Glühen. Nach der Benutzung ist eine gründliche Reinigung der Filter vorzunehmen durch aufeinander folgendes Abbürsten, Abwaschen, Auswässern und Sterilisieren.

Ein Nachteil des Filtrierverfahrens liegt darin, daß durch

das mit der Filtration verbundene Absaugen eine Flüssigkeitsverdunstung stattfindet, die bei Lösungen naturgemäß eine
Veränderung der Konzentration herbeiführt. Diese kann unter
Umständen auch auf andere Weise stattfinden, da, wie festgestellt
wurde, das Filtermaterial auch die Eigenschaft hat, gewisse gelöste
Stoffe (z. B. Albuminoide, Diastase, Toxalbumine) zurückzu-
halten [1]). Inwieweit diese Eigenschaft von praktischer Bedeutung
ist für Arzneimittel, für die ein Sterilisieren durch Filtration in
Frage kommen kann, bedarf noch der Untersuchung.

Mit Bezug auf die gebräuchlichsten, auch von Pharm. Helvet.
genannten Chamberland- und Berkefeld-Kerzen sei noch gesagt,
daß letztere infolge ihrer weiteren Poren ein schnelleres Filtrieren
gestatten als die Chamberland-Kerzen. Diese sind aber härter
und weniger dem Bruch ausgesetzt; auch werden sie von Bakterien
weit schwerer durchwachsen. Benutzt man z. B. ein Filter zur
Wassersterilisation, so hält eine Chamberland-Kerze meist 8 Tage
aus, während die Berkefeld-Kerze, die in gleicher Zeit etwa die
zehnfache Menge Filtrat liefert, oft schon nach zwei Tagen sich
nicht mehr bakteriendicht erweist.

Gase, insbesondere Luft, leitet man zwecks Sterilisation in
einfacher Weise durch eine Glasröhre, in die man entfettete Watte
nicht allzu fest eingedrückt hat. Seltener verfährt man in der Weise,
daß man die Luft durch dünne, zum Glühen erhitzte Platinröhren
hindurchstreichen läßt. Über den Verschluß der Gefäße durch
Wattepropfen s. S. 147.

5. Die Sterilisation durch Chemikalien hat im Vergleich zu den
physikalischen Sterilisationsverfahren nur eine untergeordnete Bedeutung. Immerhin kommt aber die chemische Sterilisation für
die Arzneimittel in größerem Umfange zur Anwendung als für die
Nahrungs- und Genußmittel. Dies liegt teilweise daran, daß manche
bakterizide Chemikalien schon ihres Geruches und Geschmackes
wegen nicht für die Haltbarmachung von Nahrungs- und Genußmitteln, wohl aber von Arzneimitteln, die nicht per os dem Körper
zugeführt werden, verwendet werden können. Es sei hier z. B.
an den Karbolsäurezusatz mancher Injektionsflüssigkeiten erinnert. Weiter kommt in Betracht, daß bei Arzneimitteln mit
Rücksicht auf ihren in der Regel nur vorübergehenden Gebrauch
vielfach nichts gegen den geringen Zusatz eines Antiseptikums

---

[1]) Vgl. auch Burri, Laffars Handb. d. techn. Mykologie. 2. Aufl.
2. Bd. S. 524.

einzuwenden ist, bei Nahrungs- und Genußmitteln aber, die unter
Umständen in größeren Mengen und längere Zeit hindurch konsu-
miert werden, die gleichen Zusätze zu beanstanden sind. So dürfen
z. B. Borsäure und Salizylsäure, von denen manche Ärzte alkaloid-
haltigen Augentropfen und Injektionsflüssigkeiten geringe Mengen
zwecks Haltbarmachung zusetzen lassen, in der Nahrungsmittel-
Industrie als Konservierungsmittel nicht verwandt werden.

Daß man sich für die Arzneizubereitung nicht in größerem
Maße des chemischen Sterilisationsverfahrens bedient, hat mehrere
Gründe. Zunächst ist die Verwendung bakterizider Chemikalien
durch ihre Reaktionsfähigkeit auf diese oder jene Arzneimittel beschränkt. Sodann ist die Wirkung der bezüglichen Chemikalien in
denjenigen Verdünnungen, über die man bei der Arzneibereitung,
ohne den Organismus zu schädigen, nicht hinausgehen darf, zu wenig
intensiv und zu langsam. Hier ist der Hinweis am Platze, daß wichtige organische und anorganische Antiseptika heute für bedeutend
·weniger wirksam gehalten werden als vor 15—20 Jahren. So
hat z. B. im Gegensatz zu Behring, dessen Versuche 1890 ergaben,
daß sporenfreie Typhusbazillen durch $\frac{1}{2}\%$ iges Karbolwasser
in wenigen Stunden, die resistenten Staphylokokken durch
2—3% iges Karbolwasser in einer Minute abgetötet würden,
Schumburg 1903 festgestellt [1]), daß man auf die Vernichtung
von Typhusbazillen und Staphylokokken durch 5% iges Karbolwasser nicht einmal bei 45 Minuten währender Einwirkungsdauer
mit Sicherheit rechnen kann. In ähnlicher Weise ist die bakterizide
Wirkung des Sublimats früher überschätzt worden. Mit Bezug
auf dieses viel gebrauchte Antiseptikum sei hier noch erwähnt,
daß durch einen Zusatz von Natriumchlorid, der das Quecksilber-
salz leichter löslich macht und auch auf das Klarbleiben mit gewöhnlichem Wasser bereiteter Lösungen günstig einwirkt, die
bakterizide Wirkung der Sublimatlösung je nach dem Grade ihrer
Konzentration mehr oder weniger nachteilig beeinflußt wird [2]).

Die Intensität der keimtötenden Wirkung eines chemischen
Stoffes richtet sich nach inneren und äußeren Faktoren, wie der
Widerstands- und Adsorptionsfähigkeit der Mikroorganismen,
der Permeabilität ihrer Membran, auf die die Chemikalien zur
Einwirkung gelangen, ferner nach der Art des Lösungsmittels,

---

[1]) Vgl. Günther, Einführung in das Studium der Bakteriologie.
6. Aufl. S. 52.

[2]) Vgl. Günther, l. c. S. 53.

der Konzentration der Lösung und der obwaltenden Temperatur
und Dissoziation[1]) der gelösten Substanz. Daß der Sauerstoff,
der für das Wachstum der Aëroben von Bedeutung ist, die
Anaëroben mit Leichtigkeit abtötet, ist ein gutes Beispiel für
die abweichende Wirkungsweise von chemischen Stoffen auf die
verschiedenen Lebewesen. Nur in wässerigen, nicht z. B. in öligen
und alkoholischen Lösungen kommt die bakterizide Kraft der
Chemikalien voll zur Geltung, weil die Bakterien in Alkohol und
Öl nicht wie in Wasser aufquellen können, was für die Möglichkeit
des Eindringens der Chemikalien in die Zellen Bedingung ist.
Hinsichtlich der Konzentration der Lösung ist zu bemerken,
daß die Antiseptika in ganz starken Verdünnungen vielfach die
Bakterienentwickelung fördern; mit zunehmender Konzentration
äußern dann die Lösungen meist zunächst eine entwickelungs-
hemmende, dann eine abtötende Kraft. Hiernach unterscheidet
man bei den verschiedenen antiseptischen Mitteln wohl einen
Hemmungs- oder desinfizierenden und einen Tötungs- oder
antiseptischen Wert. Daß Lösungen von Chemikalien mit
zunehmender Konzentration nur innerhalb gewisser Grenzen eine
Verstärkung ihrer bakteriziden Wirkung zeigen, sehen wir z. B.
an der Karbolsäure, die in 5%iger Lösung intensiver wirkt als
in 90%iger Lösung. Was die Temperatur anlangt, so nimmt
mit deren Ansteigen die Sterilisationskraft der antiseptischen
Lösungen zu.

Von chemischen Sterilisationsmitteln darf, was Pharm.
Austriac. ausdrücklich hervorhebt, nur dann Gebrauch gemacht
werden, wenn der Arzt dies angeordnet hat. Wenn das genannte
Arzneibuch weiter sagt, daß Medikamente, denen an sich oder
infolge ihrer Zubereitung keimabtötende Wirkung zukommt, nicht
sterilisiert zu werden brauchen, so sei mit Bezug hierauf bemerkt,
daß z. B. Pharm. Gallic. zur Verdünnung des Malleins, des Gly-
zerinextrakts von Rotzbazillenkulturen ein sterilisiertes 5%iges

---

[1]) Paul und Krönig, Zeitschr. f. phys. Chem. 1897. XXI. 3.
Bernhard Zehl, Die Beeinflussung der Giftwirkung durch die Temperatur. Zeitschr. f. allg. Physiol. 1908. 140. Ferner Kapillarchemie. Leipzig.
1909. 345. Morawitz, Über Adsorption und Kolloidfällung. Dissert.
Leipzig 1910. Theod. Paul, Birnstein und Reuß, Beitrag zur Ki-
netik des Absterbens der Bakterien. Biochem. Zeitschr. 25. Bd. 4. Hft. 367.
29. Bd. 202 u. 249. Bechtold, Desinfektion und Kolloidchemie. Zeitschr.
f. Chemie u. Industrie der Kolloide. Bd. V. Heft 1.

Karbolwasser vorschreibt[1]). Hieraus und aus den vorherigen Ausführungen über die im allgemeinen wenig intensive und insbesondere sich wenig schnell äußernde bakterizide Kraft der Antiseptika geht hervor, daß man selbst bei Flüssigkeiten, die wie das 5% ige Karbolwasser meist als an sich keimfrei angesehen werden, die Sterilisation nicht für überflüssig halten darf. Der Zusatz der Antiseptika bezweckt vielfach nur, auf andere Weise sterilisierte Arzneimittel keimfrei zu erhalten.

Erwähnt sei noch, daß ein strenger Unterschied zwischen bakteriziden und nicht bakteriziden Chemikalien nicht gemacht werden kann.

Im folgenden soll noch auf einige für die chemische Sterilisation im Apothekenbetrieb besonders wichtige Substanzen etwas näher eingegangen werden.

Natriumkarbonat in 1—2% iger wässeriger, kochender Lösung gilt als sehr kräftiges Sterilisationsmittel, bei dem einerseits das Alkali, andererseits feuchte Wärme von einer Temperatur über 100 ⁰ wirkt. Da dem Natriumkarbonat auch in hohem Grade reinigende Eigenschaften zukommen, wird man häufig von diesem Sterilisationsverfahren vorteilhaft Gebrauch machen können. Wenn Temperaturen von 100 ⁰ und etwas darüber nicht anwendbar sind, kann man unter Verlängerung der Zeitdauer die Sodalösung auch bei niederer Temperatur einwirken lassen. Kurpjuweit[2]) erzielte durch 2% ige Sodalösung selbst bei 50—52 ⁰ noch durchaus gute Sterilisationserfolge.

Borax kann in 1—2% iger wässeriger Lösung zum Auskochen keimfrei zu machender blanker Instrumente empfohlen werden. Borsäure leistet in bezug auf Sterilisation wenig.

Kalkmilch, der eine ziemlich kräftige bakterizide Wirkung innewohnt, solange das Calciumhydroxyd noch nicht in Karbonat übergegangen ist, wird viel den Fäkalien zwecks Keimabtötung zugesetzt.

Wasserstoffsuperoxyd hat eine sehr große keimtötende Kraft. Diese und auch die Art seines Zerfalls in Sauerstoff und Wasser lassen es als ein für viele Zwecke geeignetes Sterilisationsmittel erscheinen. Man verwendet es meist in 2% iger Lösung.

Weingeist, den Pharm. Belgic. benutzen läßt, um gewisse Pulver keimfrei zu machen, äußert keine bedeutende bakterizide

---

[1]) Cod. medic. Gall. 1908. S. 795.
[2]) Zeitschr. f. Hygiene 1903. S. 369.

Wirkung. Als 50—60% iger Weingeist zeigt er sich am wirksamsten, weil ihm in dieser Stärke nicht mehr die für die Wirkung unvorteilhafte, wasserentziehende Eigenschaft eigen ist. Bei Gegenwart von Wasserdampf zeigt sich auch Weingeistdampf wirksam.

Formaldehyd: Über dieses viel gebrauchte und mit großer keimabtötender Kraft ausgestattete Mittel sei hier nur gesagt, daß es nach einem Gutachten der Wissenschaftlichen Deputation für das Medizinalwesen nicht als Zusatz zur Handelsmilch angewandt werden darf [1]).

Äther wird auch für gewisse Sterilisationszwecke verwandt, garantiert aber keinen sicheren Erfolg. Der Vorteil seiner Anwendung liegt darin, daß er den verschiedenen Substraten (Flüssigkeiten, Pulvern usw.) leicht durch gelindes, ev. durch Evakuation unterstütztes Erhitzen wieder entzogen werden kann. Auch für die Keimabtötung in der Milch hat er sich nicht als sicher wirksam erwiesen.

Chloroform und Thymol werden für die Konservierung gewisser Flüssigkeiten (z. B. Harn) benutzt.

Jodoform, über dessen bakterizide Eigenschaften vielfach unrichtige Vorstellungen herrschen, kann selbst mit Keimen durchsetzt sein. Erst wenn es mit infizierten Wunden in Berührung gebracht wird, kommt seine keimabtötende Wirkung durch Entstehung löslicher jodhaltiger Zerfallprodukte zur Geltung.

6. Gemischte Sterilisationsverfahren. Vielfach ist es von Vorteil, mehrere Sterilisationsverfahren zu kombinieren, um die Sterilisationswirkung zu erhöhen. So erreichen wir, wenn wir einen Gegenstand statt mit Wasser mit Sodalösung auskochen (s. S. 119 u. 126), eine schnellere und sicherere Sterilisation. Hier gelangt einerseits die feuchte Wärme, andererseits die Soda zur Wirkung. Chemische Stoffe (z. B. Karbolsäure, Gujakol, Sublimat) wirken weit mehr bakterizid, wenn wir die Flüssigkeiten erhitzen, sei es auf 100^0 oder auch nur auf etwa 60^0. Um Wasser völlig keimfrei zu machen, verfährt man wohl auch so, daß man es, nachdem es durch ein bakteriendichtes Filter gegangen ist, noch eine Zeitlang kocht. Auch durch mit Formaldehydgasen gemischten Wasserdampf niedriger Temperaturen (von etwa 75^0) kann man gute Sterilisationswirkungen erzielen [2]). Das gleiche gilt von dem von

---

[1]) Vierteljahresschr. für gerichtl. Med. u. öffentl. Sanitätsw. 1907. Heft 3. S. 112.

[2]) **Burri, Laffars** Handb. d. Mykologie. 2. Aufl. Bd. 1. S. 547.

Schumburg[1]) angegebenen, namentlich für Ledergegenstände geeigneten Sterilisationsverfahren. Nach diesem bringt man heiße Luft mit einem Gehalte von 55—56 % relativer Feuchtigkeit zur Wirkung, indem man nicht zu nahe der Wärmequelle in einem auf ca. 100 ⁰ erhitzten Luftsterilisator ein Gefäß mit Wasser aufstellt. Die Pasteurisierung des Weines beruht auf einer gemeinsamen Wirkung von mäßig hoher Wärme und Chemikalien (Alkohol, Säuren). Auch auf die Sterilisationsvorschrift der Pharm. Gallic. für Catgut (s. S. 251) sei hier verwiesen. Endlich kommt noch ein gemischtes Sterilisationsverfahren dann zur Anwendung, wenn wir aus Arzneimitteln, die in wässeriger Lösung eine mit Erhitzen verbundene Sterilisation nicht vertragen, in der Weise sterile Lösungen bereiten, daß die für sich durch Tyndallisation (s. unten) sterilisierte Substanz in dem durch Dampfsterilisation keimfrei gemachten Wasser gelöst wird.

7. **Das diskontinuierliche oder fraktionierte Sterilisationsverfahren,** nach seinem Erfinder Tyndall[2]) auch Tyndallisation genannt, ist von großer Wichtigkeit für Sterilisationsobjekte, die durch ein Erhitzen auf höhere Temperaturen verändert werden, z. B. Lösungen gewisser Alkaloide und Eiweißstoffe. Die Tyndallisation, die im Gegensatz zu den bisher besprochenen physikalischen Sterilisationsmethoden auf einer wiederholten physikalischen Beeinflussung beruht, geht von der Erfahrungstatsache aus, daß die vegetativen Formen der Bakterien im Vergleich zu ihren resistenten Sporen leicht abtötbar sind und zum großen Teil schon durch ein Erhitzen auf ca. 60⁰ zugrunde gehen. Setzt man nun Sterilisationsobjekte 4—7 Tage nacheinander je 1—2 Stunden einer Wärme von 56—60 ⁰ aus, so findet ein Absterben der vegetativen Zellen schon bei der ersten Wärmeeinwirkung statt, während an den folgenden Tagen dann die allmählich aus den Sporen ausgekeimten Bakterien abgetötet werden. Besser als trockene wirkt natürlich feuchte Wärme. Häufig wird es daher zweckmäßig sein, zugleich mit dem zu sterilisierenden Substrat eine Schale Wasser in den Sterilisator zu bringen. Das Auskeimen der Sporen wird erleichtert, wenn man die Substrate in der Zeit, in der sie sich nicht im Sterilisator befinden, statt bei Zimmertemperatur, bei einer Temperatur von 30—37 ⁰ aufbewahrt.

---

[1]) Zeitschr. f. Hygiene. 1902. Bd. 41. S. 181.

[2]) Es ist der bekannte englische Physiker, der das Verfahren zuerst 1882 anwandte.

Zuverlässig ist die Tyndallisation bei 60 ⁰ nicht, da es sogenannte thermophile Bazillen gibt, die sich bei Temperaturen bis 70 ⁰ entwickeln [1]. Man wird daher, wenn es das Objekt zuläßt, das fraktionierte Sterilisieren besser bei höheren Temperaturen (80 ⁰ und darüber) vornehmen. Das zweimalige Sterilisieren der Verbandstoffe (s. S. 246) im strömenden Dampf mag hier nicht unerwähnt bleiben. Aber auch bei Anwendung höherer Temperaturen (bis 100 ⁰) wird mitunter ein sicherer Sterilisationserfolg nicht erreicht. Es ist nämlich beobachtet worden, daß Sporen selbst unter günstigen Bedingungen häufig erst nach längerer Zeit zum Auskeimen gelangen [2].

Die lange Zeit, die eine Tyndallisation erfordert, ist der Grund, daß dieses Verfahren im Apothekenbetriebe fast nur auf die vorrätig gehaltenen Arzneizubereitungen (z. B. Ampullen) beschränkt ist.

Vor dem Abschluß dieses Kapitels sei noch kurz erwähnt, daß auch Elektrizität, Licht, insbesondere Sonnenlicht, sowie gewisse Druckverhältnisse für die Keimabtötung benutzt werden können. Auch auf die neueren Untersuchungen über die Bedeutung der ultravioletten Strahlen für die Sterilisation größerer Wassermengen sei hier hingewiesen [3].

C. Sterilisationsapparate.

Die Beschaffung von Sterilisationsapparaten für die Apotheke wird sich vor allem darnach richten, in welchem Umfange Sterilisationen darin auszuführen sind. Auch wird es vielfach von der Größe des Betriebes und der ganzen Art der inneren Einrichtung der Apotheke abhängen, ob ansehnliche, modern ausgestattete und teuere Apparate bezogen werden, oder ob die bezüglichen Anschaffungen auf das Notwendigste beschränkt werden und eventuell sogar, soweit möglich, die Selbstanfertigung der erforderlichen Apparate unter Hinzuziehung eines Handwerkers des Ortes in Frage kommt.

1. Als **Trockensterilisatoren** (**Heißluftsterilisatoren**) können

---

[1] Vgl. **Koch**, Zeitschr. f. Hygiene 1887. Bd. 3. S. 295 und **Globig** ebenda S. 321.

[2] Vgl. **Miquel** und **Lattraye**, Annal. de micrograph. 1895. Bd. 7. S. 110.

[3] Vgl. **Henri**, Chem. Ztg. 1910. Nr. 132. S. 1176.

die aus Eisenblech, Kupfer oder Aluminium usw. verfertigten
Luftbäder (Trockenkästen) benutzt werden, von denen eins wohl
in allen Apotheken für chemische Zwecke vorhanden ist. Für
die Sterilisation umfangreicherer Gegenstände dienen doppelwandige Sterilisatoren von 40—50 cm Höhe und je 25—28 cm Breite

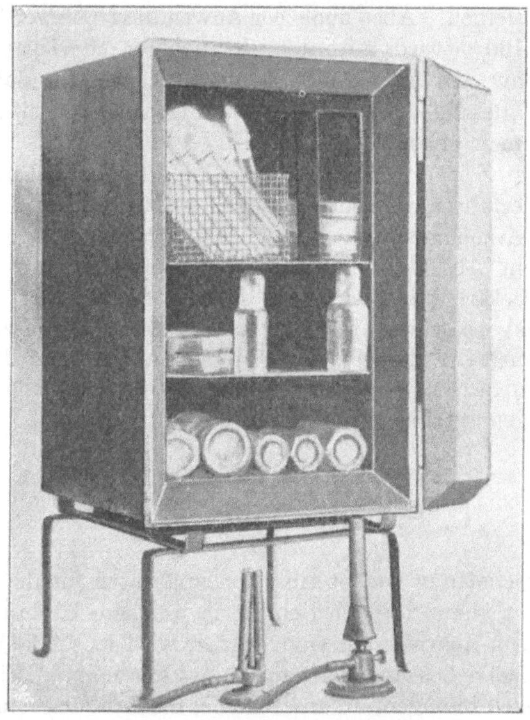

Abb. 32. Heißluftsterilisator für größere Objekte.

und Tiefe (s. Abb. 32). Beim Gebrauch zeigen sich den Apparaten
aus Eisenblech die allerdings beträchtlich teuereren aus Kupfer
überlegen; wünschenswert ist, daß wenigstens das Innere des Apparates aus Kupfer besteht. Um die Wärmestrahlung möglichst zu
verringern, werden die Apparate zweckmäßig mit Asbest um-
kleidet. Abb. 33 zeigt einen Apparat der Firma Paul Altmann
in Berlin NW 6, an dessen Oberdecke ein Schieber angebracht
ist, durch den der Abzug der den Mantel durchstreichenden Gase

reguliert werden kann. In die eine der Öffnungen der Oberdecke wird das Thermometer, in die andere eventuell ein Thermoregulator (s. S. 3) eingefügt. Da mehr oder weniger beträchtliche Temperaturunterschiede in den verschiedenen Höhenschichten der Innenräume der Apparate vorhanden zu sein pflegen (häufig über 20° bei 15 cm Höhendifferenz), bringt man das Thermometer in gleiche Höhe mit den Sterilisationsobjekten [1]). Alle diese Trocken-

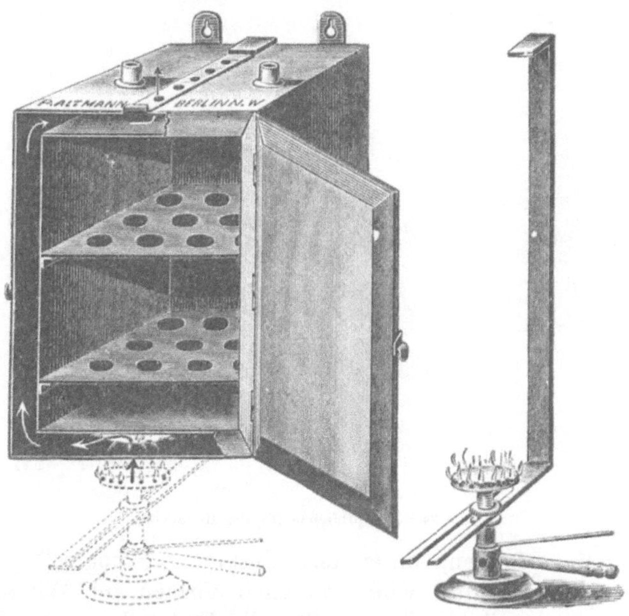

Abb. 33. Heißluftsterilisator der Firma P. Altmann, Berlin.

sterilisatoren können für Tyndallisationstemperaturen (meist ca. 60°) und für hohe Sterilisationstemperaturen bis 200° benutzt werden. Ein genaueres Regulieren der Innentemperaturen, das besonders beim Tyndallisieren von Wichtigkeit ist, wird, sofern nicht sehr hohe Temperatur in Frage kommen, bei Benutzung doppelwandiger Trockenkästen erreicht, deren Mantel mit Wasser, Glyzerin oder Öl gefüllt wird. Diese Schränke haben Ähnlichkeit mit den S. 2 beschriebenen Thermostaten.

------

[1]) Einzelne Apparate des Handels sind so konstruiert, daß in allen Teilen des Innenraums gleiche Temperatur herrscht.

Erwähnt sei noch, daß, um größere Gegenstände keimfrei zu machen, auch der auf Brattemperatur erhitzte Bratofen der Kochmaschine dienen kann. Ebenso läßt sich für diesen Zweck im Notfalle auch ein Blechkanister mit übergreifendem Deckel verwerten. Einen für manche Sterilisationsobjekte recht brauchbaren Apparat, der eigentlich zum Kochen und Braten ohne Wasser bestimmt ist, wollen wir hier noch anführen: er ist von C. Lampert, Frank-

Abb. 34. Dampfbüchse für die Rezeptur.

furt a. M. erfunden, unter dem Namen „Sanogres" in den Handel gebracht und wird von allen Firmen für Wirtschaftsartikel geführt. Für die Feststellung der Temperatur wird man dabei am besten die sogenannten Testobjekte anwenden (s. S. 237).

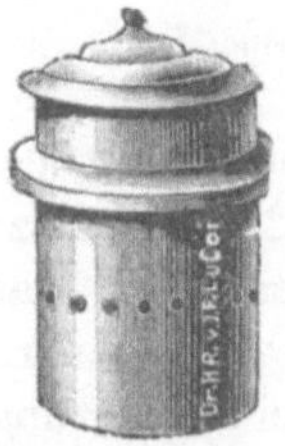

2. **Dampfsterilisationsapparate** sind entweder für ungespannten oder gespannten Dampf eingerichtet. Ersterer kann, wenn es sich um die Sterilisation kleiner Gegenstände handelt, zur Einwirkung gebracht werden in der durch Abb. 34 veranschaulichten Dampfbüchse für die Rezeptur, einem einfachen Blechtopf, in den ein durchlöcherter, mit einem Deckel zu verschließender Einsatz paßt. Man

Abb. 35. Dampfbüchse mit seitlichen Löchern von Dr. H. Rohrbeck Nachf., Berlin.

kann auch eine schadhaft gewordene Metall-Infundierbüchse an ihren seitlichen Wandungen mit Löchern versehen lassen und sie in ein vorhandenes kleines Dampfdekoktorium hineinsetzen, das soweit mit Wasser gefüllt ist, daß das Niveau des letzteren einen gewissen Abstand von den Löchern hat. Büchsen für diesen Zweck liefert auch die Firma Dr. H. Rohrbeck Nachf., Berlin NW 6 (s. Abb. 35).

Sterilisatoren größeren Formats können ohne große Kosten aus alten Blechemballagen hergestellt werden. Der Boden dieser Gefäße ist durch eine untergelegte Blech- od. Kupferplatte gegen die direkte Einwirkung der Flamme zu schützen. Soll eine Blechflasche (z. B. eine vier Liter fassende Lysol-Blechflasche) als Sterilisator hergerichtet werden, so läßt man sie etwas unterhalb der Stelle, wo sie konisch zuzulaufen beginnt, durchschneiden und das Oberteil, das mit einem dessen unteren Rand etwas überragendem Blechstreifen umlegt wird, zu einem übergreifenden Deckel verarbeiten. Die Sterilisationsobjekte stellt man auf Siebeinlagen, die auf

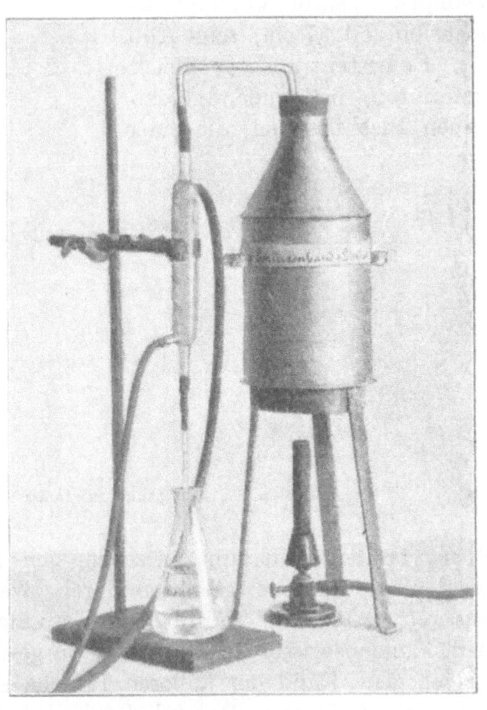

Abb. 36. Universal-Sterilisator und Destillationsapparat nach Dr. Stich.

drei der inneren Flaschenwandung in geeigneter Höhe angelöteten Zapfen ruhen, oder auf einen aus starkem Draht leicht anzufertigenden Dreifuß mit aufgelegtem Drahtnetz. Der Flaschenhals wird mit Hilfe eines durchgebohrten Stopfens durch eine gebogene Glasröhre mit der Kühlvorrichtung verbunden (s. Abb. 36). Man füllt das Unterteil der Flasche etwa zu einem Drittel mit Wasser. Die Erhitzung kann durch Gas, Spiritus oder Herdfeuer erfolgen. Schließt der Deckel nur unvollkommen, so kann eine Dichtung durch ein mit Leinbrei bestrichenes Band leicht bewirkt werden. Will man eine größere Lanolinblechbüchse für den gleichen Zweck verwerten, braucht man nur in den Deckel ein Loch für die Einfügung des durchbohrten Stopfens anzubringen (s. Abb. 37).

Einen selbstangefertigten Dampfsterilisator größerer Dimension (50:37 cm) zeigt Abb. 38. Er besteht aus zwei gleichgeformten, ineinander geschobenen Blechflaschen, die einen

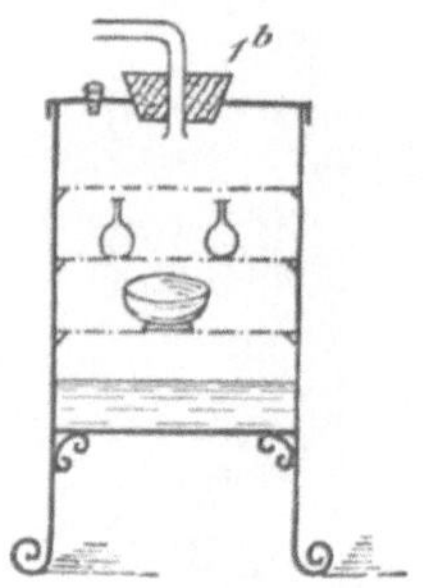
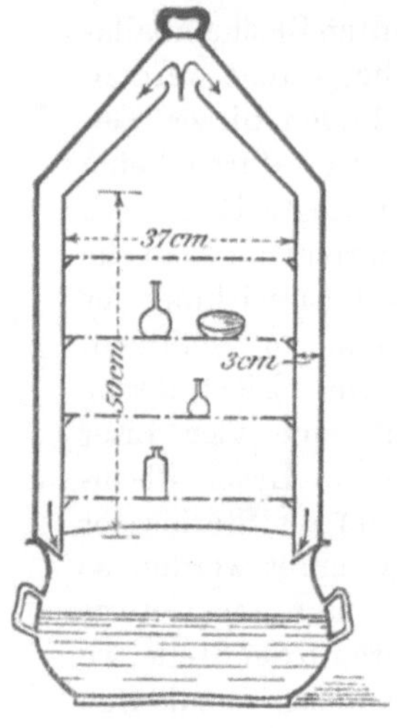

Abb. 37 u. 38. Selbstangefertigte Dampfsterilisatoren.

3 cm breiten Luftraum zwischen sich freilassen. Die innere, oben offene Flasche ist unten durch zwei Blechstreifen mit der äußeren verbunden, und ihr Boden ist mehrfach durchbohrt, um dem Kondenswasser den Rückfluß zu gestatten. Der nach innen umgebogene Rand der äußeren Flasche ruht auf einem eisernen Schmortopf für etwa 10 l Inhalt, der mit Wasser zu drei Vierteln gefüllt ist. Dieses Quantum reicht für die Sterilisation aus. Der Dampfverlust durch seitlichen Austritt ist sehr gering.

Eine ähnliche empfehlenswerte Konstruktion ist kürzlich von Prof. E. Rupp- Königsberg in der Apotheker-Ztg. 1911, Nr. 8, S. 75, veröffentlicht worden. Diese ist sehr empfehlenswert.

Da heute recht brauchbare Apparate billig käuflich sind, wird im allgemeinen die Selbstherstellung nur für kleinere Apothekenbetriebe in Frage kommen.

In vielen Fällen wird auch die Destillierblase des Dampfapparates gut zur Vornahme von Sterilisationen durch Wasserdampf zu benutzen sein.

Einen einfachen, billigen Apparat bringt neuerdings H. C. Steinmüller, Dresden N. 12 in den Handel (s. Abb. 39). Derselbe ist von verzinntem Eisenblech mit einem Drahtkorb-Stativ im Innern, das zur Aufnahme von Präparaten und Geräten dienen kann. Der Boden wird mit Wasser genügend bedeckt. Dieser Apparat kann noch mit Wasserstandsrohr versehen werden.

Wasserdampfkästen mit elektrischer Heizung werden von Reiniger, Gebbert & Schall

Abb. 39.
Sterilisationsapparat
von H. C. Stein-
müller, Dresden.

Abb. 40. Wasserdampfkasten mit elektrischer Heizung von
Reiniger, Gebbert & Schall und Fr. Hugershoff, Leipzig.

sowie Fr. Hugershoff, Leipzig vorrätig gehalten, wie sie ähnlich für die Instrumentensterilisation der Ärzte benutzt werden (s. Abb. 40).

Von im Handel befindlichen Apparaten für ungespannten Dampf sei weiter der Sterilisationsapparat nach Holzapfel angegeben. Er besteht, wie Abb. 41 zeigt, aus einem von dem Mantel a umgebenen Dampferzeuger b und der zylindrischen Büchse d, die nach Ablösung der Schraube g durch das Rohr c mit dem

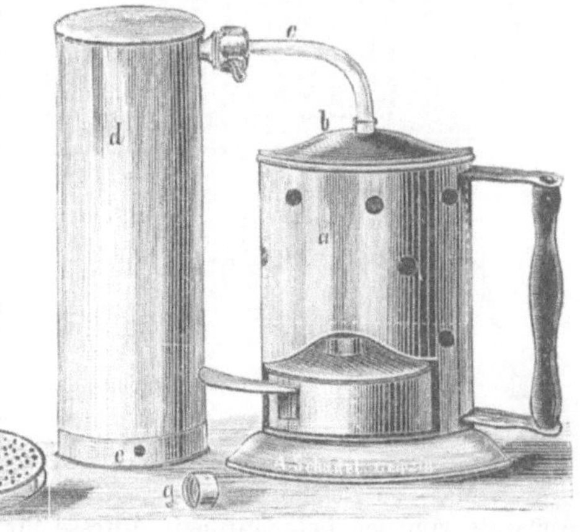

Abb. 41. Sterilisierapparat von Holzapfel.

Wassergefäß b verbunden wird. Der übergreifende Fuß der Büchse d hat ein kleines Loch e, das mit einem Loch im Mantel a korrespondiert und während des Sterilisationsprozesses den Dampf austreten läßt. Nach beendeter Sterilisation kann diese Öffnung durch einfache Drehung des Deckels geschlossen werden.

Bei den Dampfsterilisatoren sind auch einige in der Küche vielfach verwendete Apparate zu nennen: der seit langer Zeit schon

Abb. 42. Weckscher Einkochapparat für Sterilisationszwecke.

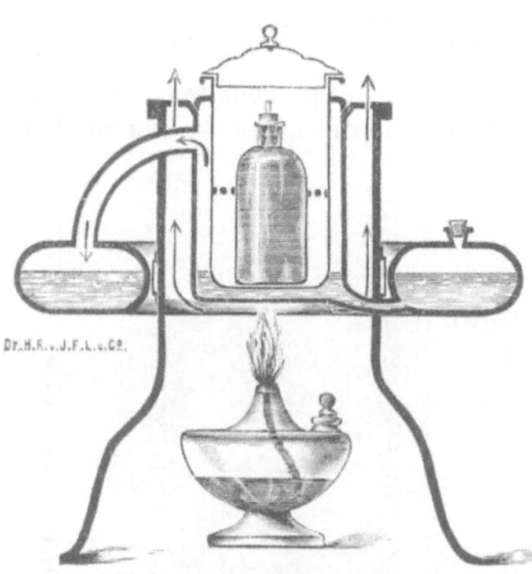

Abb. 43. Sterilisationsapparat nach Holz.

zur Bereitung von Fleischsäften gern benutzte Papinsche Topf ist natürlich ohne weiteres zum Sterilisieren mit geringem Überdruck zu verwenden; ebenso kann man die neuerdings in den meisten Küchen zur Herstellung von Konserven aller Art gebrauchten Einkochapparate jederzeit als Sterilisatoren für ungespannten Dampf benutzen. Wir erwähnen besonders die bekannten Weckschen Apparate[1]) (s. Abb. 42).

---

[1]) Man vergleiche die Prospekte und sonstige Literatur über diese Apparate von den betr. Firmen; Adresse für Weck-Gesellschaft: J. Weck, G. m. b. H., Öflingen, Amt Säckingen (Baden).

Die unter anderen Namen in den Handel gebrachten sind natürlich
ebensogut zu verwenden, vorausgesetzt, daß sie gleich exakt
hergestellt sind.

Der in Abb. 43 veranschaulichte kleine Sterilisationsapparat

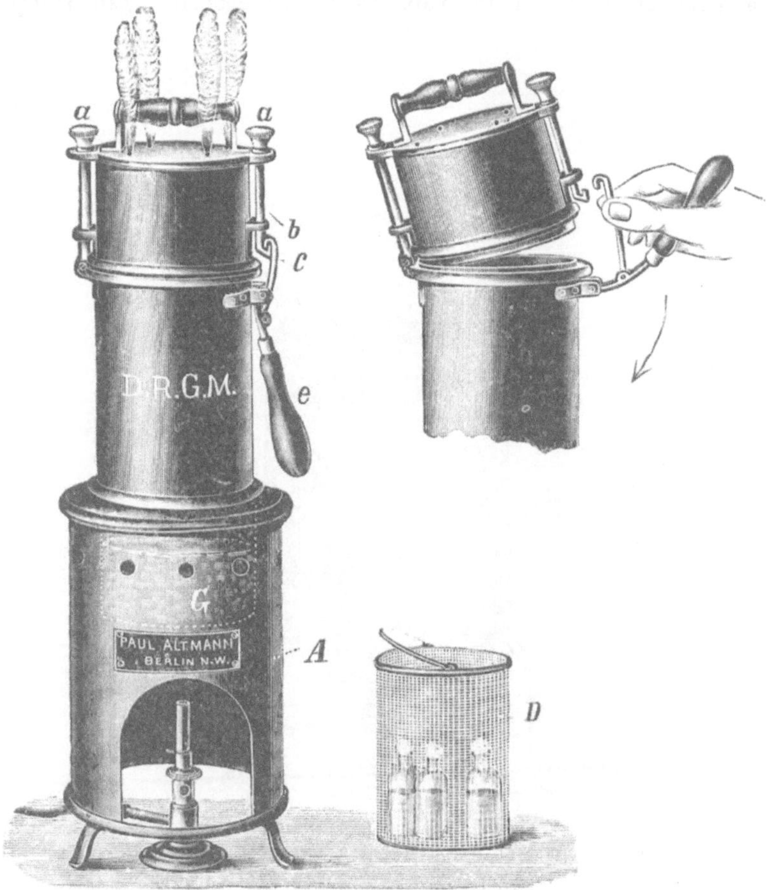

Abb. 44. Sterilisierapparat für den Rezeptiertisch von P. Altmann, Berlin.

nach Holz, der u. a. von der Firma Dr. H. Rohrbeck Nachf. in
Berlin NW 6 in den Handel gebracht wird, ist ein Schnellwasser-
druckapparat mit eingehängtem Einsatzgefäß, dessen Seitenwandung
durchlöchert ist. Die überaus schnelle, schon in etwa 1 Minute
zu erzielende Dampfentwickelung, für die nur eine kleine Heiz-

quelle erforderlich ist, kommt dadurch zustande, daß immer nur
kleine Mengen Wasser zur Erhitzung gelangen.

Ein handlicher Sterilisationsapparat für den Rezeptiertisch,
der neuerdings von der Firma **Paul Altmann** in Berlin NW 6
angefertigt wird, ist in Abb. 44 wiedergegeben.　　Ein Haupt-

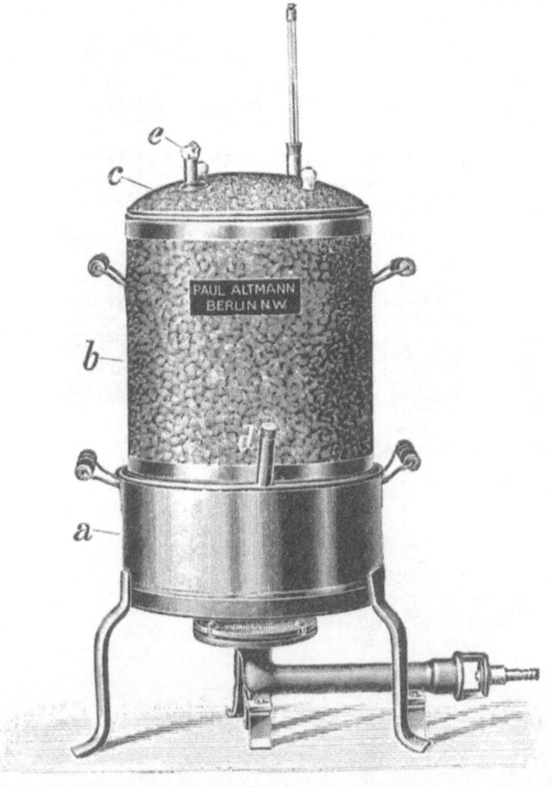

Abb. 45.　Sterilisationsapparat für umfangreiche Gegenstände von P. Altmann, Berlin.

vorzug dieses Sterilisators liegt darin, daß er durch einen einzigen
Griff geöffnet und geschlossen werden kann.　Er ist ganz aus
Kupfer gearbeitet, dauerhaft vernickelt und hat einen Innenraum
von 20 cm Höhe und 12 cm Durchmesser.　Der zur Wirkung
kommende Dampf hat ganz geringen Überdruck.

Für die Sterilisation umfangreicherer Gegenstände eignet sich
der durch Abb. 45 zur Veranschaulichung gebrachte, gleichfalls

von der Firma **Paul Altmann** in Berlin
NW 6 hergestellte kupferne Sterilisierapparat, der dem alten **Kochschen** Dampf-
topf nachgebildet ist. Er besteht aus drei
aufeinander zu setzenden Teilen, und zwar
dem Wasserbehälter a, dem Mantel b und
dem Deckel mit Thermometer c. Dazu gehört
außerdem ein Einsatzkorb. Der innere
Sterilisationsraum mißt 35 cm Höhe bei
einem Durchmesser von 30 cm.

Einen diesem ähnlichen, aber etwas
kleineren Apparat, den Abb. 46 zeigt, liefert
die Firma **Dr. Rohrbeck Nachf.** in Berlin
NW 6. Er ist mit Filz oder Linoleum um-
kleidet, hat kupfernen Boden und im Innern
eine Höhe von 28 cm und einen Durchmesser
von 24 cm.

Querschnitt zu Abbild. 46.

Abb. 46. Sterilisations-
apparat von Dr. Rohrbeck,
Berlin.

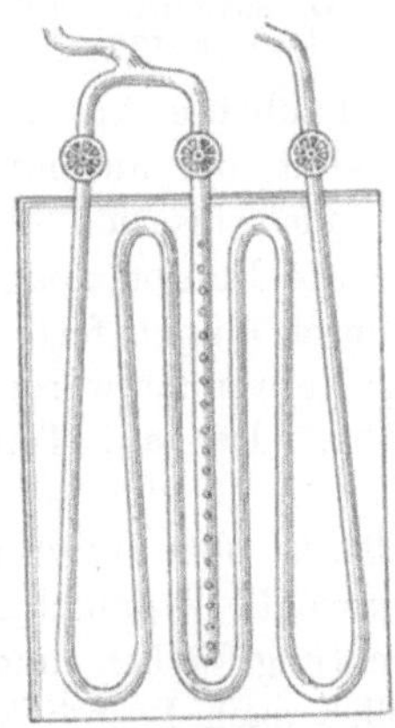

Abb. 47. Sterilisierschrank in Verbindung mit einer
Dampfzentrale.

Abb. 48. Heizkörper am Boden
nebensteh. Sterilisierschrankes.

In Abb. 47 ist der Sterilisierschrank wiedergegeben, der sich
im technischen Laboratorium der Leipziger Krankenhausapotheke
inzwischen 20 Jahre lang bewährt hat. Er ist aus verzinntem
starken Eisenblech von der Firma Hoesselbarth in Leipzig-
Reudnitz hergestellt, 80 cm hoch, 40 cm tief und 60 cm breit und
hat einen mit Filzleisten gedichteten Türverschluß. Am Boden
des an eine vorhandene Dampfleitung angeschlossenen Apparates
befindet sich ein System von Dampfrohren (s. Abb. 48). Geht
der Dampf durch das Schlangenrohr hindurch, so erhält der Schrank
eine Temperatur von etwa 60°, wie sie für die Zwecke der Tyndallisation und des Vorwärmens der Sterilisationsobjekte erwünscht

Abb. 49. Sterilisier- und Eisschrank von
Fr. Hugershoff, Leipzig.

ist. Läßt man den Dampf aus
dem perforierten Rohr austreten,
so wird der Schrank in einen
Dampfsterilisator umgewandelt.

Für manche Apotheken könnte
eine Verbindung von Eis- und
Sterilisierschrank erwünscht sein.
Eine derartige in vorteilhafter Weise
ausgeführte Konstruktion ist von der
Firma Franz Hugershoff in
Leipzig in den Handel gebracht
worden. Abb. 49.

Von Apparaten für die Sterilisation mit gespannten Dämpfen,
sogenannten Autoklaven, sei
zunächst der durch Abb. 50 ver-
anschaulichte Apparat der Firma E. M. Lentz in Berlin N 24
erwähnt, der aus innen emailliertem Gußeisen gefertigt und für
Dampfsterilisation bis 200° eingerichtet ist. Der untere Teil B,
der als Dampferzeuger dient und unter Mitbenutzung von auf
Wunsch mitgelieferten Eisenringen auch für sich allein als Wasserbad verwendet werden kann, hat 20 cm Durchmesser und 10 cm
Höhe. Der auf Teil B aufgesetzte, mit Filzmantel umgebene
Zylinder C, der in der Höhe und im Durchmesser je 20 cm
mißt, ist oben durch den doppelwandigen Dom D mit dem Sicherheitsventil E geschlossen. Die Teile B, C und D haben gedrehte
Dichtungsflächen und sind durch Klappschrauben zu dichten.
Sollen nach Beendigung der Dampfsterilisation die Sterilisations-
objekte (z. B. Verbandstoffe) getrocknet werden, oder soll ledig-

lich eine Trockensterilisation ausgeführt werden, so ist, nachdem das Wasserbad B durch einen Hahn geleert ist, bei geöffnetem Hahn und völlig abgenommenem Sicherheitsventil zu erhitzen. Der Tubus A neben dem Ausflußhahn kann Verwendung finden sowohl zum Anschluß an eine etwa vorhandene Leitung von mäßig gespanntem Dampf, als auch zum Einführen eines Thermoregulators.

Für Sterilisationen bei Temperaturen bis 133⁰ liefert die gleiche Firma den durch Abb. 51 illustrierten, mit Temperatur - Manometer, Dampfablaßventil, Sicherheitsventil und Ablaßhahn versehenen Apparat, der einen kupfernen, hartgelöteten Kessel mit durch Klappschrauben aufzusetzendem Deckel besitzt. Der Autoklav wird in verschiedenen Größen geliefert, und zwar ist im Innern das Verhältnis vom Durchmesser zur Höhe 20:30, 20:40, 25 : 50, 30 : 50, 35 : 50 oder 40 : 60 cm. Bei den kleineren Apparaten ist der Deckel mit zwei Handgriffen zum Abheben versehen, während er bei den größeren mit Hilfe eines Scharniers aufklappbar ist. Die Heizung kann statt durch Gas auch durch Anschluß an eine vorhandene Dampfleitung erfolgen. Der in dieser vorhandene Dampfdruck ist dann natürlich auch für den Sterilisationsraum des Apparates maßgebend. Mit Hilfe einer Wasserstrahlluftpumpe kann in diesem auch ein Vakuum erzeugt werden.

Ein kleiner und leichter Autoklav für einen Dampfdruck von

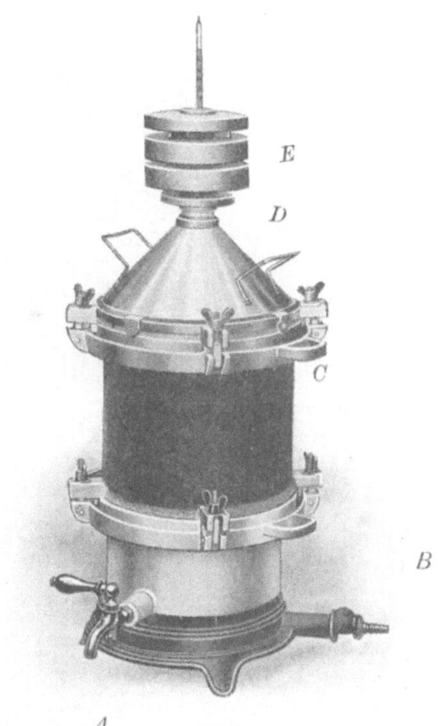

Abb. 50. Autoklav von E. M. Lentz, Berlin.

0,25, 0,5, 1 oder 1,5 Atm. ist der in Abb. 52 veranschaulichte Apparat der Firma **Hausmann A.-G.** in St. Gallen. Dieser Apparat hat einen hartgelöteten und gehämmerten, kupfernen,

Abb. 51. Autoklav mit Manometer von E. M. Lentz, Berlin.

innen verzinnten Kessel mit Scharnierdeckel aus Schmiedeeisen, Handgriff zum Öffnen, Manometer, Sicherheitsventil und Dampfablaßhahn. Der nutzbare Innenraum hat 20 cm Durchmesser und 40 cm Höhe. Die Heizung erfolgt durch Gas oder eine Petro-

leumlampe. Die ausströmenden Dämpfe werden, wie die Abbildung zeigt, durch das unten in Schlangenwindungen auslaufende
Rohr im Kondenstopf kondensiert.

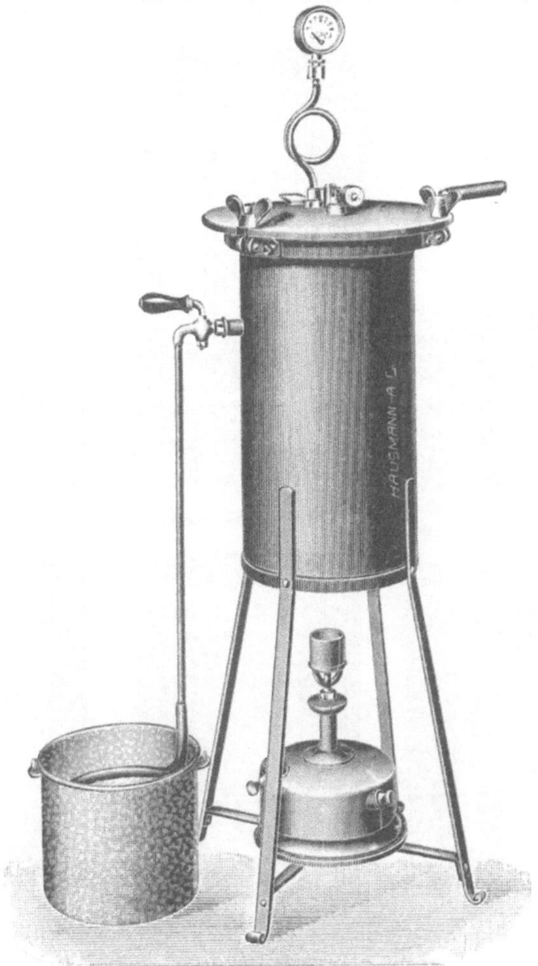

Abb. 52. Autoklav der Firma Hausmann, A.-G., St. Gallen.

Erwähnt sei ferner der aus massiv vernickelter Kupferlegie-
rung gearbeitete Überdruck-Verbandstoff-Sterilisator „Perfekt"
der Firma Evens und Pistor in Kassel, der in Abb. 53 wieder-

gegeben ist. Er ist in der Weise konstruiert, daß der hydraulisch gepreßte Dampfentwickler A durch das Dampfrohr C mit dem nahtlosen, ebenfalls hydraulisch gepreßten Sterilisierbehälter verbunden ist, der 20 cm Höhe und 8 cm Durchmesser hat und von

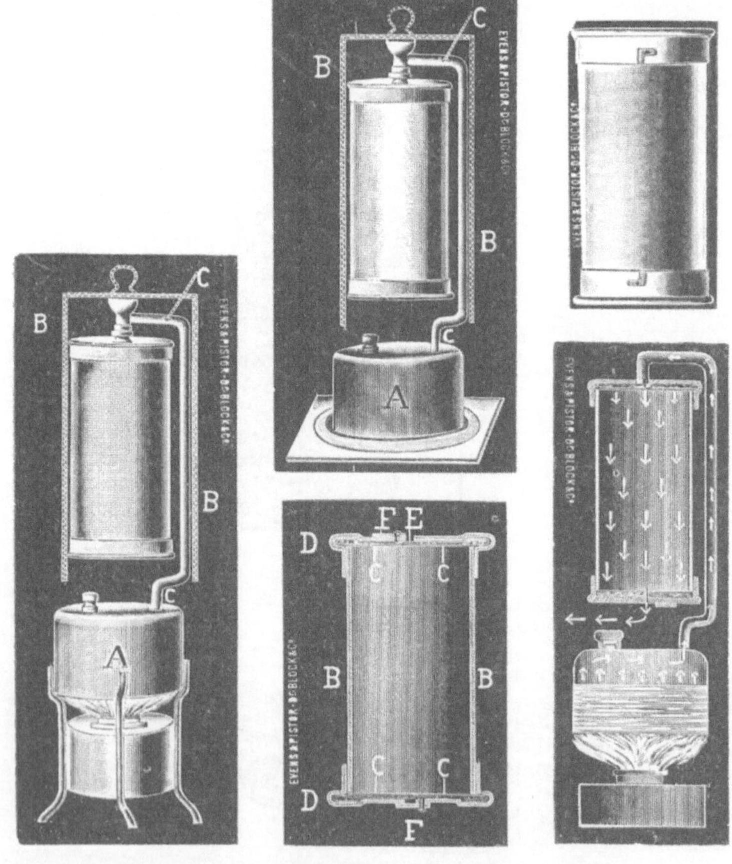

Abb. 53. Überdruck-Verbandstoff-Sterilisator von Evens & Pistor, Cassel.

dem Schutzmantel B umgeben wird. Als Heizquelle dient Herdfeuer, Spiritus oder Gas. Der leicht abnehmbare Sterilisationsbehälter kann auch zur Aufbewahrung der Sterilisationsobjekte verwandt werden.

Eine Kombination von Brutschrank, Heißluft- und Wasserdampfsterilisator bildet der in Abb. 54 vorgeführte, von der Firma Hoesselbarth in Leipzig-Reudnitz hergestellte Stichsche Sterilisier- und Brutschrank. Sein Boden besteht aus einem festen,

gut angenieteten Kupferbecken, in welches durch ein Wasserstandsrohr mit Trichteransatz Wasser ein- und nachgegossen werden kann. Um den Wasserdampf im Innern zu spannen, daß Temperaturen bis 120⁰ erreicht werden, schließt man das in einem weiteren Zylinder in der Oberplatte angebrachte Drosselventil (drehbare Scheibe) und sperrt das Wasserstandsrohr durch ein Hebelventil ab. Die Abdichtung an der Tür wird bewirkt durch eingelegte Asbeststreifen.

Auch auf den Chamberlandschen und Sorelschen Autoklaven der Firma Adnet in Paris, den Radaisschen Autoklaven der Firma Lequeux in Paris und den Autoklaven der Firma Bellanger in Paris, die von Gérard in seinem Buche „Technique de Stérilisation" abgebildet und beschrieben sind, sei hier hingewiesen.

Abb. 54. Brutschrank, Heißluft- und Wasserdampfsterilisator nach Dr. Stich von Hoesselbarth, Leipzig-Reudnitz.

Als speziell für den Apotheker von Interesse wollen wir

weiterhin die von dem finnländischen Apotheker Max Nymann angegebenen Sterilisationsapparate [1]) anführen.

Erwähnung bei den Sterilisationsapparaten verdient ferner der Formaldehyd-Sterilisator nach Suarez de Mendoza (modifiziert von Dellmuth-Zundre), den die Firma Ludwig Dellmuth in Kaiserslautern [2]) herstellt.

Endlich sei hier noch des im vorigen Jahre von Bickel und Röder konstruierten Thermos-Sterilisators für Milch gedacht, der von der Thermos-Aktiengesellschaft in Berlin W., Kurfürstenstr. in den Handel gebracht wird [3]). (Abb. 55.)

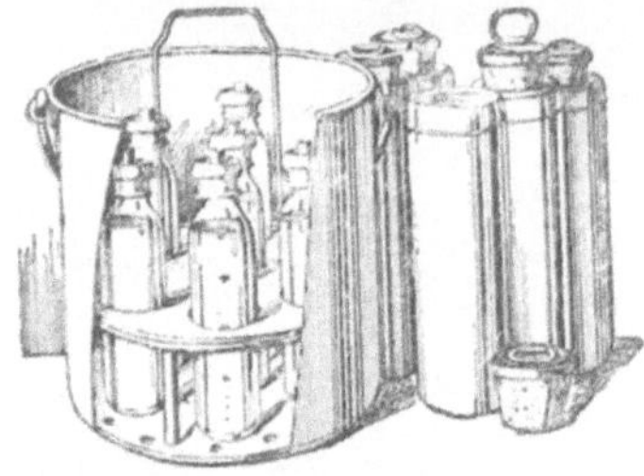

Abb. 55. Thermos-Sterilisator.

Das jüngste technische Produkt der Thermos-Aktiengesellschaft, der Demo-Sterilisator nach Dr. Bickel und Dr. Roeder zeigt einen wesentlichen Fortschritt insofern, als mit Hilfe dieses Apparates sofort nach der Sterilisation eine intensive Unterkühlung stattfinden kann, wonach dann der Apparat kühl und steril aufbewahrt wird.

D. Gefäße, Verschlüsse und Gebrauchsgegenstände verschiedener Art.

1. Sterilisationsgefäße und ihre Verschlüsse.

Bevor in die Beschreibung der Sterilisierungsgefäße eingetreten wird, sei bemerkt, daß den Ampullen, die als das beste Sterilisierungsgefäß angesehen werden müssen, ein besonderer Abschnitt (s. S. 196) gewidmet ist, ferner, daß die Verbandstoff-Sterilisationsgefäße bei der Sterilisierung der Verbandstoffe besprochen sind.

Für die Auswahl der Sterilisationsgefäße hat man zunächst in Betracht zu ziehen, ob sie zur Abgabe an das Publikum oder zum Zwecke der gelegentlichen Entleerung in der Apotheke be-

---

[1]) Vgl. Pharm. Zentralhalle 1910. S. 184.

[2]) Abgebildet und beschrieben in Pharm. Ztg. 1910. S. 686 u. 687.

[3]) Vgl. Münch. Med. Wochenschr. 1910. S. 1503.

stimmt sind. In letzterem Falle kann man die zu sterilisierenden Arzneimittel in jede beliebige Flasche bringen und in deren Hals einen Pfropfen von nicht entfetteter Watte eindrücken (s. Abb. 56, Nr. 1). Bei der Anfertigung eines solchen Wattepfropfens, der einen billigen und vielfach auch hinreichend keimsicheren Verschluß bildet, hat man darauf zu achten, daß die äußere Pfropfenschicht aus einem zusammenhängenden, der Halswandung ringsum fest und glatt anliegenden Stück Watte besteht. Ist mit dem Verbrauch des Flascheninhalts nicht im Verlauf einiger Wochen zu

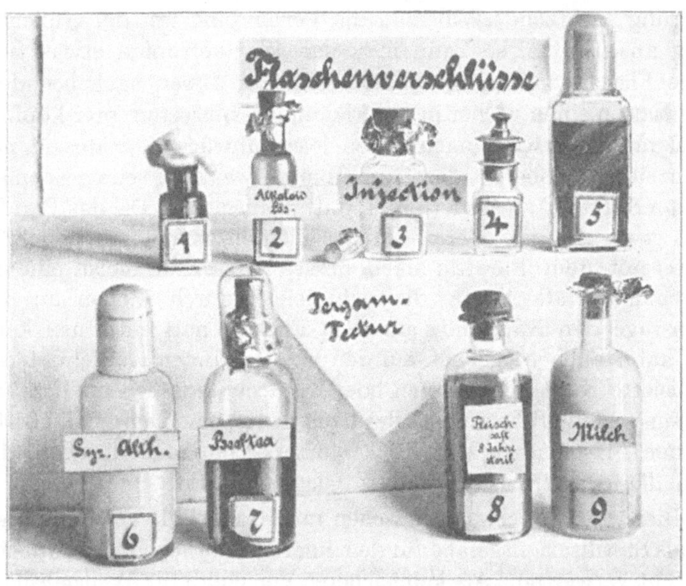

Abb. 56. Verschlüsse für Sterilisationsflaschen.

rechnen, so empfiehlt sich, über den Flaschenhals noch eine Glaskappe (eventuell auch eine Salbenkruke, ein Einnehmeglas oder bei größeren Flaschen ein Wasserglas) zu stülpen oder ein Stück Pergamentpapier darüber zu legen und dies nach beendeter Sterilisation tekturartig festzubinden. Es ist nämlich zu bedenken, daß, zumal wenn die Gefäße in einem feuchten Raum aufbewahrt werden, den Wattepfropfen aufgefallene Keime, insbesondere solche von Schimmelpilzen, allmählich durch die Watte hindurchwachsen.

10*

Die hervorragende Schutzwirkung der Glaskappen, auf die auch das Milchsterilisierungsverfahren von Dr. Lock[1]) gegründet ist, beruht darauf, daß die Bakterien infolge ihrer Schwere die Eigenschaft haben, nach unten zu sinken, so daß ihr Hochsteigen unter die Glasglocke bis zum Wattepfropfen nicht zu befürchten ist.

Auch ohne Watteverschluß erweist sich eine der äußeren Flaschenwandung gut anliegende Glaskappe als geeignet, das Eindringen der Bakterien in das Flascheninnere zu verhindern (s. Abb. 56, Nr. 5 u. 6)[2]). Ein Nachteil dieser Verschlußart liegt darin, daß Wattepfropfen und Glaskappe den Flascheninhalt nicht gegen Verdunstung schützen. Will man die Verbindung mit der Außenluft völlig abschließen, so kann man den Wattepfropfen etwas tiefer in die Flaschenmündung einfügen und auf diesen nach beendeter Sterilisation einen vorher in der Flamme sterilisierten, breitköpfigen Nagel mit dem Kopf nach unten lose aufdrücken, während man gleichzeitig den oberen Flaschenhals mit etwas über seinen Schmelzpunkt erhitztem sterilisiertem Paraffin ausgießt. Da das Paraffin noch etwas in die oberen Watteschichten eindringt, bildet die Watte mit dem Paraffin nach dessen Erstarren meist eine zusammenhängende Masse, die man leicht durch Ziehen an dem herausragenden Nagelende aus dem Flaschenhals entfernen kann. Man kann auch Siegellack auf den Wattepfropfen träufeln, ferner sterilisierte Kautschukstopfen oder Kautschukkappen für den luftdichten Verschluß benutzen oder nach dem Vorschlag von Grübler auf den Flaschenhals ein Stück Guttaperchapapier drücken, das, wenn dieser warm ist, fest dem Glase anhaftet.

Bier- und Selterwasserflaschen mit Kautschukverschluß lassen sich als Sterilisationsgefäße für den inneren Apothekenbetrieb gleichfalls gut verwerten. Als keimsicherer Verschluß für Weithalsgläser wird in den Krankenhausapotheken vielfach auch eine Doppeltektur von sterilem Pergamentpapier mit zwischenliegender steriler Sublimatwattescheibe mit gutem Erfolg benutzt.

Ferner sei der von Holz angegebene[3]) Flaschenverschluß

---

[1]) Vgl. Apoth. Ztg. 1903. S. 117.

[2]) Vgl. Deutsche Essigindustrie Jahrg. VII Nr. 37. Wir konnten auch feststellen, daß frische Früchte, die in mit Pergamentpapier überbundenen und mit Glaskappen überdeckten Weithalsflaschen sterilisiert und bei der Aufbewahrung gegen größere Luftströmungen geschützt waren, sich sehr haltbar zeigten.

[3]) Vgl. Apoth. Zeitung 1898. S. 366.

(s. Abb. 56, Nr. 4) hier genannt. Er besteht aus einer kleinen, durch eine Stopfenbohrung hindurchgesteckten, dem sogenannten Parfümspritzkork ähnlichen Zinnröhre. Diese ist mit einer Verschraubung versehen, die bei entsprechender Einstellung während des Sterilisationsprozesses den Dampf durch in der Röhre angebrachte Öffnungen in das Flascheninnere eintreten läßt, nach beendeter Sterilisation aber einen Verschluß jener Öffnungen ermöglicht. In ähnlicher Weise kann man Flaschen mit Gummistopfen verschließen, durch deren Bohrung ein mit Watte gefülltes Glasrohr führte, das später zugekittet werden kann.

Bei allen Kautschukverschlüssen ist zu beachten, daß einmal

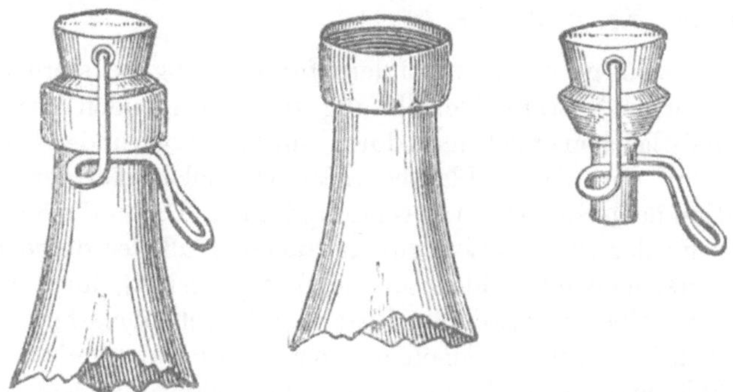

Abb. 57. Patent-Gefäß-Verschlüsse von Raupert & Co., Magdeburg.

infizierte Verschlüsse nicht leicht wieder keimfrei zu erhalten sind (s. S. 154), und daß Kautschuk durch längeres Auskochen angegriffen wird.

Handelt es sich um die Sterilisation von Arzneimitteln, die direkt zur Abgabe an das Publikum bestimmt sind, so müssen in der Regel andere Verschlüsse gewählt werden. Nur wenn die Gefäße seitens der Apotheke direkt zu Händen des Arztes geliefert werden, können gelegentlich auch mit sterilem Pergamentpapier zu überbindende Wattepfropfen als Flaschenverschluß gewählt werden. An Stelle der Bier- oder Seltersflaschen kommen als Abgabegefäße Flaschen mit den patentierten Flaschenverschlüssen der Aktiengesellschaft für pharmazeutische Bedarfsartikel vorm. G. Wenderoth in Kassel und der Patent-Gefäßverschluß-Fabrik Raupert & Co. in Magdeburg in Betracht (s. Abb. 57). Die Verschlüsse sind leicht zu reinigen, zumal sie nicht an der Flasche festsitzen.

Korke, die sehr schwer zu sterilisieren sind (s. S. 154), eignen sich für den Verschluß der Sterilisationsgefäße am wenigsten; Pharm. Helvet. läßt sie ganz vermeiden, während Pharm. Belgic. in Alkohol aufbewahrte Korke zuläßt. Wenn der Verbrauch von Korken nicht zu umgehen ist, wähle man möglichst tadellose Exemplare aus. Zweckmäßig erweist sich häufig auch die Verwendung von Holz- und Korkstopfen, die mit festem Paraffin hoch erhitzt und hiermit durchtränkt sind. Mit einer Schicht vorher längere Zeit mit Weingeist behandelten Stanniols unterlegt, werden diese Stopfen nach der Sterilisation in den Flaschenhals gedrückt und mit sterilem Pergamentpapier überbunden (s. Abb. 56, Nr. 2, 3, 7, 8, 9).

Einen sehr guten, insbesondere für die Abgabe sterilisierter physiologischer Natriumchloridlösung zu empfehlenden Verschluß der Enghalsflaschen erzielt man durch Auflegen von runden Gummischeiben auf den oberen Flaschenrand, wie solche bei der Milchsterilisation nach Soxhlet Verwendung finden. Damit die Scheiben im Verlaufe der Sterilisation gut ansaugen, muß der obere Rand der zu verschließenden Flaschen geschliffen sein [1]), auch bindet man die Scheiben zweckmäßig über den Flaschenhals fest. Man halte nur die dauerhaften Scheiben von reinem Paragummi vorrätig; auch wähle man sie nicht zu dünn. Für 500 g-Flaschen passen Scheiben von 2,6 cm Durchmesser und 4 mm Dicke. Auch hier ist ein Überbinden des Flaschenhalses mit sterilem Pergamentpapier am Platze.

Am meisten werden sterilisierte Arzneimittel an das Publikum in Flaschen mit Kautschuk- oder eingeschliffenem Glasstopfen verabfolgt. Auf die Nachteile der ersteren wurde schon vorher hingewiesen. Hinsichtlich der letzteren ist mit dem Mißstand zu rechnen, daß mit fest aufgesetzten Stopfen sterilisierte Flaschen nach dem Erkalten häufig nicht oder nur mit Mühe zu öffnen sind, weil sie in dem beim Erkalten enger gewordenen Flaschenhals eng eingeklemmt sind und auch der durch die Luftverdünnung im Innern der Flasche geleistete Widerstand beim Öffnen zu überwinden ist. Man hilft sich hier in der Weise, daß man entweder die Stopfen mit Vaselin einfettet oder zwischen Flaschenhals und

---

[1]) Entsprechend geschliffene Flaschen sind von den Glashandlungen mit einem Aufschlag von etwa 30 % zu beziehen.

Stopfen einen dünnen Bindfaden einfügt, den man nach beendigtem Sterilisationsprozeß herauszieht, um dann den Stopfen fest in den ziemlich erkalteten Flaschenhals einzudrücken.

2. Gebrauchsgegenstände verschiedener Art.

Da jede Sterilisation mit einem größeren Zeitaufwand verknüpft ist, empfiehlt es sich, worauf auch Pharm. Belgic. ausdrücklich hinweist, alle Gebrauchsgegenstände, die erfahrungsgemäß häufiger keimfrei gebraucht werden, sterilisiert vorrätig zu halten.

Glas- und Porzellangegenstände der verschiedensten Art (Arzneigläser, Kolben, Spatel, Trichter, Röhren, Uhrgläser, Meßzylinder, Büretten, Pipetten, Reagenzgläser, Spritzen aus Glas, Löffel [1]), Mörser, Salbenkruken) erhitzt man zum Zwecke der Sterilisation im Luftsterilisator zwei Stunden auf 150—160° oder im Autoklaven 15 Minuten auf 115—120° oder im strömenden Dampf 30 Minuten. Ferner kann die Sterilisation, wenn auch nicht mit gleich sicherem Erfolg wie im Autoklaven, durch halbstündiges Auskochen in Wasser bewirkt werden. Die trockene Sterilisation der genannten Gegenstände hat den Vorzug, daß in jedem Falle ein nachträgliches Trocknen der Gegenstände unnötig ist. Von Wichtigkeit ist, letztere vor der Sterilisation mit Seifenwasser oder mit einer Lösung gereinigter Soda zu reinigen und dann gründlich mit Wasser nachzuwaschen. Vielfach (z. B. bei Arzneigläsern und Kolben) läßt man auch noch ein Waschen mit 1%iger Salzsäure vornehmen [2]), um hierdurch vorhandenes lösliches Alkali zu entfernen. Aus minderwertigem Glasmaterial (s. S. 158) kann aber auf diese Weise nicht ein einwandfreies gemacht werden. Was über den Wert der alkalifreien Arzneiflaschen gesagt ist, gilt natürlich in entsprechender Weise auch für Kolben, Trichter, Reagenzgläser usw.

Arzneigläser, Kolben, Reagenzgläser und Meßzylinder überbindet man am Halse mit nicht entfetteter Watte. Bei Glasstöpselgläsern wird außerdem zweckmäßig zwischen Hals und Stopfen ein Stück dünner Bindfaden eingelegt, damit der Stopfen später leicht abzunehmen ist und der Dampf in das Flascheninnere

---

[1]) Es empfiehlt sich die Benutzung von Löffeln aus Glas, Porzellan oder Nickel.

[2]) Pharm. Helvet. schreibt dies für die Glasstöpfelflaschen, in denen Arzneilösungen in Dampf sterilisiert werden, ausdrücklich vor.

eintreten kann. Man kann aber den Stopfen auch für sich, in Watte gewickelt, sterilisieren und die Gläser mit einem Wattepfropfen verschließen. Es empfiehlt sich, die Watte mit einer Schicht Mull zu umgeben, da dann nicht so leicht kleine Wattepartikelchen an dem Stopfen haften bleiben bezw. in die Gefäße hineinfallen.

Hat man Flaschen, Kolben für die gelegentliche Verwendung auf Vorrat sterilisiert, so überbindet man sie zweckmäßig noch mit sterilem Pergamentpapier und bewahrt sie in einem Blechkasten mit übergreifendem Deckel auf. Nimmt man sie in Gebrauch, so wird noch ein Abflammen des Halsrandes bezw. auch des Glasstopfens von Nutzen sein.

In Fällen großer Dringlichkeit kann man Arzneiflaschen auch in der Weise (fast) keimfrei machen, daß man sie einige Minuten lang mit konzentrierter Schwefelsäure, eventuell unter gleichzeitigem gelinden Erhitzen, schüttelt und dann 5—6 mal mit sterilem Wasser ausspült.

Pipetten werden an ihrer oberen Öffnung mit Watte überbunden und mit ihrem unteren Ende in ein Reagenzglas gesteckt, in dessen freibleibenden Teil der Mündung gleichfalls Watte eingedrückt wird. Auch kann die Sterilisation in einer Blechhülse vorgenommen werden.

Büretten, von denen nur solche mit Glashahn zu verwenden sind, überbindet man sowohl an der Ausflußspitze wie an ihrer oberen Öffnung mit Watte. Die Ausflußspitzen der Pipetten und Büretten flammt man unmittelbar vor dem Gebrauch ab.

Augentropfgläser werden am besten einzeln in Reagenzgläsern mit Wattepfropfen der Dampfsterilisation bei 100⁰ unterworfen.

Uhrgläser kann man in runden (Salben-)Blechschachteln sterilisiert vorrätig halten.

Trichter macht man vorteilhaft mit einliegendem passenden Papierfilter oder mit einem in die Trichterröhre ziemlich fest eingedrückten kleinen Wattebausch keimfrei [1]). Durch letzteren bezw. das Papierfilter filtriert man zunächst Wasser, stellt dann, nachdem man noch das Filter gut der Glaswandung angedrückt hat, den Trichter in ein Becherglas, legt eine Watteschicht darauf und klemmt diese mit einem passenden, als Deckel dienenden Blechschachtelboden oder einer gläsernen Kristallisierschale fest. Am besten nimmt man dann die Sterilisation im Dampf vor und

---

[1]) Ein solches Wattefilter liefert oft klarere Filtrate als ein Papierfilter.

trocknet, wenn nötig, kurze Zeit im Lufttrockenschrank nach. Watte wie Papier vertragen ein trockenes Erhitzen auf 150 bis 160⁰ nicht.

Um sterilisierte Utensilien, wie Trichter, Filter, Stopfen, Spatel usw., ohne Gefahr für eine direkte Keimübertragung bei der Arzneibereitung kurze Zeit beiseite stellen zu können, bedient man sich eines kleinen Stückes Zink- oder Kupferblech, das man unmittelbar, bevor es als Unterlage dienen soll, durch Abflammen von Keimen befreit.

Für Mörser kann man auch das sogenannte Punch-Verfahren anwenden, indem man hineingegossenen Weingeist abbrennen läßt, so daß die Mörserwandung und das Pistill von der Flamme bestrichen werden. Damit eine genügende Sterilisationswirkung erzielt wird, muß aber nach Versuchen von Gothignies [1]) die Brenndauer des Weingeistes mindestens vier Minuten betragen. Salbenkruken können in gleicher Weise behandelt werden.

Einzelne der genannten Utensilien wie Spatel, Uhrgläser, Löffel (aus Glas, Porzellan oder Metall), Mörser lassen sich auch durch Abflammen sterilisieren.

Metallgegenstände (Spatel, Pinzetten, Tiegelzangen, Scheren, Löffel u. a.) lassen sich teilweise in einfachster Weise durch das Abflammungsverfahren keimfrei machen. Platingegenstände sind ausglühbar. Utensilien, für welche die direkte Flammenwirkung nicht angebracht ist, werden meist zwei Stunden im Trockensterilisator auf 150—160⁰ erhitzt. Für blanke Eisen-, Stahl- und Nickelgegenstände ist ein Erhitzen in Autoklaven in 2 %iger Boraxlösung oder auch ein Kochen mit 1 %iger Sodalösung zu empfehlen. Der Metallglanz und die Schärfe von Instrumenten, die durch längeres, höheres Erhitzen leiden, bleiben auf diese Weise erhalten. Ein oberflächlich auf den Metallflächen sich bildender feiner Belag ist leicht abzuwischen. Auch Stahlnadeln der Pravazspritzen können vorteilhaft auf dieser Weise behandelt werden.

Horngegenstände sind schwer keimfrei zu machen; sie sind daher, insbesondere bei der später zu erörternden (s. S. 163) Art der Zubereitung fast keimfreier Arzneimittel, möglichst zu vermeiden und z. B. Löffel und Schiffchen aus Horn durch solche aus Metall, die durch Abflammen leicht steril zu machen sind,

---

[1]) Gazette méd. Bruxelles 1905. Nr. 39.

zu ersetzen. Es sei hier auf die polierten elastischen Aluminium-
pulverkapseln der Aktiengesellschaft für pharmazeutische Bedarfsartikel vorm. G. Wenderoth in Kassel hingewiesen [1]). Auch eine
Wage mit Metallschalen (s. S. 163) verdient dann den Vorzug.

Pergamentpapiertekturen können, lose zusammengerollt,
in mit Wattepfropfen verschlossenen Reagenzgläsern im Dampf
sterilisiert werden. An Stelle der Reagenzgläser können auch Glasschalen von 12—14 cm
Durchmesser und 6—7 cm Höhe (s. Abb. 58)
benutzt werden.

Filter werden am besten mit dem zugehörigen Trichter sterilisiert, wie vorher angegeben wurde.

Abb. 58.   Glasgefäß zur
Sterilisation von Tekturen.

Watte, und zwar sowohl entfettete als
auch nicht entfettete, wird in kleinen Mengen in Weithalsflaschen
mit Wattepfropfen oder Glasstopfen oder in Glasschalen (s. Abb. 58)
gleichfalls im Dampf keimfrei gemacht, damit sie jederzeit
zum Filtrieren, Reinigen und zum Verschließen der Gefäße zur
Hand ist.

Kautschukgegenstände (Schläuche, Drains, Stopfen,
Soxhletplatten, Kappen u. a.) sind nicht leicht sterilisierbar. Man
kocht sie gewöhnlich eine halbe Stunde in Wasser oder 1 %iger
Sodalösung aus. In letzterem Falle hat man für ein gründliches
Nachwaschen mit keimfreiem Wasser zu sorgen. Macht sich beim
Auskochen der Kautschukgegenstände Schaumbildung bemerkbar,
so hat man, was Rubener [2]) als wichtig bezeichnet, das Gefäß
zu bedecken, damit der Schaum einen der siedenden Flüssigkeit
entsprechenden Temperaturgrad annimmt. Auch die Sterilisation
im ungespannten und im mäßig gespannten Dampf kann für Kautschukgegenstände in Anwendung kommen. Jede der genannten
Sterilisationsmethoden wirkt schädigend auf sie ein.

Korkstopfen sind gleichfalls schwierig keimfrei zu machen.
Nach Untersuchungen von Reutty [3]) enthalten ungebrauchte
Flaschenkorke von guter Qualität nur wenig Schimmelpilze und
Bakterien. Da die Gänge und Poren der Korkmasse, sofern es
sich nicht um große Korke handelt, nicht in der Längs-, sondern

---

[1]) Vgl. Apoth. Ztg. 1911. S. 127.
[2]) Vgl. Rubener, Lehrb. d. Hygiene. 8. Aufl. S. 95.
[3]) Vgl. Thomann, Schweiz. Wochenschr. f. Chemie u. Pharm. 1909.
S. 37.

in der Querrichtung verlaufen, ist Reutty der Ansicht, daß die Keime gewöhnlich leichter zwischen Flaschenhals und Kork, als durch die Korkmasse in das Innere der verkorkten Flasche hineingelangen. Bei der Sterilisation der Korke macht sich als Übelstand bemerkbar, daß der Wasserdampf, abgesehen davon, daß er in bezug auf Keimabtötung nichts Vollkommenes leistet, das äußere Ansehen der Stopfen unvorteilhaft beeinflußt, und daß, wenn man die Trockensterilisation anwendet, die Korke einen Teil ihrer Elastizität einbüßen und brüchig werden. Im Luftsterilisator erhitzt man sie meist eine Stunde auf 160—180⁰.

Bosetti[1]) rät sogar, eine Temperatur von 200⁰ anzuwenden, während Holz[2]) eine solche von 120⁰ als ausreichend bezeichnet. Bordas[3]) empfiehlt, Korke durch Wasserdampf im Vakuum in folgender Weise zu sterilisieren: Man evakuiert die Korke in einem auf 120⁰ erhitzten Raum 10 Minuten lang, läßt in diesen dann Wasserdampf eintreten, der sofort auf 130⁰ erhitzt wird und 10 Minuten einwirken muß. Nach einer solchen Behandlung sollen die Korke völlig keimfrei sein und niemals auf den Geschmack des Flascheninhalts ungünstig einwirken. Nach der Vorschrift der Pharm. Belgic., die in Alkohol aufbewahrte Korke verwenden läßt, kann eine Keimfreiheit der Korke nicht erzielt werden. Kremel[4]) rät, zwecks Sterilisation die Korke auszukochen, und zwar, in hydrophile Gaze eingeschlagen und mit einer Glaskugel oder einem Glasstöpsel beschwert, zunächst eine Stunde lang in 2 %iger Sodalösung, dann noch zweimal je eine halbe Stunde mit destilliertem Wasser. Nachdem sie dann mit der Umhüllung im Heißluftbade getrocknet sind, werden sie in geschmolzenes Paraffin gebracht. Da Sodalösung noch mehr als Wasser bei längerer Einwirkung in der Siedehitze die Korke unansehnlich macht und paraffinierte Korke nicht für alle Zwecke anwendbar sind, erscheint diese Sterilisationsmethode nicht recht geeignet.

Auch Sublimat- und Formaldehydlösung sind zur Sterilisation vorgeschlagen worden, doch haben auch diese Mittel keinen besonderen praktischen Wert.

Erwähnt sei noch der Korksterilisierapparat „Subersa-

---

[1]) Vgl. Eugen Dieterich, Pharm. Manual. 8. Aufl. S. 569.
[2]) Apoth. Ztg. 1898. S. 366.
[3]) Apoth. Ztg. 1904. S. 710.
[4]) v. Vogel, Ludwig, Kremel, Kommentar zur achten Ausgabe der Österreichischen Pharmakopöe. Erster Band, Erste Hälfte. S. 129.

num" der Dührings Patentmaschinen-Gesellschaft in Berlin [1]).
Die Korke werden mit dessen Hilfe zunächst zwecks Öffnung
der Poren gelinde erwärmt, dann zentrifugiert, um das Korkmehl
herauszuschleudern. Es folgt dann eine Behandlung mit gemischten
Formaldehyd- und Alkoholdämpfen und schließlich eine Imprägnation mit einer paraffinartigen Masse.

Als Aufbewahrungs- und eventuell auch als Sterilisationsgefäße der Korke eignen sich Reagenzgläser, weitere Glaszylinder
(auch Lampenzylinder), zylindrische Glasgefäße mit übergreifendem
Deckel sowie auch einfache Weithalsflaschen mit Wattepfropfen.

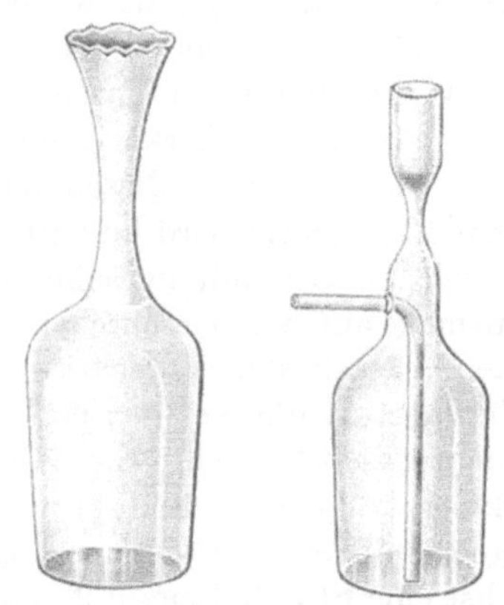

Abb. 59. Zuschmelzglas   Abb. 60. Sterilisa-
aus Thür. Glas.   tionsflasche nach
                              Dr. Hof.

Die Herausnahme erfolgt zweckmäßig mit einer in den Glasstab eingeschmolzenen, vorher
durch die Flamme gezogenen
Nadel.

Einen völlig luftdichten Abschluß sterilisierter Arzneimittel
ermöglichen die mit einem Fassungsraum von 30—500 ccm im
Handel befindlichen, aus Thüringer Glas angefertigten Zu-
schmelzgläser, die in Abb.
59 abgebildet sind.

Für die Sterilisation von
physiologischer Kochsalzlösung
erweisen sich ferner die in
Abb. 60 veranschaulichten Hof-
schen Sterilisationsgefäße als recht brauchbar. Vor der Sterilisation
wird in die obere Öffnung der gefüllten Flaschen ein Kautschukstopfen eingedrückt, durch dessen Bohrung
ein mit Watte verschlossenes Glasrohr
führt. Letzteres wird, wenn die Flasche
entleert werden soll, nach Entfernung der
Watte mit einem Kautschukschlauch verbunden. In die seitliche aus der Flasche
herausragende Glasröhre wird vor der Sterilisation gleichfalls Watte eingedrückt, die
später bei der Entleerung der Flasche als
Luftfilter dient. Auch die in Abb. 61 ab-

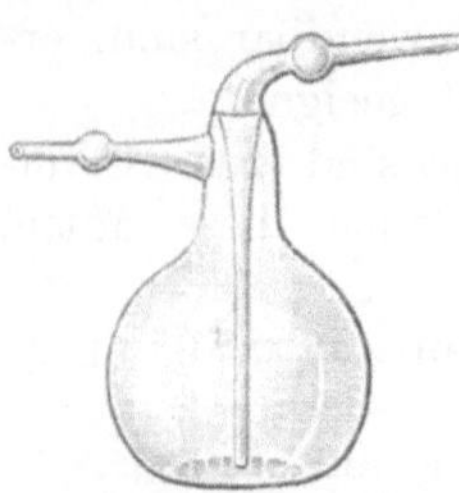

Abb. 61. Serum-Sterilisations-
flasche.

____
[1]) Vgl. Apoth. Ztg. 1908. S. 440.

gebildeten Serum-Sterilisationsflaschen und die verschiedenen Formen der großen Ampullen (s. S. 196) seien hier genannt. Diese beiden letzteren und ebenso die Hofschen Flaschen werden in verschiedenen Größen bis 1 Liter Inhalt hergestellt.

Von für Augentropfen geeigneten Sterilisations- und Aufbewahrungsgefäßen, die der Augenarzt in seiner Sprechstunde

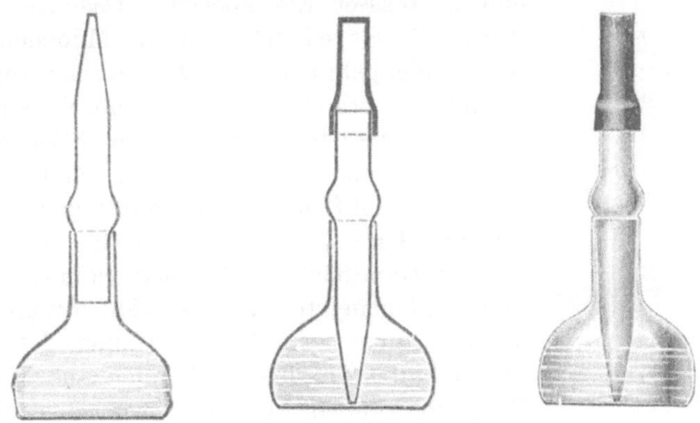

Abb. 62. Mohrs Augentropfgläser zur Herstellung und Aufbewahrung keimfreier Lösungen.

gern verwendet, seien zunächst die von Ströhlein & Co., Düsseldorf angefertigten Tropfgläser erwähnt, die in Abb. 62 wiedergegeben sind. Ihre Sterilisierung kann in einfachster Weise so vorgenommen werden, daß man darin eingefülltes Wasser längere Zeit zum Sieden erhitzt, nachdem man die Pipette ohne Gummikappe umgekehrt in den Flaschenhals eingefügt hat. Bei dem durch die chemisch-pharmazeutische Handelsgesellschaft m. b. H. Frankfurt a. M. vertriebenen kolbenförmigen Augentropfglas nach Dr. Emanuel[1]) ist, wie Abb. 63 zeigt, die Ausflußspitze b durch die nur im Augenblick des Austropfens abzuhebende Glaskappe c gegen Keimverunreinigung geschützt. Der zum Einfüllen der Flüssigkeit bestimmte Trichteransatz

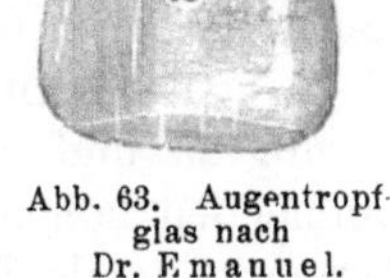

Abb. 63. Augentropfglas nach Dr. Emanuel.

---

[1]) Pharm. Ztg. 1910. S. 212.

ist keimdicht durch eine Gummimembran d verschlossen, durch deren gelindes Andrücken ein Herausfallen der Tropfen aus der Ausflußspitze bewirkt wird. Dieses Tropfglas kann in gleicher Weise wie das Mohr sche sterilisiert werden. Gummimembran und Glaskappe und ebenso die Gummikappe der Mohrschen Tropfflasche sind in Wasser abzukochen. Das von der Firma C. Stiefenhofer in München in den Handel gebrachte Dr. Driversche Augentropfglas [1]) besteht, wie aus Abb. 64 zu ersehen ist, aus einem kolbenartigen Fläschchen und einem als Stopfen aufzusetzenden und passend geschliffenen, schnabelförmigen Tropfaufsatz. Umschließt man das Glas mit der warmen Handfläche und bringt es in die entsprechend geneigte Lage, so fällt durch die hervorgerufene gelinde Erwärmung des Flascheninhaltes Tropfen für Tropfen aus. Diese

Abb. 64. Dr. Driver sches Augentropfglas.

Flaschen können ebenfalls, wie angegeben, sterilisiert werden. Auch ein von Dr. F. Becker konstruiertes sterilisierbares Augentropfglas, von der Firma Hans Schröder in Köln a. Rh. angefertigt, sei erwähnt. Es besteht aus einem kurzen Reagenzglase mit durchbohrtem Gummistopfenverschluß, durch dessen Bohrung ein sich unten verjüngender und schraubenartig auslaufender Glasstab geführt ist. Die Entkeimung der Flüssigkeit kann über jeder beliebigen Flamme geschehen. Die Sterilisation der Augentropfen ist in diesen drei verschiedenen Tropfgläsern, je nachdem die zu lösende Substanz es gestattet, im strömenden Dampf, durch Aufkochen oder Tyndallisation vorzunehmen.

Die Beschaffenheit des Glasmaterials der Sterilisationsgefäße ist ein sehr wichtiger Punkt, auf den in diesem Abschnitt noch näher eingegangen werden muß. Es ist bekannt, daß Wasser die gewöhnlichen Glassorten selbst bei niedriger Temperatur merklich angreift. Mit ihrer Erhöhung nimmt diese chemische Einwirkung zu und erreicht bei der für die Sterilisation in Betracht kommenden hohen Temperatur einen solchen Grad, daß vielfach überaus störende Zersetzungen in Arzneilösungen auftreten. Dem

---

[1]) Pharm. Ztg. 1910. S. 790.

Glasmaterial durch Wasser entzogenes Alkali wirkt nämlich in der Hitze auf gewisse in Lösung befindliche Alkaloidsalze, z. B. Kokain-, Morphin- und Strychninsalze derart ein, daß größere oder kleinere Mengen der freien Basen abgeschieden werden. Wird eine solche Lösung für Injektionszwecke verwandt, so kann natürlich die Menge der zu injizierenden wirksamen Substanz nicht genau bemessen werden. Auch ist in diesem Falle mit der Wahrscheinlichkeit zu rechnen, daß feine Alkaloidkriställchen, die sich aus Morphin- und Strychninlösungen häufig sehr scharfkantig abscheiden, mit in die Spritze gelangen und die Einspritzung dann schmerzhafte Reizwirkungen zur Folge hat. In welchem Umfange u. a. mit solchen Alkaloidabscheidungen zu rechnen ist, zeigen Versuche von Grübler[1]), der in mit Wasser gefüllten und im Dampfsterilisator erhitzten 20—50 g-Flaschen einen Gehalt gelösten Alkalis nachwies, der genügen würde, freies Morphin in Mengen bis 0,016 g abzuscheiden. Adrenalinlösungen erleiden durch alkalisch reagierende Gläser eine sich durch Rotfärbung bemerkbar machende Zersetzung.

Es ist daher von großer Bedeutung, daß für Sterilisationszwecke Injektionsgläser wie auch Ampullen aus geeignetem Glasmaterial benutzt werden. Zur Prüfung des letzteren verfährt man am besten in folgender Weise: Die gut ausgespülten Flaschen werden mit einer Mischung von 5 ccm 1 %iger Phenolphthaleinlösung und 1 Liter alkalifreiem destillierten Wasser gefüllt und, mit dem Stöpsel verschlossen und mit Pergamentpapier überbunden, eine halbe Stunde im strömenden Dampf erhitzt. Alle Flaschen, die dann einen rotgefärbten Inhalt aufweisen, sind für Sterilisationszwecke nicht brauchbar. Mit Flaschen, deren Inhalt nur rosa erscheint, stellt man in gleicher Weise noch einen zweiten Versuch an und betrachtet die durch diesen ungefärbt gebliebenen auch noch als den Anforderungen entsprechend.

Bei der in analoger Weise auszuführenden Untersuchung der Ampullen, die zugeschmolzen im Dampf oder im kochenden Wasser erhitzt werden, wird man sich auf Stichproben beschränken müssen.

Ein anderes empfehlenswertes Prüfungsverfahren für diesen Zweck wurde von Baroni[2]) angegeben und u. a. von Kroeber[3])

---

[1]) Vgl. Pharm. Post 1907. Nr. 33; auch Jacobsen, Apoth. Ztg. 1910. S. 262.

[2]) Giorn. Farm. Chim. 1904. 53.

[3]) Apoth. Ztg. 1908. S. 459.

nachgeprüft. Es unterscheidet sich von dem soeben beschriebenen dadurch, daß man in die Flaschen bezw. Ampullen statt Phenolphthaleinlösung Lösungen von 1—2 % Morph. hydrochlor. oder 0,5 % Strychnin. nitr. oder 1 % Hydrarg. bichlor. einfüllt. Alkali abgebendes Glasmaterial bewirkt dann in der Morphinlösung eine auf der Bildung von Oxydimorphin beruhende Bräunung und gleichzeitige kristallinische Abscheidung freien Morphins. Ebenso scheidet sich in der Strychninlösung die freigemachte Strychninbase in kleinen Kriställchen ab, während in der Sublimatlösung eine Ausscheidung von in der Flüssigkeit schwimmenden gelben, roten oder braunen Oxyden erfolgt, die am besten bei Betrachtung gegen einen dunklen Hintergrund zu erkennen ist. Am empfindlichsten von diesen Reagenzien auf freies Alkali erweist sich nach Kroeber das Strychninsalz; es folgen dann der Reihenfolge nach das Phenolphthalein, das Sublimat und das Morphinsalz.

Lesure empfiehlt in einer neueren Abhandlung [1]) über den Einfluß des Glasmaterials der Arzneigläser auf die Arzneiflüssigkeiten für Lösungen, welche hydrolysierbare Verbindungen vom Typus des Kokainhydrochlorats enthalten, nur Gläser zu verwenden, die bei der Sterilisation im Autoklaven bei 120⁰ Alkali nicht abgeben und bezeichnet als die besten das Jenaer Glas, das Köln-Ehrenfelder Glas und das Serax-Glas. Bei Lösungen von etwas weniger zersetzlichen Substanzen, wie Natriumkakodylat, Strychnin-, Spartein- und Quecksilbersalzen stellt er weniger strenge Anforderungen, jedoch sollen 100 g Wasser aus dem Glasmaterial einer Flasche von entsprechendem Rauminhalt nur soviel freies Alkali lösen, daß höchstens 5 ccm $\frac{n}{100}$-Salzsäure zu dessen Neutralisation verbraucht werden. Weiter rät Lesure, bei Lösungen von Chlor-, Brom- und Jodsalzen bleihaltige Gläser zu vermeiden, während für Lösungen von Salzen, die wie die Phosphate und Arsenate Fällungen mit Kalziumverbindungen geben, zweckmäßig Aluminium-, Zink- oder Magnesiumsilikat, nicht aber Kalzium enthaltende Gläser benutzt werden sollen. Die Verwendung des in jedem Falle brauchbaren, vorzüglichen Quarzglases scheitert an seinen hohen Kosten.

---

[1]) Journ. de Pharm. et de Chim. 1910. Nr. 2—3.

E. Sterilisation der Arzneimittel.

1. Allgemeines. Vor Erörterung der Einzelheiten der Arzneimittel-Sterilisation sei auf einige Punkte hingewiesen, die für diese von allgemeiner Wichtigkeit sind. Insbesondere sei nochmals gesagt, daß gespannter Dampf dem strömenden Dampf im allgemeinen vorzuziehen ist. Ist die erstere Dampfart nicht zur Verfügung, oder verträgt ein zur Sterilisation vorliegendes Arzneimittel keinen gespannten, wohl aber strömenden Dampf, so läßt man, falls genügend Zeit zu Gebote steht, letzteren, um eine vollständigere Sterilisation zu erreichen, statt einmal eine halbe Stunde besser an drei aufeinanderfolgenden Tagen je eine Viertelstunde einwirken[1]. Sind Arzneimittel zu sterilisieren, die gegen Glas sehr empfindlich sind, so benutzt man, wenn nicht Sterilisationsgefäße von hartem, absolut alkalifreiem Glas verwendet werden, besser ungespannten Dampf, da der zersetzende Einfluß des Glasalkalis im gespannten Dampf beträchtlich größer ist.

Es ist ferner anzuraten, für die Aufnahme zu sterilisierender Arzneimittel vorher bereits keimfrei gemachte Gläser, ebenso auch für die wässerigen Arzneizubereitungen zuvor schon sterilisiertes Wasser zu verwenden. Lediglich in dem Falle, daß für die Sterilisation von Gefäß nebst Inhalt die direkte Einwirkung des gespannten Dampfes in Frage kommt, sollten diese beiden Vorsichtsmaßregeln außer acht gelassen werden. Bei der Wasserdampfsterilisation kann man nämlich den Dampf entweder zwecks direkter Einwirkung auf die Arzneimittel in die Sterilisationsgefäße selbst eintreten lassen oder die Gefäße völlig geschlossen in den Dampfsterilisator bringen, so daß nicht der Dampf als solcher, sondern nur die durch ihn erzeugte Hitze die Sterilisationskraft äußert. Ersteres Verfahren, das, wenn die chemische und physikalische Beschaffenheit der Arzneimittel es zulassen, immer den Vorzug verdient, ist nicht anwendbar z. B. bei weingeistigwässerigen Flüssigkeiten und bei Alkaloidlösungen, denen geringe Mengen Karbolsäure oder Thymol zugesetzt sind, ferner bei Lösungen von Jod in Jodkaliumlösung, weil durch die Einwirkung des Dampfes die flüchtigen Substanzen aus den nicht luftdicht

---

[1] Auf dieses fraktionierte Sterilisationsverfahren weist auch Pharm. Helvet. hin.

geschlossenen Gefäßen entweichen. Auch trockene Arzneimittel vertragen vielfach eine direkte Dampfeinwirkung nicht. Als Beispiel hierfür seien die Stärkemehl enthaltenden Pulver genannt, bei denen durch die Feuchtigkeit des Dampfes eine Verkleisterung der Stärkesubstanz erfolgt. Fette setzt man dem Dampf gleichfalls nicht gern direkt aus, damit sie kein Wasser aufnehmen und vor Zersetzung bewahrt bleiben. Man muß sich aber klar darüber sein, daß ein mit einer wässerigen Flüssigkeit beschicktes, völlig geschlossenes Gefäß beim Erhitzen über 100 ^{0} als ein kleiner Autoklav anzusehen ist, in dessen Innerem durch die von außen auf das Gefäß wirkende Dampfhitze gespannter Dampf aus dem vorhandenen Wasser der Lösung erzeugt wirkt. In diesem Falle macht es also keinen erheblichen Unterschied [1]), ob die Sterilisationswirkung des Dampfes eine direkte oder indirekte, lediglich auf Erhitzung beruhende ist. Man kann die Erhitzung eines solchen Gefäßes statt im gespannten Dampf- auch im Luftsterilisator vornehmen. Aus praktischen Gründen erhitzt man aber lieber im Dampf, und zwar deshalb, weil weniger mit einem Zerspringen der Glasgefäße zu rechnen ist, wenn dem auf die innere Glaswandung lastenden Dampf- bzw. Luftdruck der Druck des das Gefäß umgebenden gespannten Dampfes entgegenwirkt.

Für zusammengesetzte Arzneimittel erweist sich, was bei der Auswahl der Sterilisationsmethode zu berücksichtigen ist, eine mit Erhitzung verbundene Sterilisation deshalb zuweilen als nicht ausführbar, weil die darin enthaltenen chemischen Stoffe bei hoher Temperatur zueinander in Reaktion treten.

Vereinzelte Arzneizubereitungen können, da sie hohe Temperaturen nicht vertragen und keine klaren Flüssigkeiten sind, weder durch heiße Luft oder Dampf, noch durch Filtration mit Hilfe der Kerze keimfrei gemacht werden. Wenn für diese Mittel auch die Tyndallisation, weil es an der für diese erforderlichen Zeit fehlt oder selbst ein mäßiges Erhitzen unzulässig ist, nicht Anwendung finden kann, ist eine regelrechte Sterilisation überhaupt nicht auszuführen. In diesen Fällen wendet man das sogenannte aseptische Arzneizubereitungsverfahren an, um eine möglichst große Keimfreiheit des keimfrei verlangten Medikamentes zu erreichen. Wie man dann zu verfahren hat, sei an einem Beispiele, und zwar an der Bereitungsart einer Jodo-

---

[1]) Etwas wird die Intensität der inneren Dampfwirkung durch die im Gefäße vorhandene Luft beeinträchtigt.

form-Glyzerin-Suspension erörtert. Nachdem man das Glyzerin· im Dampfe sterilisiert hat, verreibt man es unter Verwendung von sterilen Gerätschaften (Wage, Spatel, Mörser) mit Jodoform, und zwar am besten mit einem solchen, das durch Tyndallisation oder Behandlung mit warmer $1\,^0/_{00}$iger Sublimatlösung und Nachspülen mit sterilem Wasser keimfrei gemacht ist. (Das mit $1^0/_{00}$iger Sublimatlösung in steriler Flasche abgespülte und so entkeimte Jodoform kann sofort mit keimfreiem Glyzerin angeschüttelt werden). Die Anreibung wird dann in eine mit sterilisiertem Stopfen zu verschließende keimfreie Flasche eingefüllt. So zubereitete Arzneimittel können nur als fast keimfrei, aseptisch hergestellt, bezeichnet werden (Medicamenta paene sterilisata). Bezüglich des „sterilen" Abwiegens in solchen Fällen sei noch bemerkt, daß Pharm. Helvet. vorschreibt, die Wiegeschalen zunächst durch einen mit Weingeist, dann durch einen mit Äther getränkten sterilen Wattebausch zu reinigen. Besser als dieser Notbehelf ist die Benutzung von Wagen mit durch Abflammen leicht zu sterilisierenden Wiegeschalen aus Metall. Hierfür sehr geeignete Wagen bringt seit kurzem die Aktiengesellschaft für pharm. Bedarfsartikel vorm. G. Wenderoth in Kassel in den Handel[1]). Von den an feinen Kettchen hängenden Reinnickelschalen dieser Wage ist die eine mit einem schnabelförmigen Ausguß versehen, mit Hilfe dessen man die abgewogene Substanz direkt in das Arzneigefäß einfüllen kann.

In analoger Weise beschränkt man sich bei der Zubereitung steriler wässeriger Alkaloidlösungen, die ein Erhitzen auf $100\,^0$ nicht vertragen, zuweilen darauf, das Alkaloid unter aseptischen Kautelen in keimfreiem, wenn angängig auf $70\text{—}80\,^0$ erwärmtem Wasser zu lösen. Das ist für die meisten therapeutischen Forderungen ausreichend. Solche Lösungen können Anspruch auf Keimfreiheit machen, wenn man bei ihrer Herstellung einen der beiden in folgendem näher beschriebenen Wege beschreitet. Man kann das Arzneimittel (z. B. Atropin. sulfur., Physostigm. salicyl.) in ungelöstem Zustande tyndallisiert vorrätig halten. Dies geschieht vorteilhaft in abgewogenen, erfahrungsgemäß häufiger zur Lösung gebrauchten Mengen (z. B. 0,05, 0,1, 0,2 g), und zwar unter Verwendung von kleinen homöopathischen Glaszylindern, kleinen Steckkapselgläschen, wie sie für Saccharin-Tabletten

---

[1]) Beschrieben und abgebildet in Apoth.-Ztg. 1911. S. 172.

im Gebrauch sind, oder kleinen Glasstöpselgläschen, die, vom Bezug von Alkaloiden herrührend, meist in größerer Anzahl in den Glaskammern der Apotheken sich vorfinden. Das Physostigminsalz kann man direkt in den Röhrchen, in denen es bezogen wurde, tyndallisieren. Jedes tyndallisierte Gläschen versieht man mit einer genauen Bezeichnung des Inhalts und der Menge und bringt die mit gleichartigem Inhalt gefüllten Gläschen in einem vorschriftsmäßig signierten Standgefäß unter. Im Bedarfsfalle öffnet man ein Gläschen mit dem der ärztlichen Ordination entsprechenden Inhalt und gibt diesen in die mit dem erforderlichen Wasserquantum gefüllte und dann sterilisierte Flasche hinein. Wert ist hierbei noch darauf zu legen, daß die tyndallisierten Substanzen sich völlig klar lösen, damit eine Filtration unnötig ist. Auch für Lösungen solcher Substanzen, die durch Sterilisation im strömenden Dampf, wenn auch nur in ganz geringem Umfang, geschädigt werden (z. B. Cocain. hydrochlor.), ist dies Verfahren als einwandfrei und einfach zu empfehlen.

Statt die Arzneimittel in Substanz zu sterilisieren, kann man sie (z. B. Atropin. sulf., Extract. Secalis cornut.) auch in einem bestimmten, geeigneten Verhältnis in Wasser gelöst, in Tropfenampullen (s. S. 231) einfüllen und, in diesen tyndallisiert und entsprechend signiert, für den Bedarfsfall vorrätig halten. Man ist dann in der Lage, nachdem man die Flasche mit der nötigen Wassermenge sterilisiert hat, dieser aus einer zu öffnenden Ampulle die erforderliche, durch Abwiegen oder, bei Verwendung von Normaltropfenampullen, auch durch Abtropfen genau zu bestimmende Menge der sterilen Lösung zuzusetzen. Die Tropfenampullen können, wenn ein Teil ihres Inhalts entleert ist, sofort wieder zugeschmolzen und aufs neue tyndallisiert werden. Bei lang ausgezogenen Kapillaren, wie sie die S. 231 abgebildeten Ampullen haben, läßt sich eine Ampulle mehrere Male in solcher Weise benutzen. Hat man sterilisierte Gläser wie auch sterilisiertes Wasser zur Hand, so ist nach diesem Verfahren die Anfertigung einer sterilen Lösung in kürzester Zeit möglich.

Bezüglich des Tyndallisationsverfahrens sei noch bemerkt, daß es in seiner Anwendung auch dadurch beschränkt ist, daß bei gewissen Injektionsflüssigkeiten vielfach auf eine frische Zubereitung und Sterilisation Wert gelegt wird. Es sei hier z. B. auf die Skopolamin-Morphin-Lösung hingewiesen.

Ein wenig empfehlenswertes Verfahren, das noch viel für die

Sterilisation von wässerigen Injektionsflüssigkeiten in Gebrauch ist und auch von der Neuausgabe des französischen Arzneibuches vorgeschrieben wird [1]), ist folgendes: Die die Flüssigkeit enthaltende Glasstöpselflasche, zwischen deren Stopfen und Hals ein dünner Bindfaden eingelegt ist, wird bis zum Hals in ein Wasserbad gestellt. Letzteres erhitzt man bis zum Sieden, läßt es nach viertelstündiger Siededauer erkalten und verschließt dann die Flasche, indem man nach dem Herausziehen des Bindfadens den Stopfen fest in den Flaschenhals eindrückt. Bei der Kürze der Sterilisationsdauer wird auf diese Weise eine vollständige Keimabtötung meist nicht erreicht werden, zumal die Temperatur derart im Wasserbade erhitzter Gläser meist nur auf 97—98 ⁰ ansteigt. Ein weiterer Nachteil des Verfahrens liegt darin, daß während des Abkühlens keimhaltige Luft in die Flasche eintreten kann, was allerdings bei Benutzung eines Staniolstreifens statt Bindfadens zu vermeiden wäre. Wenn das Wasserbad mit einem Deckel geschlossen wird, liegen die Verhältnisse günstiger. Verfährt man so, was auch häufiger geschieht, daß man die Flasche, mit einem Wattepropfen versehen, ins Wasserbad stellt und sie nach dem Erkalten mit dem in Wasser ausgekochten Glasstopfen verschließt, so hat man mit einer größeren Verdunstung des Flascheninhalts zu rechnen.

Ebenso zeigt sich, wenn zwei auf die genannten beiden Arten verschlossene Flaschen in den Dampfsterilisator eingesetzt werden, daß der lose aufliegende Glasstopfen weniger Flüssigkeit verdunsten läßt. Bei dieser Verschlußart bewirkt der ungespannte Dampf durch Kondenswasserbildung meist eine ganz geringe Zunahme der Flüssigkeitsmenge, während man beim Sterilisieren im gespannten Dampf schon nach viertelstündiger Sterilisationsdauer mit Flüssigkeitsverdunstungen von 0,2—0,5 g für 100 ccm wird rechnen können. Natürlich sind auch diese Verminderungen für die Praxis ohne Belang.

Daß man bei der Trocken- und Dampfsterilisation den Beginn der Sterilisationsdauer von dem Zeitpunkt an rechnet, wenn das Thermometer die in Frage kommende Sterilisationstemperatur anzeigt, und daß man die Sterilisationsgefäße erst, nachdem sie ziemlich erkaltet sind, aus dem Sterilisationsapparat herausnimmt, mag hier auch noch hervorgehoben werden.

---

[1]) z. B. für die Sterilisation der offizinellen Koffein- und Kokain-injektionen. Allerdings wird betont, daß das Sterilisieren im Autoklaven den Vorzug verdiene.

2. Flüssige Arzneizubereitungen, die zur Sterilisation in Betracht kommen, enthalten die wirksamen arzneilichen Substanzen meist in Wasser, seltener in Äther, Glyzerin, fetten Ölen, flüssigem Paraffin oder Vaselinöl gelöst bzw. suspendiert. Es erscheint daher zweckmäßig zunächst die Sterilisation dieser Flüssigkeiten zu besprechen.

Destilliertes Wasser: Damit Wasser bei der Destillation, wie es zu wünschen ist, möglichst keimfrei erhalten wird, empfiehlt es sich, vor Beginn der Destillation den Dampf 15—30 Minuten durch die nicht gekühlte Kühlschlange hindurchstreichen zu lassen. Man sorge nach Möglichkeit auch dafür, daß ein Hineinfallen von Keimen in den Flaschenhals während des Destillationsprozesses ausgeschlossen ist. Zum Auffangen und Aufbewahren des Wassers, das für die Herstellung von sterilen Arzneien benutzt werden soll, verwende man gut gereinigte, vorher sterilisierte Enghalsflaschen, für deren Verschluß ein Glasstopfen oder ein Wattepropfen nebst Glaskappe geeignet sind. Mit Rücksicht darauf, daß bei der Sterilisation gewisser Arzneilösungen nicht nur auf die Verwendung alkalifreier Gläser (s. S. 159), sondern auch alkalifreien Wassers Wert zu legen ist, achte man auch darauf, daß die Wassergefäße aus einem Glasmaterial hergestellt sind, das kein Alkali an das Wasser abgibt.

Für den Verbrauch in der Rezeptur hält man stets aus bestem Glase gefertigte Kolben oder Flaschen mit sterilem Wasser vorrätig. Auch für diese Gefäße kommt als Verschluß zweckmäßig ein Wattepropfen mit übergestülpter Glaskappe in Betracht.

Das sicherste Mittel, Wasser zu sterilisieren, ist der Dampf. Gespannten Dampf von 115 ⁰ und darüber läßt man eine Viertelstunde, ungespannten Dampf eine halbe Stunde einwirken. Bringt man täglich einige Gefäße mit Wasser in den Dampf und stellt die tags zuvor unbenutzt gebliebenen zur wiederholten Sterilisation hinzu, so kann man, auch wenn nur ungespannter Dampf zur Verfügung steht, das einer mehrmaligen Dampfeinwirkung ausgesetzte Wasser als gut sterilisiert ansehen. Um Wasser durch Aufkochen keimfrei zu machen, muß es mindestens eine halbe Stunde im Sieden erhalten werden.

Die Filtration durch die Kerze, die Pharm. Belgic. für die Sterilisation des Wassers vorschreibt, erscheint mit Rücksicht auf die früheren Erörterungen über die Zuverlässigkeit der Kerze (s. S. 122), namentlich wenn diese zu länger andauernder Filtration benutzt wird, nicht recht hierfür empfehlenswert. Zuweilen findet auch ein gemischtes Wassersterilisationsverfahren Anwendung, indem man durch die Kerze filtriertes Wasser noch eine Zeitlang kocht.

Äther wird meist als keimfrei angesehen. Will man ihn sterilisieren, so kann die Filtration durch die Kerze in Betracht kommen.

Glyzerin ist am besten durch direkte Einwirkung gespannten oder ungespannten Dampfes steril zu machen.

Fette Öle: Die pharmazeutisch benutzten fetten Öle enthalten vielfach geringe oder größere Mengen freier Fettsäuren, wie Öl- und Arachinsäure. Diese sind natürlich in ihrer Beimengung bei öligen Injektionen zu unterscheiden von den flüchtigen Säuren, welche die Ranzidität der Fette ausmachen. Letztere reizen injiziert, erstere nicht. Ranzige Fette wird man überhaupt meiden und nicht erst reinigen. Das vielfach empfohlene und auch von Gérard[1]) angegebene Reinigungsverfahren erübrigt sich damit.

Am besten sterilisiert man die fetten Öle durch zweistündiges Erhitzen auf 120°, das auch Pharm. Helvet. vorschreibt.

Eine Sterilisation des Öls durch direkte Dampfeinwirkung findet Befürwortung u. a. durch Thomann[2]) und Gérard[3]). Die Ölflaschen sollen bei diesem Verfahren, mit einem Propfen aus nicht entfetteter Watte verschlossen und mit Pergamentpapier überbunden, in den Dampf gebracht werden. Nach unseren Erfahrungen ist bei dieser Art der Dampfeinwirkung nicht zu vermeiden, daß geringe Wassermengen in das Öl gelangen, und wir raten daher, falls statt des üblichen Heißluftsterilisators der Autoklav für die Sterilisation benutzt werden soll, das Öl in luftdicht schließenden Flaschen mit eingefetteten Glasstöpseln und Pergamentpapiertektur der Dampfwirkung auszusetzen.

Mandelöl, das für Injektionen bestimmt ist, wird zuweilen durch Erhitzen auf 250° zugleich sterilisiert und gebleicht, was zu tadeln ist. Erhitzen auf 120° genügt für die Entkeimung, und hierdurch erleidet das Öl keine Zersetzung. Um eine feste Abscheidung der Pulver am Gefäßboden zu vermeiden, kann man in geeigneten Fällen diese mit sterilem Wasser oder 1%/00 iger

---

[1]) Gérard, Technique de Stérilisation. 1911. S. 96.
[2]) Schweiz. Wochschr. f. Chem. u. Pharm. 1909. S. 524.
[3]) Gérard, Technique de Stérilisation. 1911. S. 72.

Sublimatlösung anreiben und dann das keimfreie Öl allmählich zusetzen, so daß eine emulsionsartige Mischung entsteht.

Paraffin und Vaselinöl werden wie fette Öle durch Erhitzen entkeimt, doch sind für diese auch höhere Temperaturen (bis 200⁰) zulässig. Wenn, was vorausgesetzt wird, die beiden Flüssigkeiten den vom Deutschen Arzneibuch verlangten Reinheitsgrad haben, erübrigen sich die in der Literatur für sie angeführten Reinigungsmethoden. Viel keimfreies Paraffin wird neuerdings für die Herstellung von Salvarsan-Injektionen benutzt.

Was vorher bezüglich des Wassers als zweckmäßig bezeichnet wurde, nämlich für die Zubereitung zu sterilisierender wässeriger Lösungen möglichst bereits keimfrei gemachtes Wasser zu benutzen, gilt in analoger Weise auch für mit Paraffin und Öl bereitete Lösungen bzw. Suspensionen. Da für die Sterilisation dieser beiden Flüssigkeiten eine zweistündige Erhitzung auf 120⁰ erforderlich ist, so kann natürlich eine mit nicht vorher bereits sterilisiertem Paraffin und Öl angefertigte arzneiliche Zubereitung nicht durch eine halb- oder viertelstündige Einwirkung des strömenden bzw. gespannten Dampfes keimfrei gemacht werden, wenn die Sterilisationskraft des Dampfes sich lediglich in einer Hitzewirkung auf die in einer Flasche luftdicht eingeschlossene Flüssigkeit äußert.

In Apotheken, in denen häufiger Injektionen mit Öl oder Paraffin anzufertigen sind, empfiehlt es sich, diese Flüssigkeiten sterilisiert in 20—50 g Flaschen vorrätig zu halten.

Ganz spezielle Regeln für die Arzneisterilisation lassen sich in Anbetracht der großen Zahl der Arzneimittel-Kombinationen, die für Lösungen, Gemische, Suspensionen, Salben usw. gelegentlich sterilisiert verordnet werden, nicht geben. Bei Berücksichtigung der gegebenen allgemeinen Gesichtspunkte und Benutzung der folgenden tabellarischen Zusammenstellung, in der für eine große Zahl flüssiger Arzneizubereitungen zweckmäßige Sterilisationsverfahren bezeichnet sind, dürfte es aber nicht schwer sein, auch bei mehrfach zusammengesetzten Arzneimitteln den richtigen Weg zur Sterilisierung einzuschlagen.

Die in der Tabelle für die gebräuchlichen Mittel gegebenen Sterilisationsvorschriften stützen sich teils auf eigene Erfahrung, teils auf Angaben, die uns von der für die Fabrikation der Mittel in Betracht kommenden chemischen Großindustrie gemacht wurden, teils auch auf die vorliegende bezügliche Literatur. In letzter Hinsicht sei besonders das vor kurzem erschienene „Tecnica farmaceutica delle soluzioni per uso ipodermico" betitelte kleine Buch[1]) des italienischen Fachgenossen Mario Squarcia genannt, das die Zubereitung der hypodermatischen Injektionen mit Berücksichtigung ihrer Sterilisation sehr eingehend und übersichtlich behandelt.

Bei der Unklarheit, die heute noch auf dem Gebiete der speziellen Arzneimittelsterilisation herrscht, muß damit gerechnet werden, daß einzelne der in der folgenden Tabelle empfohlenen Sterilisationsverfahren später oder schon jetzt nicht als die besten anerkannt werden.

Tabelle zweckmäßiger Sterilisationsarten flüssiger Arzneizubereitungen[2]).

Namen der Arzneimittel	Lösungs- bezw. Verteilungsmittel	Zweckmäßige Sterilisationsverfahren	Bemerkungen
Abrin	Wasser	Filtration [Tyndall].	
Acidum arsenicos.	Wasser	Dampf bis 115⁰.	
„ benzoic. . .	Öl	Dampf von 100⁰ bezw. 115⁰ bei dichtem Gefäßverschluß, sonst aseptisches Herstellungsverfahren.	Auch in Verbindung mit Kampfer.
„ boric. . .	Wasser	Dampf bis 115⁰.	
„ carbolic. .	Wasser	Dampf von 100⁰ bezw. 115⁰ bei dichtem Gefäßverschluß, sonst aseptisches Herstellungsverfahren.	Alkaloidlösungen mit geringem Karbolsäurezusatz können nicht als durch diesen sterilisiert angesehen werden.
„ cinnamylic.	Öl	Tyndall.	
„ formicic. .	Wasser	Dampf bis 115⁰ bei dichtem Gefäßverschluß, sonst aseptisches Herstellungsverfahren.	

[1]) Besprochen Apoth. Ztg. 1911. S. 35.

[2]) Für die Benutzung der Tabelle ist zu merken: a) Unter Filtration ist Filtration durch ein bakteriendichtes Filter (Filterkerze) zu verstehen. b) Die Anmerkungen, auf die bei verschiedenen Mitteln durch Zahlen hingewiesen wird, befinden sich am Schluß der Tabelle (S. 182—188).

Namen der Arzneimittel	Lösungs- bezw. Vertei- lungsmittel	Zweckmäßige Sterilisationsver- fahren	Bemerkungen
Acidum hydro- cyanat. . . .	Wasser	Dampf bis 115⁰ bei dichtem Gefäß- verschluß, sonst aseptisches Her- stellungsverfahren.	
„ salicylic. .	Wasser	Dampf bis 115⁰ bei dichtem Gefäß- verschluß, sonst aseptisches Her- stellungsverfahren.	
Acoin	Wasser	Tyndall. od. Filtra- tion.	Für Lösungen in Öl Tyn- dall. Alkalifreies Glas.
Actol. s. Argentum lactic. . . .	—	—	
Adonidin . . .	Wasser	Tyndall. od. Filtra- tion.	
Adrenalinum hydro- chloric. . . .	Wasser	Dampf von 100⁰. [1]	Auch in Verbindung mit Stovain und No- vocain. hydrochloric. Alkalifreies Glas!
Äther	—	Filtration.	Wird meist als keim- frei angesehen.
Agaricin . . .	Wasser	Aseptisches Her- stellungsverfahren.	
Allylium sulfurat.	Öl	Tyndall.	
„ tribromat.	Öl	Tyndall.	
Aloin	Wasser	Aseptisches Her- stellungsverfahren.	
Alypin	Wasser	Tyndall., Filtration.	Auch das aseptische Herstellungsverfah- ren mit ganz kur- zem Erhitzen (1 Min.) auf 100⁰ wird vor- geschlagen.
Anästhesin . . .	Öl	Dampf von 100⁰.	
Antipyrin s. Pyra- zolon. phenyldi- methylic. . . .	—	—	
Apiol	Öl	Tyndall.	

Namen der Arzneimittel	Lösungs- bezw. Vertei- lungsmittel	Zweckmäßige Sterilisationsver- fahren	Bemerkungen
Apocodeinum hy- drochloric. . .	Wasser	Tyndall. od. Filtra- tion.	
Apomorphinum hy- drochloric. . . .	Wasser	Tyndall. od. Filtra- tion.	Einige halt. auchDampf von 100⁰ für zulässig. Alkalifreies Glas!
Aqua Amygdalar. .	—	Dampf von 115⁰ bei dichtem Gefäß- verschluß, sonst aseptisches Her- stellungsverfahren.	
Arecolinum hydro- bromic.	Wasser	Dampf von 100⁰.	
Argentum colloidal.	Wasser	Aseptisches Herstel- lungsverfahren.	
,, lactic. .	Wasser	Aseptisches Herstel- lungsverfahren.	
Aristol	Öl	Aseptisches Herstel- lungsverfahren.	Aristol zersetzt sich schon oberhalb 40⁰.
Arrhenal s. Natrium monomethylarse- nicic.	—	—	
Arsacetin s. Natrium acetylarsanilic. .	—	—	
Aspidosperminum sulfuric.	Wasser	Tynd. od. Filtration.	
Atoxyl s. Natrium arsanilic. . . .	—	—	
Atropinum methylo- bromat. . . .	Wasser	Tyndall. od. Filtra- tion [Dampf v. 100⁰].	
Atropinum methylo- nitric. . . .	Wasser	Tyndall. od. Filtra- tion [Dampf v. 100⁰].	
Atropinum sulfuric.	Wasser	Tyndall. od. Filtra- tion.	Auch in Verbindung mit Morphin- u. Strych- ninsalz. Einige halten für Atropinsulf. auch Dampf von 100⁰ für zuläss. Alkalifr. Glas!

Namen der Arzneimittel	Lösungs- bezw. Vertei- lungsmittel	Zweckmäßige Sterilisationsver- fahren	Bemerkungen
Auro-natrium chlorat.	Wasser	Dampf bis 115⁰.	
Baryum chlorat. .	Wasser	Dampf bis 115⁰.	
Basicin	Wasser	Tyndall. oder Fil- tration.	Auch in Verbindung mit Atropin-, Strychnin-, Skopolamin-, Pilo- karpin- od. Physostig- minsalzen.
Brucin	Wasser	Dampf bis 115⁰.	Auch in Verbindung mit Natriumarseniat.
Cadmium sulfuric.	Wasser	Dampf bis 115⁰.	
Calcium chlorat. .	Wasser	Dampf bis 115⁰.	
„ formicic. . .	Wasser	Dampf bis 115⁰.	
„ glycerino- phosphoric. .	Wasser	Filtration oder Tyn- dall. bis 85⁰.	
Camphora	Öl	Tyndall. od. Dampf von 100⁰ bei dicht. Gefäßverschluß.	Auch in Verbindung mit Eukalyptol od. Gua- jakol. Man verwendet zur Lösung vorher steril. Öl. Bei Kam- pferätherlösung. sieht man meist von einer Sterilisation ab.
Camphora monobro- mat.	Öl	Tyndall, bei dichtem Gefäßverschluß.	
Cantharidin . . .	Öl	Tyndall. oder asep- tisches Herstellungs- verfahren.	
Chinin. bisulfuric. .	Wasser	Dampf von 100⁰.	
„ dihydrobromic.	Wasser	Dampf von 100⁰.	
„ dihydrochloric.	Wasser	Dampf von 100⁰.	Auch in Verbindung mit Natriumarseniat od. Stovain.
„ ferro-citric. . .	Wasser	Tyndall. od. Filtrat.	
„ lactic. . . .	Wasser	Tyndall. od. Filtrat.	
Chloralum hydrat. .	Wasser	Filtration oder asep- tisches Herstellungs- verfahren.	
Chloroform . . .	Wasser oder Öl	Tyndall bei dichtem Gefäßverschluß.	In wässerigen Lösungen auch Filtration.

Namen der Arzneimittel	Lösungs- bezw. Vertei- lungsmittel	Zweckmäßige Sterilisationsver- fahren	Bemerkungen
Cocain.hydrochloric.	Wasser	Dampf von 100⁰ 2) Tyndall. oder Fil- tration.	Auch in Verbindung mit Adrenalin- od. Mor- phinsalz; in Verbin- dung mit Pyrazol. phenyldimethyl. od. Eucainsalz Tyndall. od. Filtration. Alkali- freies Glas!
Codein. (auch phos- phoric.)	Wasser	Tyndall. od. Filtrat.	
Coffein.	Wasser	Dampf bis 115⁰.	
„ Natr. benzoic.	Wasser	Dampf von 100⁰.	In Verbindung mit Strychnin- od. Spar- teinsalz Tyndall.
„ „ salicylic.	Wasser	Dampf von 100⁰.	
Collargol s. Argent. colloidal. . . .	—	—	
Cuprum sulfuric. .	Wasser	Dampf bis 115⁰.	
Digalen	Wasser	Tyndall. od. Filtrat.	
Digitalin (pulv. german.) . . .	Wasser	Tyndall. oder Fil- tration.	
Dionin	Wasser	Tyndall. oder Fil- tration.	
Duboisin. sulfuric. .	Wasser	Filtration oder asep- tisches Herstellungs- verfahren.	
Enesol	Wasser	Aseptisches Herstel- lungsverfahren.	
Extract. Secalis cornut.	Wasser	Tyndall. oder Fil- tration.	Man kann ein Tyndall.- Temperatur von 80⁰ anwenden. Einige hal- ten auch die Sterili- sation im Dampf von 100⁰ für zulässig. Ana- loges gilt betreffs der verschiedenen E r g o- t i n - Präparate.
β. Eucain. hydro- chloric.	Wasser	Tyndall. od. Filtra- tion [Dampf v. 100⁰].	

Namen der Arzneimittel	Lösungs- bezw. Vertei- lungsmittel	Zweckmäßige Sterilisationsver- fahren	Bemerkungen
β. Eucain. lactic. . .	Wasser	Tyndall. oder Filtration.	
Eucalyptol	Öl oder Vaselin	Aseptisches Herstellungsverfahren.	
Eugenol	Öl	Aseptisches Herstellungsverfahren.	Es wird dem sterilen Öl zugemischt.
Eumydrin s. Atropin. methylonitric. .	—	—	
Euphthalmin . .	Wasser	Tyndall. od. Filtrat.	
Euscopol	Wasser	Filtration od. Tyndall.	
Ferrum arseniato- citric. ammoniat.	Wasser	Tyndall. oder Filtration.	
Ferrum cacodylic. .	Wasser	Dampf von 100°.	
Ferrum citric. . .	Wasser	Tyndall. oder Filtration.	
,, peptonat. .	Wasser	Tyndall. oder Filtration.	Auch in Verbindung mit Strychninsalz.
Ferrum pyrophos- phoric. c. Ammon. citric.	Wasser	Filtration.	
Formanilid . . .	Wasser	Aseptisches Herstellungsverfahren.	
Gelatina	Wasser	Dampf von 100°. [3]	
Guajachinol . . .	Wasser	Dampf von 100°.	
Guajacol	Wasser, Glyzerin oder Öl	Tyndall.	Auch in Verbindung mit arseniger Säure, Eukalyptol od. Kampfer.
Guajacol. cacodylic.	Wasser oder Öl	Aseptisches Herstellungsverfahren.	Man setzt der Lösung, um Ausscheidungen zu vermeiden, 1 % freies Guajakol zu.
Guajacyl s. Calcium guajacolo sulfuric.	—	—	
Heroin. hydrochlo- ric. s. Morphinum diacetylic. . . .	—	—	
Hetol s. Natrium cinnamylic. . .	—	—	

Namen der Arzneimittel	Lösungs- bezw. Verteilungsmittel	Zweckmäßige Sterilisationsververfahren	Bemerkungen
Holocain.hydrochloric.	Wasser	Dampf von 100⁰ od. aseptisches Herstellungsverfahren. [4]	Alkalifreies Glas!
Homatropin. hydrobromic. . . .	Wasser	Tyndall. oder Filtration.	
Homorenon [5] . .	Wasser	—	
Hydrargyrum benzoic. oxydat. . .	Wasser (mit Natriumchlorid)	Dampf von 100⁰.	
Hydrargyrum bijodat.	Wasser (mitHalogenalkalien)	Dampf bis 115⁰.	Quecksilberjodidöl wird nach Cod. medimentar. Gallic. bereitet, indem mandasQuecksilberjodid in steril., auf 60⁰ erhitztem Öl unter Umschütteln löst. Das Quecksilberjodidöl verträgt aber auch Erhitz. auf 115⁰.
Hydrargyrum cacodylic.	Wasser	Filtration od. aseptisches Herstellungsverfahren.	
Hydrargyrum chlorat.	Öl oder Vaselinöl	Dampf von 100⁰.	Am besten bei Verwendung sterilen Öls und steriler Flasche nur 10 Minuten.
Hydrargyrum colloidal.	Wasser	Aseptisches Herstellungsverfahren.	
Hydrargyrum cyanat.	Wasser	Dampf bis 115⁰.	
Hydrargyrum formamidat.	Wasser	Dampf von 100⁰.	

Namen der Arzneimittel	Lösungs- bezw. Vertei- lungsmittel	Zweckmäßige Sterilisationsver- fahren	Bemerkungen
Hydrargyrum me- tallic.	Öl	Aseptisches Herstel- lungsverfahren.	Man extinguiert das Quecksilber mit dem sterilen Öl in sterilem Mörser und füllt in sterile Flasche.
Hydrargyrum oxy- cyanat.	Wasser	Tyndall.	
Hydrargyrum oxy- dat. flav. . . .	Öl	Aseptisches Herstel- lungsverfahren.	Man verreibt das Oxyd mit dem steril. Öl in steril. Mörser u. füllt in eine sterile Flasche.
Hydrargyrum sali- cylat.	Wasser (mit Halo- genalka- lien bezw. Na- triumsali- cylat) od. Paraffin bezw. Va- selinöl	Dampf von 100°.	
Hydrastin. hydro- chloric.	Wasser	Tyndall. oder Fil- tration.	
Hydrastinin. hydro- chloric.	Wasser	Tyndall. oder Fil- tration.	
Hydrochinon . . .	Wasser	Filtration.	
Hyoscyamin. hydro- bromic.	Wasser	Aseptisches Herstel- lungsverfahren od. Filtration [Tyndall].	
Hyoscin. hydrobro- mic.	Wasser	Aseptisches Herstel- lungsverfahren od. Filtration [Tyndall].	Frisch bereitete Lösun- gen werden vielfach bevorzugt.
Hyrgol s. Hydrar- gyr. colloidal. .	—	—	

Namen der Arzneimittel	Lösungs- bezw. Vertei- lungsmittel	Zweckmäßige Sterilisationsver- fahren	Bemerkungen
Ichthargan . . .	Wasser	Dampf von 100⁰.	
Jodipin.	Öl	Aseptisches Herstel-lungsverfahren.	
Jodoformium . .	Öl	Aseptisches Herstel-lungsverfahren. [6]	Bzgl. der Sterilisation des Jodoforms vgl. S. 163 u. 190.
	Glyzerin	Dampf von 100⁰.	
Jodum	Wasser (mit Jod-alkali) od. Öl	Dampf bis 115⁰ bei dichtem Gefäß-verschluß, sonst aseptisches Herstel-lungsverfahren.	
Kalium arsenicos. .	Wasser	Dampf bis 115⁰.	
Kalium bromat. .	Wasser	Dampf bis 115⁰.	
Kalium glycerino-phosphoric. . .	Wasser	Filtration od. Tyn-dall. (bis 85⁰).	
Kalium jodat. . .	Wasser	Dampf bis 115⁰.	
Kalium perman-ganic.	Wasser	Dampf bis 115⁰.	Am besten frisch zu bereiten mit doppelt destilliertem Wasser.
Kalium picronitric.	Wasser	Dampf bis 115⁰.	
Lecithin . . .	Wasser, Öl od. fl. Paraffin	Aseptisches Herstel-lungsverfahren. [7]	
Liquor Ammonii caustic.	Wasser	Dampf bis 115⁰ bei dichtem Gefäß-verschluß, sonst aseptisches Herstel-lungsverfahren.	
Lithium bromat. .	Wasser	Dampf bis 115⁰.	
Lithium formicic. .	Wasser	Dampf bis 115⁰ bei dichtem Gefäß-verschluß, sonst aseptisches Herstel-lungsverfahren.	
Magnesium caco-dylic..	Wasser	Filtration.	
Magnesium sulfuric.	Wasser	Dampf bis 115⁰.	

Namen der Arzneimittel	Lösungs- bezw. Verteilungsmittel	Zweckmäßige Sterilisationsverfahren	Bemerkungen
Menthol	Vaselinöl	Dampf bis 115° bei dichtem Gefäßverschluß, sonst aseptisches Herstellungsverfahren.	
Methylal	Wasser	Aseptisches Herstellungsverfahren.	
Methylenblau . .	Wasser	Dampf bis 115°.	
Morphinum acetic. .	Wasser	Tyndall. oder Filtration.	Alkalifreies Glas!
Morphinum diacetylic.	Wasser	Filtration oder Tyndall.	Alkalifreies Glas!
Morphinum hydrochloric. . . .	Wasser	Dampf von 100° oder Tyndall. [8]	Alkalifreies Glas! In Vbdg. mit Pyrazol. dimethylphenyl., Atropin-, Strychnin-, Kokain- u. Sparteinsalzen Tyndall. od. Filtration.
Myrtol	Öl	Dampf bis 115° bei dichtem Gefäßverschluß, sonst aseptisches Herstellungsverfahren.	
Narcein.	Wasser	Tyndall. oder Filtration.	
Narcein. hydrochloric. . . .	Wasser	Filtration.	
Natrium acetylarsanilic. . . .	Wasser	Aseptisches Herstellungsverfahren. [9]	
Natrium aminophenylarsinic., s. Natrium arsanilic. .	—	—	
Natrium arsanilic. .	Wasser	Aseptisches Herstellungsverfahren [od. Tyndall.]. [10]	
Natrium arsenicic. .	Wasser	Dampf bis 115°.	In Vbdg. mit Strychnin- oder Brucinsalz Tyndall. od. Filtration.

Namen der Arzneimittel	Lösungs- bezw. Verteilungsmittel	Zweckmäßige Sterilisationsverfahren	Bemerkungen
Natrium arsenicos. .	Wasser	Dampf bis 115°.	
Natrium cacodylic.	Wasser	Aseptisches Herstellungsverfahren.	Auch in Vbdg. mit Strychninsalz. Man muß genau neutral. Natriumkakodylat anwenden. Im Handel häufiger anzutreffendes, alkalisch reagierendes Salz scheidet z. B. aus gleichzeitig in Lösung befindlichem Eisenkakodylat Eisenhydroxyd ab.
Natrium cantharidat..	Wasser	Tyndall. oder Filtration.	
Natrium chlorat. .	Wasser	Dampf bis 115°.	Auch in Vbdg. mit Natriumkarbonat u. Natriumsulfat. [11])
Natrium cinnamylic.	Wasser	Tyndall. oder Filtration.	
Natrium formicic. .	Wasser	Dampf bis 115°.	
Natrium glycerinophosphoric. . .	Wasser	Filtration od. Tyndall. (bis 85°). [12])	
Natrium jodat. . .	Wasser	Dampf bis 115°.	
Natrium monomethylarsenicic. .	Wasser	Dampf von 100° od. aseptisches Herstellungsverfahren.	
Natrium nitros.. .	Wasser	Dampf von 115°.	
Natrium nucleinic..	Wasser	Dampf von 100°.	
Natrium saccharat.	Wasser	Dampf von 115°.	
Natrium salicylic. .	Wasser	Dampf von 100°.	
Nitroglycerin. . .	Wasser	Tyndall. oder Filtration.	
Novocain hydrochloric.	Wasser	Dampf von 100°.	Auch in Vbdg. mit Morphin- od. Strychninsalz. Alkalifr. Glas!

Namen der Arzneimittel	Lösungs- bezw. Vertei- lungsmittel	Zweckmäßige Sterilisationsver- fahren	Bemerkungen
Pantopon	Wasser	Dampf von 100°.	
Pellotin hydro- chloric.	Wasser	Filtration oder Tyndall.	
Phenocollum hydro- chloric.	Wasser	Dampf bis 115°.	
Phenylum salicylic.	Fettes Öl oder Vaselinöl	Dampf von 100°.	
Physostigminum salicylic. u. sulfuric.	Wasser	Aseptisches Herstel- lungsverfahren.	
Picrotoxin	Wasser	Aseptisches Herstel- lungsverfahren.	
Pilocarpinum hydro- chloric.	Wasser	Tyndall. oder Fil- tration.	
Pilocarpinum phe- nolic.. . . . ′. .	Wasser	Tyndall. oder Fil- tration.	
Piperacin	Wasser	Dampf von 100°.	
Pyoctanin coerul. .	Wasser	Dampf von 100°.	
Pyrazolonum phe- nyldimethylic. .	Wasser	Dampf bis 115°.	In Vbdg. mit Chinin-, Kokain- od. Morphin- salzen Tyndall. od. Filtration.
Resorcin	Wasser, Öl, Gly- zerin	Dampf von 100°.	
Salol s. Phenylum salicylic.	—	—	
Salvarsan	Wasser, Öl	Aseptisches Herstel- lungsverfahren. [13])	
Scopolaminum hy- drobromic.. . .	Wasser	Filtration oder Tyndall.	Auch in Vbdg. mit Morphinsalz. Viel- fach werden frisch bereitete Lösungen bevorzugt.
Spartein sulfuric. .	Wasser	Aseptisches Herstel- lungsverfahren.	

Namen der Arzneimittel	Lösungs- bezw. Verteilungsmittel	Zweckmäßige Sterilisationsverfahren	Bemerkungen
Stovain	Wasser	Dampf von 100°.	Auch in Vbdg. mit Adrenalin-, Chinin- od. Strychninsalzen. Alkalifreies Glas!
Strophanthin. . .	Wasser	Tyndall. oder Filtration.	
Strychninum arsenicic.	Wasser	Tyndall.	
Strychninum nitric.	Wasser	Dampf von 100°.	Ebenso in Vbdg. mit Natriumkakodylat. In Vbdg. mit Atropin- od. Morphinsalz Tyndall. oder Filtration. Alkalifreies Glas!
Stypticin	Wasser	Tyndall. oder Filtration.	
Subkutin	Wasser	Dampf von 100°.	
Suprareninum hydrochloric. synth.	Wasser	Dampf von 100°.	Auch in Vbdg. mit Novokainsalz [14]). Alkalifreies Glas!
Thymol	Fettes Öl oder Vaselinöl	Dampf von 100°, bei dichtem Gefäßverschluß.	
Trypsin	Wasser	Aseptisches Herstellungsverfahren.	Erhitzen nur bis 40°.
Tropacocainum hydrochloric. . . .	Wasser	Dampf von 100°.	
Tuberculinum . .	Wasser	Aseptisches Herstellungsverfahren.	Verdünnen in steriler Flasche mit sterilem Wasser unter Zusatz von 0,5 % Karbolsäure.
Veronal-Natrium .	Wasser	Dampf von 100°.	
Veratrin	Glyzerin, Öl	Tyndall. [Filtration]	
Yohimbin hydrochloric.	Wasser	Dampf von 100°.	
Zincum sulfuric. .	Wasser	Dampf von 115°.	

Anmerkungen zur „Tabelle zweckmäßiger Sterilisationsarten", Seite 169—181.

[1]) **Adrenalinlösungen** (S. 170) zersetzen sich, wie man annimmt, durch Einwirkung von Luft und Licht unter Bildung von physiologisch unwirksamem Oxyadrenalin. Die sich durch Rot- bezw. Braunfärbung bemerkbar machende Zersetzung, die auch durch Spuren von Eisensalzen begünstigt werden soll, erfolgt besonders leicht, wenn die Lösungen in Alkali abgebenden Gläsern sterilisiert werden. Mehrfach ist empfohlen worden, die Einwirkung des Glasalkalis durch die Zugabe geringer Mengen Salzsäure auszuschalten (s. Suprarenin). In England scheint ein solcher Zusatz allgemein üblich zu sein. Ganz schwach gefärbte Lösungen können noch als gebrauchsfähig angesehen werden. Neuerdings hat man die Färbung der Lösungen übrigens auch auf in der Luft oder in dem Lösungswasser enthaltenes freies Ammoniak zurückzuführen versucht. [Vgl. Harrison, Pharm. Journ. 1908, S. 513; Firbas, Pharm. Post 1907, S. 309; Budde, Veröffentl. aus dem Gebiete des Militär-Sanitätswesens, Heft 45, 1911, S. 107; Maeadie, Pharm. Journ. 1910, II. S. 660].

Zur Lösung des von der Firma Parke Davis & Cie. in London fabrizierten basischen Adrenalin. pur. empfiehlt Braun ein Gemisch aus Acid. hydrochloric. 0,2, Natr. chlorat. 0,8 und Aqua dest. 100 g; und zwar soll man in folgender Weise verfahren, um fast unbegrenzt haltbare Lösungen zu erhalten: 10 ccm obigen Gemisches erhitzt man in einem Reagenzglase zum Sieden, fügt 0,01 Adrenalin pur. hinzu und kocht nochmals auf. Es entsteht so eine wasserklare, ungefärbte Lösung, die, da der größte Teil der Salzsäure neutralisiert ist, nur einen geringen Säureüberschuß enthält. Nachdem der Lösung nach 2 Tropfen Acid. carbolic. liquef. zugesetzt sind, wird sie in kleine, je nach Bedarf 1—5 ccm fassende, braune, sterile Fläschchen gefüllt, die gut mit Paraffin zu verschließen sind. (Pharm. Ztg. 1903. Nr. 72).

[2]) **Kokainlösungen** (S. 173) erleiden, wenn sie in Gefäßen aus neutralem Jenaer Glas eine Stunde auf 70° erhitzt werden, keine Zersetzung. Beim Erhitzen auf 100° und darüber ist aber mit einer geringen Zersetzung zu rechnen, und zwar gehen, wie festgestellt wurde, in 2 %igen Lösungen etwa 0,6 % des Alkaloids in Benzoylecgonin über. Da nach eingehenden Versuchen dieser Zersetzung vom therapeutischen Standpunkt keine Bedeutung beizumessen ist, nimmt man bei Verwendung von einwandfreiem Glasmaterial meist keinen Anstand, Kokainlösungen im Dampf bei 100° zu sterilisieren. Ob auch 10 und 20%ige Lösungen unter gleichen Sterilisationsbedingungen entsprechend abnehmen, wurde nicht geprüft. Nach Pharm. Helvet. darf dieses Sterilisationsverfahren nicht angewandt werden, während andererseits, namentlich in Frankreich, auch im gespannten Dampf sterilisiert wird. (Vgl. Lesure, Journ. de Pharm. et Chim. 1908, S. 474 u. 526; Dufour u. Ribaut, Bull. des sciences pharm. 1904, Nr. 6; Firbas, Pharm. Post 1907, S. 304; Merck, Jahresberichte 1907, S. 88; Rossi, Chem. Ztg. 1911, Nr. 16.)

[3]) **Gelatine-Injektionen** (S. 174) müssen mit besonderer Sorgfalt keimfrei gemacht werden, da die einen äußerst günstigen Nährboden für Bakterien darstellende Gelatine erfahrungsgemäß zuweilen Tetanus- und Ödemkeime enthält.

Beim Sterilisieren der Gelatine ist zu berücksichtigen, daß sie bei längerer Einwirkung gespannten Dampfes teilweise unter Bildung von Abbaukörpern, wie Gelatose u. a. zersetzt wird, wodurch die Fähigkeit ihrer Lösung, beim Erkalten gallertartig zu erstarren, Einbuße erleidet. Auch kommt in Betracht, daß sich Vergiftungserscheinungen bemerkbar machen, wenn Pepton in den Blutkreislauf gelangt.

Für die Herstellung einer sterilen, zehnprozentigen Gelatinelösung sei folgende Vorschrift gegeben: Man löst 100 g Gelatine bester Handelsmarke in 850 g dest. Wasser in einem Kolben, in dem man sie zweckmäßig vorher 12 Stunden aufquellen läßt, unter Erwärmen auf dem Wasserbade vollständig auf, neutralisiert die Lösung mit Normalnatronlauge und mischt, wenn sie auf 40—45 ⁰ abgekühlt ist, das Eiweiß von zwei Hühnereiern, das vorher gut verquirlt und mit dem etwa dreifachen Volumen Gelatinelösung verrührt ist, hinzu. Die Lösung wird nunmehr im Wasserbade oder im Dampf erhitzt, bis das Eiweiß koaguliert ist, darauf durch einen Faltenfilter filtriert, und zwar entweder unter Benutzung eines Heißwassertrichters oder durch Einstellen in den von einem schwachen Dampfstrom erwärmten Sterilisationsapparat. Dem erhaltenen Filtrate setzt man eine filtrierte Lösung von 8 g Natriumchlorid in soviel destilliertem Wasser zu, daß das Gesamtgewicht der Gelatinelösung 1000 g beträgt, und füllt die gut gemischte Lösung in sterilisierte Gefäße, am besten Ampullen ab. Diese werden dann an drei aufeinander folgenden Tagen je 30 Minuten im Dampf bei 100 ⁰ sterilisiert. Während der zwischen den drei Sterilisationsprozessen liegenden Zeit werden die Gefäße zweckmäßig im Brutschrank bei 36—38 ⁰ gelagert. Auch nach beendeter Sterilisation bringt man sie hier noch einige Tage unter, um sich zu überzeugen, daß sich keine Keime entwickeln.

Im städtischen Krankenhause und in der Dr. Stichschen Kreuzapotheke in Leipzig wird eine 20 %ige Gelatineinjektion seit einer Reihe von Jahren nach der von Curschmann[1]) in der Leipziger Medizinischen Gesellschaft bekannt gegebenen Vorschrift, wie folgt, dargestellt: In einer Porzellan- oder Emailleschale bringt man 160 g dest. Wasser zum Sieden, trägt 40 g beste Gelatine darin ein und läßt unter stetem Umrühren die Flamme des Bunsenbrenners noch einige Minuten einwirken. Nachdem dann, wie oben angegeben, mit Natronlauge neutralisiert ist, mischt man zwölf Tropfen flüssige Karbolsäure zu, klärt, sobald die hierdurch entstandenen Fällungen verschwunden sind, mit einem Eiereiweiß oder einer Lösung von 3 g Albumin. sicc. in 50 g dest. Wasser, filtriert nach vollkommener Koagulation des Albumins durch einen mit einem Emaildeckel bedeckten Heißwasser- oder Dampftrichter und füllt die klar filtrierte, auf ein Volumen von 200 ccm eingestellte Gelatinelösung in Mengen von 22 ccm in sterile, weithalsige 30 g Flaschen mit Glasstöpseln. An drei auf einander folgenden Tagen werden diese ½ Stunde bei 100 ⁰ im Dampf erhitzt. Die zwecks Beobachtung noch einige Tage im Brutofen bei 36—38 ⁰ aufbewahrten Flaschen erhalten einen Verschluß von Paraffin (Schmelzp. 50 ⁰). Vor dem Gebrauch sind die Flaschen in heißes Wasser zu stellen und erst dann zu öffnen.

Vorschrift der Pharm. Helvet: „Man stellt aus verschiedenen Stichproben der zu prüfenden Gelatine eine 20%ige Lösung her. Von dieser

----

[1]) Münch. med. Wochenschr. 1902. Nr. 34.

werden einigen Meerschweinchen je 4—5 ccm injiziert. Sterben die Versuchstiere an Tetanus, so wird die Gelatine von der Verwendung ausgeschlossen.

Mit anderen Stichproben wird eine gewöhnliche 10 %ige Nährgelatine hergestellt und diese in Röhrchen eingefüllt. Die Röhrchen werden evakuiert, zugeschmolzen und 8—10 Tage bei 37 ⁰ im Brutschrank gehalten. Von jedem der Proberöhrchen wird dann 1 ccm je einem Meerschweinchen subkutan eingespritzt. Werden durch diesen Tierversuch oder mikroskopisch die Erreger des malignen Ödems oder des Tetanus nachgewiesen, so wird die Gelatine von der Verwendung ebenfalls ausgeschlossen.

Die Gelatine, die diese Proben bestanden hat, wird in physiologischer Kochsalzlösung im Verhältnis von 1 = 10 aufgelöst, gekocht, filtriert, in Röhrchen von 10—100 ccm verteilt, zugeschmolzen und im Autoklaven bei 100 ⁰ an drei aufeinander folgenden Tagen je 15 Minuten lang sterilisiert. Zwischen den Sterilisationen werden die Röhrchen im Brutschrank bei 37 ⁰ gehalten.

Nach der letzten Sterilisation kommen alle Röhrchen für eine Woche wieder in den Brutschrank bei 37 ⁰. Röhrchen, bei denen sich Wachstum zeigt, werden ausgeschaltet.

Aus dem so bereiteten Satz von Gelatineröhrchen werden ferner nach einem Monat noch einige Stichproben entnommen und Meerschweinchen in der Quantität von 5 ccm und Mäusen in der Quantität von 0,5 ccm subkutan injiziert; bleiben die Tiere gesund, so kann die Gelatinelösung als steril angesehen und gebraucht werden.‘‘

Für die therapeutische Verwendung wären noch Angaben der Flüssigkeitstemperatur und der Viskosität erwünscht.

C o d. m e d i c a m e n t. G a l l. läßt die aus 10 g Gelatine und 7 g Natriumchlorid hergestellte, 1000 ccm betragende Lösung nach dem Neutralisieren zunächst 10 Minuten im Autoklaven auf 110 ⁰ erhitzen, dann filtrieren, in geeignete 100 ccm-Gläser einfüllen und hierin nochmals 15 Minuten im Autoklaven sterilisieren.

Die Firma E. M e r c k bringt in Ampullen eine sterile 10 %ige Gelatineinjektion in den Handel, die aus Knochen und Bindegewebe notorisch gesunder Tiere hergestellt ist [1]).

[4]) **Holokainlösungen** (S. 175) sind, wie die Höchster Farbwerke mitteilen, sehr empfindlich gegen alkalihaltiges Glas, was sehr leicht zu einer Ausfällung von geringen Mengen freier Base führen kann. Es scheint hier besonders angebracht, entweder die Sterilisation in Porzellanschalen vorzunehmen oder aber absolut alkalifreie, harte Jenenser Glassorten zu verwenden. Da aber Holokain andererseits an und für sich schon neben seiner anästhesierenden auch antiseptische Wirkung besitzt, so scheint es überflüssig, eine besondere Sterilisation vorzunehmen, wenn die Auflösung unter aseptischen Kautelen in steriler Flüssigkeit erfolgte.

[5]) **Homorenon** (S. 175) verträgt wie alle ähnlichen Nebennierenpräparate eine Sterilisation sehr schlecht und hat überhaupt gegenüber dem synthetischen Suprarenin keinerlei Vorzüge, weswegen die Höchster Farbwerke die Darstellung dieses Mittels ganz aufgegeben haben. Nach den Versuchen des

---

[1]) Vgl. M e r c k s Jahresberichte (Jahrgang XIX—XXIV) von 1905 bis 1910, Artikel: Gelatin. steril.

Prof. Braun ist die Wirkung des synthetischen Suprarenins exakter und seine Haltbarkeit viel größer als die des Homorenons.

[6]) **Jodoformöl** (S. 177) kann man nach ten Bosch bei gewöhnlicher Temperatur in folgender Weise steril erhalten: Man gibt in eine braune 120 g-Flasche 10 g Jodoform und 60 g 0,1 % ige Sublimatlösung und schüttelt sie häufiger kräftig durch. Gleichzeitig hat man 90 g Öl sterilisiert (s. S. 167). Ist dieses erkaltet, gießt man 3 g davon in das Jodoform-Sublimatgemisch hinein und schüttelt den Flascheninhalt so lange kräftig durch, bis das Jodoform mit dem Öl sich am Boden des Gefäßes abgesetzt hat. Die darüber stehende Sublimatlösung gießt man ab, spült mit sterilem Wasser nach und fügt nach Entfernung des letzteren die noch fehlenden 87 g Öl hinzu. Aus dem nach kräftigem Durchschütteln erhaltenen fein verteilten Gemisch setzt sich das Jodoform niemals krustenartig zu Boden. (Pharm. Weekbl, 1901, Nr. 37, ref. Pharm. Ztg. 1901. S. 807.)

Auf ein weniger einfaches, von Baert mitgeteiltes Verfahren zur Herstellung sterilen Jodoformöls sei hier nur hingewiesen (Nederl. Tijdschr. v. Pharm., Sept. 1901, ref. Pharm. Ztg. 1901. S. 877).

Jodoform - Knochenplombe wird nach Mosetig - Mooshof folgendermaßen bereitet: 60 Teile Jodoform und je 40 Teile Walrat und Sesamöl werden in einem sterilen Kolben im Wasserbade langsam auf 80° erwärmt und das Gemisch eine Viertelstunde lang dieser Temperatur ausgesetzt. Hierauf läßt man es erkalten, und zwar zwecks exakter Emulgierung des Jodoforms unter fortwährendem Schütteln. (Zentralbl. f. Chirurg. 1903. Nr. 16.)

[7]) **Wässerige Lecithininjektionen** (S. 177) bereitet man auf folgende Weise: Man verreibt unter Benutzung eines sterilen Mörsers und Spatels das Lecithin mit soviel tropfenweise zugesetztem sterilem Wasser, daß zunächst ein dünner Brei entsteht, setzt den Rest des Wassers allmählich zu und füllt die Emulsion in eine sterile Flasche.

Lecithin - Ölinjektionen mit Guajakol (Lecithin pur. Merck, Guajacol aa 1,0, Ol. Olivar. ad 10,0) werden, wie folgt, hergestellt: In einem auf etwa 40° angewärmten sterilen Mörser mischt man vorsichtig, um starkes Schäumen zu verhindern, Lecithin und Guajakol mit 2 g sterilem Olivenöl, fügt allmählich noch 5 g Öl zu, gießt dann die Flüssigkeit durch ein Stück sterilen Mull unter Benutzung eines sterilen Trichters in ein steriles Weithalsglas mit Glasstöpsel und spült das Mullfilter noch mit soviel Öl nach, daß 10 g Injektionsflüssigkeit erhalten werden. Analog erfolgt die Bereitung ohne Guajakol.

[8]) **Morphinlösungen** (S. 178) bei 100° imDampf zu sterilisieren, tragen wir kein Bedenken, wenn diese Sterilisationsart auch nicht allgemein als zulässig anerkannt wird. Die bei der Sterilisation eintretende Zersetzung der Lösungen (Bildung von Oxydimorphin und Gelbfärbung) wird, wie im Laufe der Zeit immer sicherer ermittelt wurde, nicht durch die hohe Temperatur, sondern durch den Alkaligehalt der Sterilisationsgefäße hervorgerufen. Man verwende daher ein einwandfreies Glasmaterial. Auch schalte man einen die Zersetzung begünstigenden Überdruck in den Sterilisationsgefäßen aus (s. S. 228). Um den Einfluß des Glasalkalis unwirksam zu machen, ist von mehreren Seiten ein Salzsäurezusatz empfohlen, der allerdings nicht allgemein gebilligt wird. Nach Budde erleiden, sofern Jenaer Glas 16. III

benutzt wird, Morphinlösungen keine Einbuße an Wirksamkeit, wenn sie mit $^1/_{2000}$, bezw., wenn sie erst nach längerer Zeit gebraucht werden sollen, mit $^1/_{1000}$ Normalsalzsäure hergestellt werden. (Vgl. v. Hauschka, Österr. Jahresh. f. Pharm. 1906, S. 105; Grübler, Pharm. Post 1907, S. 4; Firbas, Pharm. Post 1907, S. 304; Prunier, Rép. de Pharm. 1907, Nr. 10; Kröber, Apoth.-Ztg. 1908, S. 459; Lesure, Journ. de Pharm. et Chim. 1909, II, S. 337; Budde, Veröffentl. aus dem Gebiete des Militär-Sanitätswesens 1911, Heft 45, S. 104.)

Es mag noch bemerkt werden, daß von einigen die Filtration durch die Kerze oder das aseptische Herstellungsverfahren für Morphinlösungen bevorzugt wird, weil heiß bereitete Lösungen aus nicht bekannten Gründen weniger wirksam sein sollen. (Vgl. Wellmanns, Pharm. Ztg. 1908, S. 320.)

[9)] **Natr.acetylarsanilic**(S.178). NachMitteilungenderHöchster Farbwerke ist besonders auf die zersetzende Wirkung des Alkaligehaltes des Glases zu achten. Arsacetinlösungen werden deshalb zweckmäßig so hergestellt, daß man sie nach dem Erhitzen gut verschlossen einen Tag stehen läßt und alsdann von einem event. entstandenen Bodensatz durch ein steriles und mit heißem Wasser ausgespültes Filter filtriert.

[10)] **Natrium arsanilic.-Lösungen** (S. 178) vertragen eineSterilisation im Dampf nicht; auch die Tyndallisation wird besser vermieden, wenn diese auch in letzter Zeit noch von einigen ausdrücklich als zulässig bezeichnet wird. Es ist von besonderer Bedeutung, daß das Atoxyl bei längerem Erhitzen in Anilin und Natriumarseniat zerfällt und somit eine wesentlich giftigere Arsenverbindung entsteht. Ein ganz kurzes Erhitzen (ca. 2 Min.) der Lösung auf 100° zwecks Sterilisation darf vorgenommen werden; zweckmäßiger ist aber, wenn das aseptische Herstellungsverfahren nicht als hinreichend angesehen wird, die Lösung durch die Kerze zu filtrieren. Candusio ist ein Verfahren patentiert, das gestattet, unter Ausschluß der Luft die durch ein Porzellanfilter filtrierte Lösung in Ampullen zu füllen. Auf frische Bereitung der Lösung wird Wert gelegt, da das Salz zur Selbstzersetzung neigt. Lösungen, die durch Erhitzen zersetzt sind, bleiben wasserhell, während durch längere Aufbewahrung zersetzte Lösungen gelb erscheinen. Gelb gefärbte Lösungen sind unbedingt zu verwerfen. Dem kristallisierten Atoxyl wird vor dem gepulverten der Vorzug gegeben. Für wichtig wird auch gehalten, daß das Atoxyl und seine Lösungen vor Licht geschützt aufbewahrt werden, wenn auch das Deutsche Arzneibuch den Lichtschutz nicht vorschreibt. Stärkere Lösungen (10 %) scheinen weniger haltbar zu sein als schwächere. (Vgl. Candusio, Zeitschr. des Allg. österr. Apoth.-Vereins 1909, Nr. 37; Yakimoff, Deutsche med. Wochenschr. 1908, S. 201.)

[11)] **Truneceks Serum** (S. 179) gegen Arteriosklerose (Natr. sulfur. 0,44, Natr. chlorat. 4,92, Natr. phosphoric. 0,15, Natr. carbonic. 0,21, Kal. sulfuric. 0,4, Aq. dest. ad 100 g) soll durch die Kerze filtriert werden.

[12)] (S. 179). Vorschrift von Baroni für die Bereitung einer Lösung aus Natriumglyzerophosphat und Strychninkakodylat. s. Apoth.-Ztg. 1907, S. 950.

[13)] **Salvarsan** (S. 180). Dioxydiamidoarsenobenzoldichlorhydrat.

Die Salvarsannjektionen kommen 1. intravenös, 2. intramuskulär, 3. subkutan in Anwendung. Alle drei Applikationsformen werden unter aseptischen Maßnahmen hergestellt.

Geräte:

1. Ein 300 ccm fassender Stehzylinder, von 50 zu 50 ccm graduiert mit etwa 30 Glasperlen(Graduierung mittels Ätztinte reicht aus!).
2. Ein 50 ccm fassender Stehzylinder mit etwa 10 Glasperlen.
3. Ein Fläschchen (etwa 10 g) Natronlauge (15 %) mit Pipette.
4. Ein Tropfglas (etwa 10 g) mit verdünnter Salzsäure (1 + 1).
5. Eine kleine Porzellanschale mit dickem, abgerundetem Glasstab.
6. Eine Tube sterilisierte Vaseline zum Einfetten der Stopfen.
7. Rotes und blaues Lackmuspapier.
8. Einige Fläschchen mit entkeimtem Öle.

Die fortgesetzt gebrauchten Gefäße hält man entkeimt am besten unter einer Glasglocke vorrätig. (S. Abb. 65 und 66.)

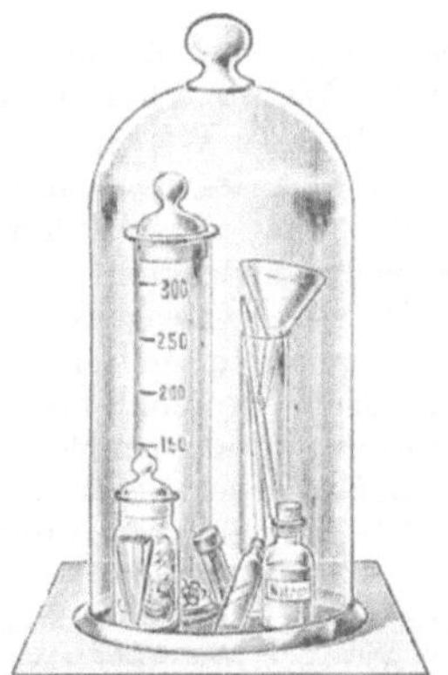

Abb. 65. Utensilien zur Bereitung intravenöser Injektion.

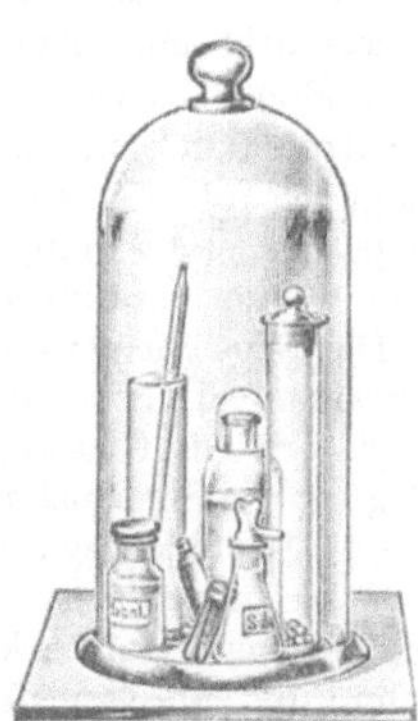

Abb. 66. Utensilien zur Bereitung intramuskulärer Injektion.

An verschiedenen Plätzen sind verschiedene Präparationen üblich. Von den Dermatologen Leipzigs werden zurzeit besonders die intravenösen und intramuskulären Applikationen benutzt, während die subkutane infolge durch sie entstandener weitgreifender Nekrosen und Infiltrate verlassen ist. Das Öffnen der Ampullen geschieht unter aseptischen Maßnahmen so, daß mit sterilem Messer oder Feile der Ampullenhals angeritzt wird. Meist springt so der Hals bereits ab, andernfalls ritzt man nochmals an der Gegenseite der ersten Ritzstelle. Braucht man weniger als den Ampulleninhalt, tariert man die notwendige Menge heraus.

Intravenöse Injektion: Je 50 ccm dieser Lösung sollen enthalten 0,1 g Salvarsan. Die Lösung geschieht in 30—40 ccm 0,9 %iger NaCl-Lösung, die bereits in den 300 ccm-Zylinder mit etwa 30 Glasperlen eingetragen ist. Die durch Schütteln erhaltene Lösung wird mit 15 %iger Natronlauge tropfenweise versetzt. Der zunächst entstandene Niederschlag geht wieder in Lösung, dann wird der Salvarsanmenge entsprechend NaCl-Lösung zugefüllt (0,6 : 300). Zur Sicherheit wird die Lösung noch durch Watte oder Filter, die bereits mit Trichter sterilisiert auf einem Blechgestell bereitstehen, durchgegossen.

Die Höchster Farbwerke geben für die üblichen Mengen des intravenös angewandten Salvarsans die entsprechende Tropfenzahl Natronlauge an:

0,6 Salvarsan . . . . . 23 Tropfen NaOH 15 %,
0,5 Salvarsan . . . . . 19 Tropfen NaOH 15 %,
0,4 Salvarsan . . . . . 15 Tropfen NaOH 15 %,
0,3 Salvarsan . . . . . 12 Tropfen NaOH 15 %,
0,2 Salvarsan . . . . . 8 Tropfen NaOH 15 %.

Bisweilen sind mehr oder weniger Tropfen nötig. Man verwende Gläser, die Wassertropfen von 0,5 g geben. Warm können die Injektionen in Milchflaschen dispensiert werden.

Intramuskuläre Injektion: Für diese wird entweder wässerige oder ölige Suspension benutzt.

Besser als im Mörser ist die wässerige Suspension im 50 ccm-Stehzylinder auszuführen. Auf etwa 5 ccm steriles Wasser schüttet man die verordnete Menge Salvarsan, gibt die von den Höchster Werken mitgeteilte Menge Natronlauge zu, schüttelt kräftig und ergänzt die Menge durch Wasserzugabe auf die vorgeschriebene Anzahl ccm. Nach Prüfung mit Lackmuspapier stellt man, wenn nötig, die neutrale Reaktion her, indem man tropfenweise verdünnte Salzsäure oder eine weitere Menge Natronlauge zufügt. Die ölige Suspension erreicht man besser im Mörser durch allmähliches Anreiben mit Paraffin- oder Mandelöl. Beide entnimmt man den in Weithalsgläsern mit Glasstopfen sterilisiert vorrätig gehaltenen Mengen von 10 g und gießt die Suspension in das nämliche Gefäß zurück. (Sehr praktisch sind die sog. Bartwichsegläser des Handels.) Alle Stopfen werden mit keimfreier Vaseline eingefettet.

Die geringste Haltbarkeit zeigt die intravenöse, besser ist die wässerige Suspension, und am längsten bewahrt die Suspension des Salvarsan in Öl die ursprüngliche Farbe.

[14]) (S. 181). Braun riet, zwecks Abstumpfung des Glasalkalis dem Lösungswasser auf ein Liter zwei Tropfen Salzsäure zuzusetzen.

---

3. Pulverförmige Arzneimittel, die gelegentlich als Streupulver Verwendung finden, wie Borsäure, Zinkoxyd, Talkum, Kieselgur, Bolus, werden am besten durch trockenes Erhitzen keimfrei gemacht. Ein halbstündiges Erhitzen auf 120°, wie es Pharm. Belgic. vorschreibt, dürfte meist nicht hinreichend sein. Man wird zweckmäßig bei allen Pulvern, die es gestatten, eine höhere Sterilisationstemperatur (150—180°) anwenden. Die Zeitdauer von einer halben Stunde erscheint zu kurz, zumal wenn es sich um größere Pulvermengen handelt. Stich machte bereits vor kurzem auf die langsame Wärmeleitung innerhalb dieser Pulver aufmerksam [1]). Seine Versuche ergaben, daß, als ein mit 200 g

---

[1]) Pharm.-Ztg. 1910. S. 927.

Bolus gefülltes Blechgefäß von 500 ccm Inhalt in den auf 160⁰ erhitzten Asbesttrockenschrank gestellt wurde, nach Verlauf von drei Stunden die Innentemperatur des Pulvers noch nicht 100⁰ betrug. Das weniger lockere Talkum zeigte, wie a priori zu erwarten war, ein besseres Wärmeleitungsvermögen; immerhin hatte die 160⁰ betragende Temperatur des Trockenschrankes ein gleiches mit Talkum gefülltes Gefäß im Innern nach einer Stunde erst bis auf 125⁰ zu erhitzen vermocht. Vielfach wird ein Ausglühen 'der genannten Pulver bevorzugt, wodurch man am schnellsten zum Ziele gelangt. Das Erhitzen im Trockenschrank nimmt man in mit Wattepfropfen verschlossenen Weithalsflaschen oder den bekannten mit Löchereinsatz versehenen Streudosen aus Blech vor. Neuerdings wird von der Akt.-Ges. für pharm. Bedarfsartikel vorm. G. Wenderoth-Cassel eine zur Sterilisation von Pulvern geeignete flache Streudose mit verstellbarem perforierten Deckel in den Handel gebracht (Abb. 67). Während der Erwärmung sind die Löcher frei und nach der Sterilisation können sie durch eine kleine Drehung der oberen Decke verschlossen werden. Zum Ausglühen können Tiegel oder Schalen von Eisen oder Porzellan benutzt werden.

Abb. 67. Streudose zur Sterilisation von Pulvern.

Bei der Bedeutung, die die Bolustherapie in letzter Zeit angenommen hat, ist der Sterilisation dieses Pulvers besonderer Wert beizumessen; wurden doch vor kurzem vier Fälle mitgeteilt, in denen durch Bolus, der bei Kindern zum Abtrocknen der Nabelschnur benutzt war, Tetanuserkrankungen hervorgerufen sind, von denen drei einen tödlichen Verlauf nahmen. Dem Apotheker kann nur angeraten werden, seinen Vorrat an Bolus insgesamt, zwecks Abtötung etwa vorhandener Tetanuskeime, einer Sterilisation zu unterwerfen. Diese kann ohne Schwierigkeit z. B. in der Weise geschehen, daß das Pulver in nicht zu großen Mengen in einem eisernen Topf oder einem Blechgefäß 2—3 Stunden in den auf Brattemperatur erhitzten Bratofen der Kochmaschine gestellt wird. Zwecks Feststellung, ob die Temperatur auch in den inneren Pulverschichten die erforderliche Höhe erreicht hat, kann man sich sogenannter Testobjekte bedienen, die bei der Sterilisation der Verbandstoffe näher besprochen werden (s. S. 237).

Für Pulver, die ein höheres Erhitzen nicht vertragen,

kommt das Tyndallisationsverfahren zur Anwendung. Man durch-
feuchtet solche Pulver auch wohl schwach mit einem Gemisch
aus Chlorform oder Äther mit 70—90 % igem Weingeist und erhitzt sie darauf eine Stunde auf ca. 60⁰.

Xeroform, Vioform und Dermatol lassen sich nach
Thomann [1]) auch in mit nicht entfetteter Watte verschlossenen
und lose mit Pergamentpapier überbundenen Weithalsflaschen
durch 20 Minuten lange Einwirkung strömenden Dampfes keimfrei machen. Bei einer Tyndallisation ist für Vioform die Tem-
paratur von 50—60⁰ zu wählen, während Xeroform und Dermatol eine solche von 80—90⁰ ungeschädigt vertragen.

Jodoform kann man in hohen Petrischalen unter Wasser
sterilisieren und zwischen -sterilem Filtrierpapier bei Zimmertemperatur nachtrocknen. Einfacher ist die Tyndallisation. In
fest verschlossenen Gefäßen, in denen die Luft durch Kohlensäure verdrängt ist, läßt es sich auch durch Erhitzen auf 100⁰
keimfrei machen.

4. Tabletten können durch 1—2 stündiges Erhitzen auf 150⁰,
das natürlich ein großer Teil der Arzneimittel nicht verträgt,
keimfrei gemacht werden. Durch Tyndallisation scheinen zuverlässige Resultate nicht erzielt zu werden; wenigstens wird diese
von Kutscher [2]) für die Sterilisation der Novokain-Suprarenin-
Tabletten als ungeeignet bezeichnet. Eine Prüfung angeblich
als steril in den Handel gebrachter Novokain-Suprarenin-Tabletten,
die die deutsche Heeresverwaltung anstellen ließ [3]), ergab, daß
nur 4 % davon keimfrei waren.

5. Salben, die zu sterilisieren sind, werden in Weithalsflaschen
eingefüllt und hierin zwei Stunden auf 120⁰ erhitzt, wenn die der
Salbengrundlage untermischten Arzneistoffe ein solches Erhitzen
vertragen. Andernfalls kann das Tyndallisationsverfahren in
Anwendung kommen. Während des Erkaltens ist, sofern es sich
nicht um einfache, beim ruhigen Erstarren homogen bleibende
Fettgemische handelt, ein wiederholtes Durchschütteln erforderlich. Bei Gegenwart von flüchtigen Stoffen muß natürlich das
Sterilisationsgefäß während des Erhitzens luftdicht geschlossen

---

[1]) Schweiz. Wochenschr. f. Chem. u. Pharm. 1909. S. 54.
[2]) Apoth. Ztg. 1910. S. 454.
[3]) Deutsch. Med. Wochenschr. 1909. Nr. 26.

sein. In manchen Fällen muß man sich auch darauf beschränken, Salbengrundlage und wirksame Arzneisubstanz getrennt oder erstere nur allein keimfrei zu machen und nach erfolgter Sterilisation die Mischung nach dem aseptischen Herstellungverfahren (unter Benutzung von sterilem Mörser, Spatel, Flasche usw.) vorzunehmen.

Für Pasten gelten analoge Sterilisationsregeln.

Um es dem Arzt zu ermöglichen, stets steriles Vaselin für die verschiedensten Zwecke zur Hand zu haben, empfiehlt Héloin[1]), Vaselin in einem Weithalsgefäß zu sterilisieren und nach dem Erkalten mit einer gefärbten antiseptischen Flüssigkeit, z. B. Sublimatlösung zu überschichten.

6. Pflaster können nach den gebräuchlichen Verfahren nicht keimfrei gemacht werden. Hat ihre Sterilisation bisher auch keine praktische Bedeutung erlangt, so sind doch die Pinchbeckschen Untersuchungen, über die er 1907 der British Pharmaceutical Conference berichtete[2]), von großem Interesse. Pinchbeck untersuchte die verschiedensten Pflaster auf den Keimgehalt und fand als steril Menthol enthaltendes Pflaster, frisches Kautschukheftpflaster und Zinkoxydpflaster. Von nicht frischen Pflastern zeigte sehr wenig Keime das Kautschukheftpflaster; es folgten dann der Reihenfolge nach Capsicum-, Seifen-, Opium-, Belladonna-, Canthariden- und zuletzt das englische Heftpflaster. In einem Stücke des letzteren, das drei Monate in der Westentasche getragen war, fanden sich pro qcm 1420 verschiedenartigste Keime. Pinchbeck empfahl antiseptische Mittel, wie Thymol, Phenol und Salizylmethylat den Pflastermassen zuzusetzen, ferner den Kautschuk vor der Verarbeitung im Dampf zu sterilisieren. Für einige Pflaster gab er Spezialvorschriften.

7. Laminaria-Stifte, die früher unsterilisiert verwandt wurden, werden seit einigen Jahren fast durchweg keimfrei benutzt. Man kann ihre Sterilisation nach folgenden Methoden vornehmen:

Nach Stich bringt man die Stifte mit den Fäden in vorher bei 120° sterilisierte Steckkapselgläser und erhitzt diese mit den daneben gelegten Kapseln an zwei aufeinander folgenden Tagen je eine Stunde im Trockenschrank auf 90—95°. Zum Aufsetzen der Kapseln benutzt man eine ausgeglühte Tiegelzange. Ein Erhitzen über 105° macht die Stifte an der Außenseite brüchig.

---

[1]) Gérard, Technique de Stérilisation 1911. S. 75.
[2]) Pharm. Ztg. 1907. S. 681.

Führt [1]) läßt die Stifte eine Stunde lang in kalkfreiem Wasser kochen, dann hintereinander einmal 30 und zweimal je 15 Min. in ein zu erneuerndes Bad aus absolutem Alkohol legen und schließlich zehn Minuten im Trockenschrank auf 160—170⁰ erhitzen.

Gérard [2]) empfiehlt, die Stifte mit etwas absolutem Alkohol in starkwandige, röhrenförmige Gläser zu bringen, letztere zuzuschmelzen und 20 Minuten auf 120⁰ zu erhitzen.

Nach Debuchy [3]) soll man die Stifte unter Druck bei 133⁰ mit Aceton, Chloroform oder 90 %igem Weingeist behandeln.

Auch ein Einlegen der Stifte in ein Gemisch aus 90 Teilen gesättigter Jodoformätherlösung und 10 Teilen 90 % igem Weingeist wird empfohlen.

8. Flüssige Pharmazeutische Präparate. Für die Konservierung wenig haltbarer, in der Apotheke vorrätig gehaltener pharmazeutischer Präparate, läßt sich die Sterilisation mit besonderem Vorteil verwenden. Von solchen Präparaten seien z. B. genannt: **Solutio Succi Liquiritiae, Mel depuratum, Infusum Sennae compositum** und aus der Reihe der Sirupe: **Sirupus Althaeae, Mannae** und **Rhei.** Es empfiehlt sich, diese Präparate, in kleine Flaschen gefüllt, zu sterilisieren, mindestens aber sie gleich nach ihrer Fertigstellung noch heiß in vorher sterilisierte Gläser einzufüllen und diese in geeigneter Weise zu verschließen. In bezug auf letzteres kann das, was früher (s. S. 147) über die Verschlüsse der Sterilisationsgefäße gesagt ist, in entsprechender Weise verwertet werden.

Um das Eindringen von Keimen in mit nicht sterilisierten Flüssigkeiten, insbesondere Sirupen gefüllte Flaschen zu verhindern, pflegt man auch wohl auf die bis zum Flaschenhals eingefüllte erkaltete Flüssigkeit Kollodium zu gießen und eine Glas-, Porzellan- oder Metallkappe über den Flaschenhals zu stülpen. Das nach Verdunstung des Ätheralkohols vom Kollodium verbleibende feine Häutchen schützt die Flüssigkeit gleichzeitig gegen Verdunstung. Brauchbare und billige Metallkapseln sind u. a. die sogenannten Weinflaschenkapseln. Vielfach gießt man den Flaschenhals auch mit Paraffin aus. Praktischer als dieser Verschluß ist ein aus Watte mit herumgelegter Gazeschicht bestehender steriler Pfropfen, der in den Flaschenhals eingedrückt und mit Paraffin übergossen wird.

---

[1]) Wien. klin. Wochenschr. 1906. Nr. 20.
[2]) Technique de Stérilisation 1911. S. 222.
[3]) Journ. de Pharm. et Chim. 1906. II. S. 361.

Erwähnenswert sind noch einige Verschlußarten, die speziell für Sirupstandgefäße im Gebrauch sind. Zwei Stopfenvorrichtungen für diese Gefäße wurden kürzlich von Lefeldt beschrieben[1]). Die in Abb. 68 veranschaulichte Vorrichtung, die sich jeder Apotheker leicht herstellen kann, besteht aus dem Weithalsgläschen a, das z. T. mit Alkohol gefüllt und mit dem durchbohrten Stopfen b verschlossen ist. Durch letzteren geht das Glasrohr c, das mit seinem andern Ende durch den auf das Gefäß d gut passenden Pfropfen e hinabführt und so eine feste Verbindung zwischen diesem und der Flasche a herstellt.

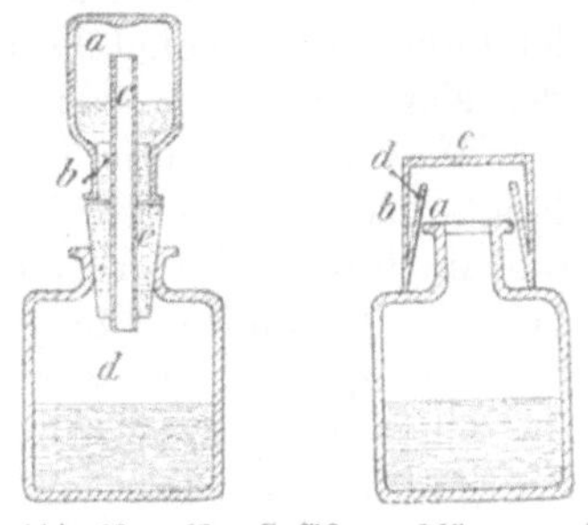

Abb. 68 u. 69. Gefäßverschlüsse nach Lefeldt.

Die andere durch Abb. 69 wiedergegebene Vorrichtung, die sich als besonders geeignet für die Standflaschen der Offizin erweist, ist eine zylindrische, doppelwandige Kappe aus Zink- oder Weißblech, deren innerer Mantel a mit dem äußeren Mantel b derart zusammengelötet ist, daß sich eine rund um die Kappenwandung verlaufende Rille bildet, in die ein wenig Alkohol eingegossen wird. Durch beide Vorrichtungen ist dafür gesorgt, daß sich oberhalb des Flüssigkeitsniveaus eine Alkoholatmosphäre befindet.

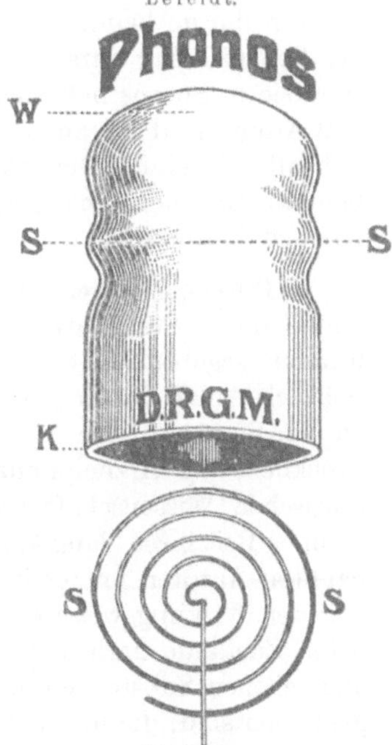

Abb. 70. Phonoskappe nach Bräutigam.

Auf dem gleichen Prinzip beruhen die seit kurzem von der Aktiengesellschaft für pharmazeutische Bedarfsartikel vorm. G. Wenderoth in Kassel in den Handel gebrachten „Phonoskappen" nach Bräutigam. In den oberen Teil der gläsernen Kappe (s. Abb. 70) wird ein mit Alkohol befeuchteter Wattebausch

---

[1]) Pharm. Ztg. 1911. S. 333.

gebracht und darauf eine Drahtspirale in die Ausbuchtung der
Kappe so eingefügt, daß sie die Lage S—S hat und so ein Herausfallen des Wattebausches verhindert. Ein neues Befeuchten des
letzteren mit Alkohol braucht nur selten zu erfolgen, da unter
der Kappe nur eine sehr geringe Alkoholverdunstung stattfindet.

Was das Sterilisieren von Mucilago Gummi arabici anlangt, das von mehreren Seiten angeregt wurde, sei hervorgehoben,
daß sie durch Erhitzen eine Veränderung erleidet [1]). Pharm. Helv.
läßt den Gummischleim gleich nach dem Kolieren $\frac{1}{2}$ Stunde auf
dem Dampfbade in einer Schale erhitzen, wodurch die Oxydase
des Gummis zerstört wird.

Auf die Vorteile, die es bietet, den Succus Rubi Idaei
nicht alsbald nach dem Vergären mit Zucker zu Sirup zu verkochen,
sondern ihn im keimfrei gemachten Zustande aufzuheben und erst
bei Bedarf Sirup daraus zu bereiten, wies Grübler [2]) hin. Der
sterilisierte Succus hält sich 1—2 Jahre, ohne irgendwie an Farbe
und Aroma Einbuße zu erleiden. Durch die lange Lagerung setzen
sich alle Unreinigkeiten zu Boden, so daß der Saft ein derartig
blankes Aussehen erhält, wie es durch mehrmaliges Filtrieren des
frischen Saftes nicht zu erzielen ist.

9. Frische Pflanzen. Vor nicht langer Zeit wurden von Perrot
und Goris [3]) Sterilisationsversuche von frischem Pflanzenmaterial
bekannt gegeben, die die größte Beachtung verdienen und voraus-
sichtlich Anlaß geben dürften, auch in weiteren Kreisen ernstlich
die Frage zu erörtern, ob die von alters her übliche Methode des
Trocknens der Arzneipflanzen von der fortgeschrittenen pharmazeutischen Wissenschaft noch als die richtige anerkannt werden
kann. Bei ihren langjährigen Untersuchungen wurde den genannten Autoren immer klarer, daß die beobachtete Verschiedenheit der Wirkungsweise einer Pflanze im frischen und im getrock-
neten Zustande darin eine Erklärung findet, daß die als wirksam
angesehenen Substanzen in den frischen Pflanzen an andere Stoffe
gebunden sind, die in ihrer Wirkung von jenen mehr oder weniger

---

[1]) Vgl. Wulff, Berichte der deutsch. Pharm. Ges. 1908. S. 166.

[2]) Pharm. Post 1907. S. 3.

[3]) Bull. des scienc. pharmacol. 1909. 16. S. 381, ref. Jahresbericht
d. Pharm. 1910. S. 5. Vgl. auch die ganz neuen bzgl. Mitteilungen von
E. Bourquelot, Journ. de Pharm. et de Chim. 1911. Nr. 4, ref. Apoth.-
Ztg. 1911. S. 265 u. Pharm. Ztg. 1911. S. 380, sowie von M. Winkel, Münch.
med. Wochenschr. 1911. S. 575.

abweichen, und daß beim Trocknen und Verarbeiten der Pflanzen mit einem, oft durch Enzyme bewirkten Zerfall solcher komplexen Verbindungen zu rechnen ist. Durch geeignete Sterilisationsverfahren, z. B. durch 10—15 Minuten währendes Erhitzen im Autoklaven bei 110⁰ können diese Enzyme unwirksam gemacht werden. Frische Digitalisblätter, die nach vorausgegangener Sterilisation getrocknet waren, hatten Aussehen, Farbe, Geschmeidigkeit und sogar Geruch der frischen Pflanze bewahrt. Im gepulverten Zustande zeigten diese Blätter schöne grüne Farbe und unbegrenzte Haltbarkeit. Ein daraus gewonnenes alkoholisches „physiologisches Digitalisextrakt" wird von den genannten Autoren als eine ideale Digitaliszubereitung bezeichnet. Es soll durchaus beständig sein, die gleiche Wirkung haben wie die frische Pflanze und auch die Sterilisation vertragen.

10. Keimfreies Eis, das in den Apotheken auch zuweilen verlangt wird, läßt sich ohne Schwierigkeiten bereiten. Als Gefrierbehälter und Abgabegefäß kann mit Vorteil ein zylindrisches Konservenglas mit Glasdeckel und Gummiringverschluß, wie es zur Konservierung des Spargels in Gebrauch ist, dienen. Dieses wird, mit Leitungs- oder Brunnenwasser gefüllt, im ungespannten oder besser im gespannten Dampf sterilisiert und kann so vorbereitet vorrätig gehalten werden. Nach dem Erkalten wird das sterilisierte Glas, dessen Deckel fest angesaugt ist und luftdicht schließt, in eine kleine Eismaschine hineingestellt.

Billigere Maschinen verschiedener Konstruktion sind im Handel zu haben. Für diejenigen Apotheken, die auch Selterwasser herstellen, empfiehlt sich die kleine Eismaschine „Gefrierapparat Hellwig"[1]), bei der die zum Gefrieren des Wassers erforderliche Kälte durch flüssige Kohlensäure erzeugt wird. Eine solche Maschine, die auch in der Zentralapotheke der Berliner städtischen Krankenanstalten in Buch benutzt wird, bietet den Vorteil, daß für die Eisbereitung kein Natureis benötigt wird, das vielleicht gerade dann, wenn es gebraucht werden soll, nicht in hinreichender Menge vorhanden ist.

Auch ohne Eismaschine kann man das Wasser in dem Glasgefäß zum Gefrieren bringen, wenn man letzteres in ein Gemisch aus zerstoßenem Natureis und Salz (Seesalz) einbettet; allerdings nimmt der Gefrierprozeß dann einige Stunden in Anspruch.

---

[1]) Beschrieben und abgebildet in Apoth.-Ztg. 1907. S. 754.

F. Die Herstellung steriler Lösungen in Ampullen[1]).

1. Allgemeines. Gerade 25 Jahre sind verstrichen, seit die ersten mit Injektionsflüssigkeiten gefüllten Ampullen auftauchten. Gewöhnlich wird diese Art der Dispensation dosierter Injektionsflüssigkeiten auf den Pariser Apotheker Limousin zurückgeführt, der über seine „Ampoules hypodermiques" im April des Jahres 1886 berichtete[2]). Es mag jedoch nicht unerwähnt bleiben, daß gleichzeitig und unabhängig von Limousin auch Simons Apotheke in Berlin gefüllte Ampullen in den Handel gebracht haben will[3]).

Je mehr seitdem die subkutane Medikation in Aufnahme gekommen ist, um so mehr hat auch die Abgabe gebrauchsfertiger Lösungen in Ampullen an Umfang zugenommen; und auch in Deutschland, wo der Ampullenverbrauch im Verhältnis zu anderen Ländern, insbesondere Frankreich, Spanien und Italien, bis vor wenigen Jahren nur gering war, hat sich die Herstellung steriler Lösungen in Ampullen allmählich zu einem nicht unbedeutenden Zweig der pharmazeutischen Technik entwickelt.

Daß die Ampullen so sehr in Aufnahme gekommen sind, kann bei ihren mannigfachen Vorzügen nicht wundernehmen. Bei Arzneimitteln, die in für den wiederholten Gebrauch bestimmten Mengen in Arzneiflaschen sterilisiert sind, ist natürlich, wenn die Flasche zwecks Entnahme eines Teils ihres Inhalts ein- oder mehrmals geöffnet ist, für den darin verbliebenen Teil die Keimfreiheit nicht mehr gewährleistet. Bei den Ampullen, die mit dosierten Einzelgaben gefüllt sind, fällt dieser Nachteil fort. Die durch Zuschmelzen geschlossene Ampulle bietet überdies im Gegensatz zu einer z. B. mit Glasstöpsel verschlossenen Flasche

---

[1]) Ampullae (Deminut. v. Amphora) wurden von den Römern kolbenförmige Gefäße mit engem Hals und zwei Henkeln genannt, die aus Glas, Ton oder Leder hergestellt waren und zur Aufbewahrung von Flüssigkeiten, besonders aber von Salben und Schminken dienten. Der deutsche Name „Einschmelzgläser", den man einzuführen versuchte, hat wenig Anklang gefunden.

[2]) Bulletin générale de thérapeutique 1886. S. 316.

[3]) Vgl. Friedländer, Pharm. Zentralhalle 1888. S. 189.

absolute Sicherheit gegen das Eindringen von Keimen und macht es daher möglich, daß der Arzt auch selten gebrauchte Arzneilösungen für die gelegentliche Verwendung in seiner Praxis vorrätig halten kann. Bei der Entleerung der Ampullen erweist sich die Enge ihrer Kapillaren insofern als wertvoll, als sie ein Hineinfallen von Keimen in die Flüssigkeit fast unmöglich macht. Infolge des relativ kleinen Umfanges und der Leichtigkeit der gebräuchlichsten 1 g-Ampullen kann der Arzt ein Etui mit solchen, den verschiedensten Inhalt bergenden Ampullen ohne Mühe auch bei Ausübung der Praxis außerhalb seiner Wohnung stets bei sich tragen.

Gegenüber der Tablette, die namentlich in England von den Ärzten viel in der Praxis verwandt und auch zur Herstellung von Injektionsflüssigkeiten benutzt wird, bietet die Ampulle das Arzneimittel in völlig gebrauchsfertigem Zustande, worin namentlich der vielbeschäftigte Arzt einen Vorzug erblicken muß. Die Benutzung der Tablette erweist sich weiter insofern als weniger vorteilhaft, als manche wichtige Arzneimittel nicht in Tablettenform gebracht werden können. Die aus Tabletten hergestellten Lösungen sind ferner nicht ohne weiteres keimfrei, und die Möglichkeit, daß der Arzt sie durch Kochen sterilisiert, ist für die Lösungen solcher Substanzen, die ein Erhitzen nicht vertragen, ausgeschlossen. Einzelne Tabletten, z. B. solche aus Extract. Secalis cornut. geben außerdem trübe Lösungen.

Die Bedeutung der Ampullen, die auch in ausgedehntem Maße für die Armeen und die Schiffe der meisten Kulturstaaten Verwendung finden, hat im Laufe der Zeit auch noch insofern zugenommen, als Tropfenampullen sowie Vorrichtungen in Gebrauch gekommen sind, die es ermöglichen, Flüssigkeiten unter Umgehung des Einfüllens in eine Injektionsspritze, deren gründliche Sterilisation bekanntlich umständlich und zeitraubend ist, direkt aus der Ampulle zu Ein- und Ausspritzungen zu verwenden.

Die Selbstanfertigung der Glasampullen dürfte, da sie eine gewisse technische Fertigkeit im Glasblasen voraussetzt, im allgemeinen für den Apotheker nicht in Frage kommen, zumal die Preise der Ampullen des Handels als billige angesehen werden müssen. Wer ein Interesse an der Selbstanfertigung der Ampullen hat, sei auf die, im Verlag von Joh. Ambros. Barth in Leipzig erschienene, von Dr. H. Ebert verfaßte „Anleitung zum Glasblasen", sowie auf die kurze bezügliche Abhandlung hingewiesen,

die Fischer in Nr. 19 der Apothekerzeitung, Jahrgang 1906 ver-
öffentlichte.

Im Handel gibt es, wie aus nebenstehenden Abbildungen zu
ersehen ist, Ampullen der verschiedensten Formen (Abb. 71 u. 72).

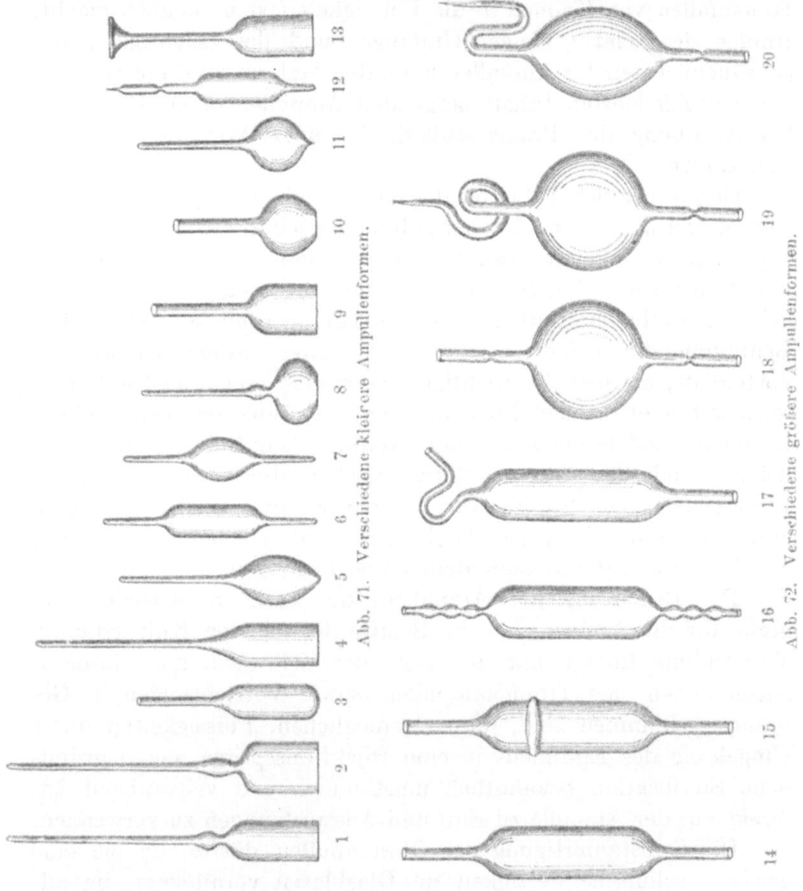

Abb. 71. Verschiedene kleinere Ampullenformen.

Abb. 72. Verschiedene größere Ampullenformen.

Vielfach bevorzugt man diejenigen mit flachem Boden, weil sie die
Fähigkeit haben, fest zu stehen. Von den abgebildeten Formen
sind die erste und zweite in Deutschland wohl die beliebtesten.
Die Ampullen dieser beiden Formen werden an der eingeschnürten
Stelle abgebrochen und bieten auch beim Füllen einen Vorteil,

auf den später noch näher eingegangen wird (s. S. 226). Die in Deutschland verhältnismäßig wenig benutzten Ampullen mit zwei Kapillaren haben den Vorzug, die billigsten zu sein und sich am leichtesten reinigen zu lassen. Sie müssen Verwendung finden bei den Vorrichtungen, die ein Ausspritzen unmittelbar aus der Ampulle ermöglichen. Die letzten Abbildungen geben Formen größerer Ampullen wieder, die z. B. zur Füllung mit physiologischer Kochsalzlösung benutzt werden. Einige können an der gewundenen Kapillare in entsprechender Höhe aufgehängt werden. Wird an die andere Kapillare dann ein Gummischlauch angefügt, der vorn mit einer Nadel verbunden ist, so ist die Injektion leicht auszuführen.

In bezug auf das verarbeitete Glasmaterial gelten als die besten Ampullen des In- und Auslands die aus Jenaer Glas verfertigten. Die kleineren, bis 50 ccm fassenden Ampullen werden aus dem Jenaer Normalglas 16 III hergestellt, die größeren mit einem Inhalt von 50—1000 ccm dagegen aus dem Jenaer Geräteglas, das ebenso durch seine Widerstandsfähigkeit gegen Flüssigkeiten als auch gegen schroffen Temperaturwechsel ausgezeichnet ist. Die Weltfirma Schott & Genossen in Jena, die diese Glasarten fabriziert, ist dauernd bemüht, ein noch besseres Glasmaterial zu schaffen. Ein gutes, wenn auch nicht an die Jenaer Glassorten heranreichendes Glasmaterial für Ampullen liefert die Glashütten-Aktien-Gesellschaft in Köln-Ehrenfeld. Von den Thüringer Glasarten werden u. a. das Gehlberger Glas und das Ilmenauer Resistenzglas besonders geschätzt. Während die Ampullen aus dem Jenaer Glas 16 III nur weiß und braun geliefert werden können, ist die Herstellung der Ampullen aus Thüringer Glas auch in anderen Farben wie grün, blau und violett möglich.

Die gefärbten Ampullen haben den Nachteil, daß sie eingetretene Zersetzungen, die sich bei einigen wasserhellen Füllflüssigkeiten durch Annahme einer Färbung bemerkbar machen, schwer oder gar nicht erkennen lassen. Für solche Flüssigkeiten benutzt man vielfach lieber Ampullen aus ungefärbtem Glase und sorgt für den erforderlichen Lichtschutz durch die Verpackungsart der Ampullen.

Die aus dem genannten Jenaer Glas gefertigten Ampullen sind durch einen sich an ihrem Leibe hinziehenden feinen Längsstrich gekennzeichnet, der bei den weißen Ampullen eine rötlichbraune, bei den braunen eine weiße Farbe zeigt.

Bei der Herstellung steriler Lösungen in Ampullen kommen folgende Arbeiten in Betracht: Prüfung der Ampullen auf die Beschaffenheit ihres Glases, Reinigung und Sterilisation der leeren Ampullen, ihre Füllung, Zuschmelzen der Kapillaren, Prüfung auf dichten Verschluß, Sterilisation der gefüllten Ampullen, Prüfung ihres Inhalts auf Keimfreiheit, Einfeilen einer Bruchstelle an den Kapillaren, Signierung und Verpackung der Ampullen.

2. Die Prüfung der Beschaffenheit des Glases der Ampullen wurde bereits im vorigen Abschnitt als überaus wichtig bezeichnet und näher erörtert (s. S. 158).

Wenn auch für gewisse Füllflüssigkeiten, z. B. für Äther und Koffeinlösungen, Ampullen aus alkalifreiem Glase nicht unbedingt erforderlich sind, so werden doch von vielen Apothekern ausschließlich Ampullen aus Jenaer Glas verwandt. Neben diesen noch solche aus einer billigeren Glasart vorrätig zu halten, wird sich für viele Apothekenbetriebe auch kaum lohnen, da der Preisunterschied, wenigstens soweit die gebräuchlichsten 1 g-Ampullen in Frage kommen, nicht sehr erheblich ist.

3. Die Reinigung der Ampullen: Im Gegensatz zur Prüfung der Glasbeschaffenheit der Ampullen, die meist alsbald nach der Einlieferung der letzteren vorgenommen wird, erfolgt die Reinigung am besten unmittelbar vor der Füllung. Wenn die als Ausgangsmaterial für die Ampullen dienenden Glasröhren kurz vor ihrer Verarbeitung gereinigt sind, und die Ampullen gleich nach der Fertigstellung zugeschmolzen werden, ist ihre Reinigung vor der Füllung sehr erleichtert, oft sogar überflüssig.

Am einfachsten lassen sich die Ampullen mit z w e i Kapillaren reinigen, und zwar nach folgendem Verfahren: Man verbindet die zum Einblasen der Luft bestimmte Röhre einer gewöhnlichen, mit warmem Wasser gefüllten Spritzflasche mit einer Wasserstrahldruckluftpumpe und fügt an die Spritzenröhre der Flasche ein kleines Stück Drain von engem Lumen. Setzt man darauf die Pumpe schwach in Tätigkeit und steckt von den beiderseits geöffneten Ampullen eine nach der anderen kurze Zeit in das vordere Drainende hinein, so geht die Ausspülung der Ampullen schnell und mühelos vonstatten.

Die Reinigung der e i n kapillarigen Ampullen kann nach folgendem, auch von S c h r ö d e r [1]) empfohlenen Verfahren vorgenommen

---

[1]) Pharm. Weekbl. 1910. Nr. 43 ref. Apoth.-Ztg. 1910. S. 863.

werden: Man verbindet eine lange Pravaznadel durch einen Gummischlauch mit einer in Tätigkeit gesetzten Wasserstrahlluftpumpe, führt die Nadel durch die geöffnete Kapillare bis auf den Boden der Ampulle ein und taucht letztere dann unter Wasser. Durch das Aussaugen der Luft füllt sich die Ampulle schnell. Bringt man sie dann wieder über das Wasserniveau, so wird das eingetretene Wasser binnen kurzer Zeit wieder durch die Nadel abgesaugt.

Man entnimmt die zu reinigenden Ampullen zweckmäßig einem Ampullen-Einsteckbrett (s. Abb. 73) in das man sie nach geschehener Reinigung wieder einsteckt.

Die gleichzeitige Reinigung einer größeren Anzahl von Ampullen gestattet folgendes von Beysen und Steinbrück[1]) vorgeschlagene Verfahren: In einem geeigneten Gefäß, z. B. einer

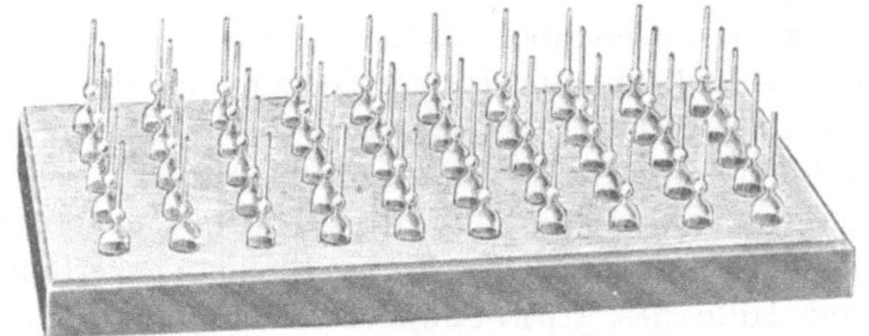

Abb. 73. Ampullen-Einsteckbrett.

Kasserole aus Nickel oder emailliertem Eisenblech werden die geöffneten Ampullen mit Wasser zum Sieden erhitzt und hierbei durch eine aufgelegte Siebplatte oder in anderer geeigneter Weise derart beschwert, daß sich ihre Kapillaren unter Wasser befinden. Wird nach einiger Zeit das Gefäß von der Heizquelle entfernt und unmittelbar darauf kaltes Wasser auf die Gläschen gegossen, so füllen sich letztere infolge der in ihrem Innern entstandenen Luftverdünnung. Nachdem sie dann durch erneutes Erhitzen das Wasser zum größten Teil wieder abgegeben haben, schüttet man sie auf ein Sieb und entfernt die in ihnen noch verbliebenen Wassermengen, indem man die Ampullen einzeln oder auch mehrere zusammen in die Hand nimmt, durch ruckweise erfolgende Stoßbewegungen. Dieser Reinigungsprozeß wird in der Regel mehrmals wiederholt.

Schneller kommt man mit Hilfe des folgenden Reinigungsverfahrens zum Ziele: Man taucht eine größere Anzahl Ampullen,

---

[1]) Pharm. Ztg. 1908. S. 859 u. 909.

die durch ein herumgelegtes Gummiband zu einem Bündel zusammengehalten werden, mit nach unten gerichteten offenen Kapillaren in ein mit der erforderlichen Menge destillierten Wassers gefülltes Becherglas und stellt dieses in einen tubulierten Exsikkator oder unter eine auf eine Glasplatte aufgeschliffene Vakuumexsikkatorglocke mit seitlichem oder oberem Tubus. Evakuiert man darauf den Exsikkator bzw. die Glocke, so tritt allmählich die Luft in kleinen Bläschen aus den Ampullen durch das Wasser aus. Sobald Luftbläschen nicht mehr bemerkbar sind, läßt man langsam wieder Luft in den evakuierten Raum eintreten. Durch den nunmehr zur Geltung kommenden Luftdruck vollzieht sich die Füllung der Ampullen sofort. Es folgt darauf erneutes Evakuieren, durch das wiederum eine Entleerung der Gläschen bewirkt wird. Nachdem man auf diese Weise mehrmals Wasser in die Ampullen hat ein-, aus- und wieder eintreten lassen, bringt man schließlich das zuletzt eingetretene Wasser in der Weise aus ihnen heraus, daß man das aus dem Becherglase genommene Ampullenbündel mit den Kapillaren nach unten auf eine in das Evakuationsgefäß gebrachte Siebplatte stellt und nochmals evakuiert. Besonders gut läßt sich dieses Reinigungsverfahren vornehmen mit Hilfe des Rohrbeckschen Ampullen-Füllapparates (s. S. 219).

Erwähnt sei noch, daß man als erste Reinigungsflüssigkeit auch wohl 1%ige Salzsäure anwendet, um etwa vorhandenes Glasalkali hierdurch möglichst zu neutralisieren. Natürlich muß dann durch nachfolgendes mehrmaliges Ausspülen der Ampullen mit Wasser für vollständige Beseitigung der Salzsäure gesorgt werden. Man glaube aber nicht, daß auf diese Weise minderwertiges Glasmaterial der Ampullen wesentlich verbessert werden kann.

4. Das Sterilisieren der leeren Ampullen, das sich ihrer Reinigung anschließt, geschieht am besten in der Weise, daß sie in einer geeigneten Blechbüchse 2 Stunden im Lufttrockenschrank auf 150—160° erhitzt werden. Dieses Verfahren ist der Dampfsterilisation deshalb vorzuziehen, weil bei Anwendung der letzteren noch ein Nachtrocknen erforderlich ist, um die Ampullen völlig wasserfrei zu bekommen. Es empfiehlt sich, vor der Füllung auch diejenigen Ampullen zu sterilisieren, die später mit der eingefüllten Flüssigkeit der Tyndallisation oder Sterilisation bei 100° unterworfen werden. Nur bei Ampullen, die mit wässerigen Flüssigkeiten gefüllt und später im gespannten Dampf sterilisiert werden, kann ohne Bedenken das Sterilisieren vor der Füllung unterbleiben. Zugeschmolzen bezogene Ampullen, die sich als so sauber erweisen, daß von einer Reinigung abgesehen werden kann, sterilisiert man, ohne die Kapillaren zu öffnen, am besten im voraus, da es in der Praxis oft erwünscht ist, bei der Herstellung steriler Lösungen in Ampullen der zeitraubenden Sterilisation der leeren Ampullen überhoben zu sein.

Einen Apparat zum Ausdämpfen und Sterilisieren von Ampullen hat E. Deussen in Leipzig konstruiert[1]). Das Wesentlichste dieses Apparates ist der durch Abb. 74 veranschaulichte Glasaufsatz, der unten mit einer Röhre von 5 cm Länge und 7 mm lichter Weite beginnt und sich dann zu einer Kugel von etwa 1,9 cm Durchmesser erweitert, von der fingerartig 5 Glaskanülen von 4,5 cm Länge und 1,0—1,4 mm lichter Weite auslaufen. Dieser Glasaufsatz wird mit einem 1 Liter fassenden, zur Hälfte mit Wasser gefüllten Rundkolben aus Jenaer Glas in folgender Art verbunden: In den Kolbenhals ist ein Gummistopfen eingefügt, durch dessen Bohrung eine Glasröhe von 7 mm lichter Weite und 30 cm Länge hindurchführt. Die Glasröhre ist in der

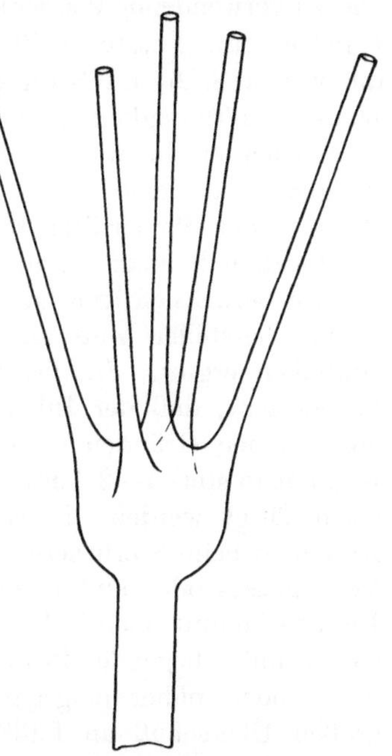

Abb. 74. Apparat zum Ausdämpfen und Sterilisieren von Ampullen nach Deussen.

Mitte unter Bildung eines Winkels von 135 ⁰ geknickt und an ihrem oberen Ende durch ein Stück Gummischlauch mit dem eben beschriebenen Glasaufsatz, der in die Klemme eines Stativs eingespannt ist, fest verbunden. Nachdem man 5 Ampullen mit ihren Kapillaren, die eine entsprechende Weite haben müssen, über die Kanülen des Glasaufsatzes gestülpt hat, erhitzt man den Kolben zum Sieden und läßt die aufsteigenden Wasserdämpfe 10—15 Minuten auf die Ampullenwandungen einwirken. Der

---

[1]) Vergl. Apoth.-Ztg. 1910. Nr. 95. S. 945.

Apparat kann auch zum Ausdämpfen und Sterilisieren von Arznei-flaschen dienen. Man läßt dann den gläsernen Aufsatz unbenutzt und stülpt eine Flasche über das obere Ende der eingeknickten Glasröhre[1]).

5. Die Bereitung der Füllflüssigkeit wird möglichst aseptisch und in einem sterilisierten Kolben aus alkalifreiem Glase vorgenommen. Das zu verwendende Wasser soll kein Alkali enthalten und ebenfalls keimfrei sein. Letzteres gilt auch von Ölen und flüssigem Paraffin, die, wie auf S. 167 u. 168 angegeben ist, sterilisiert werden. Um recht blanke Füllflüssigkeiten, auf die besonderer Wert zu legen ist, zu erzielen, erscheint vielfach eine Filtration durch gepreßte Watte geeigneter als eine solche durch Filtrierpapier. Trichter mit Watte- oder Papierfilter sowie Kolben für die Bereitung der Lösungen hält man sterilisiert vorrätig (s. S. 152).

Zu berücksichtigen ist auch, daß man ein größeres Quantum Lösung herstellen muß, als sich zahlenmäßig für die zu füllenden Ampullen ergibt. In dieser Hinsicht kommt nämlich zunächst in Betracht, daß der Inhalt der Ampullen nach den auf S. 205 angegebenen Gründen stets reichlich zu bemessen ist. Sodann pflegt man stets 1—2 Ampullen mehr zu füllen und zu sterilisieren, als benötigt werden, da es nicht selten vorkommt, daß einzelne Ampullen beim Sterilisieren zerplatzen, sowie infolge mangelhaften Verschlusses oder aus anderen Gründen nicht abgabefähig sind. Endlich kommt noch in Betracht, daß das einzelnen Füllmethoden zu Grunde liegende Prinzip, worauf später bei Beschreibung dieser noch näher eingegangen wird, einen mehr oder weniger großen Überschuß an Füllflüssigkeit erfordert.

6. Die Füllung der Ampullen: Die Ampullen werden nicht nach Gewichtsmengen gefüllt, vielmehr werden die Füllflüssigkeiten abgemessen. Dies geschieht deshalb, weil der Arzt der Ampulle bestimmte Raummengen mit der Spritze entnimmt. Sollte gelegentlich einmal verordnet sein, Ampullen mit 1 g einer Flüssigkeit zu füllen, so ist die Annahme gerechtfertigt, daß 1 ccm gemeint ist. Ob man in Anbetracht der Bemessung des Ampulleninhalts nach dem Volumen auch die zur Ampullenfüllung bestimmten Lösungen, entgegen dem sonst in Deutschland und den meisten anderen Staaten üblichen Verfahren der Arzneibereitung, nicht

---

[1]) Auch auf den einfachen, kürzlich von Feist in der Apoth.-Ztg. 1911. S. 479 bekannt gegebenen Apparat zum Ausdämpfen und Sterilisieren von Gefäßen sei hier hingewiesen.

auf bestimmte Gewichtsmengen, sondern Raummengen einzustellen hat, darüber herrscht Unstimmigkeit.

Bei einer 1%igen Morphinlösung, die in Ampullen eingefüllt werden soll, macht es natürlich für die Praxis keinen Unterschied, ob 10 g dieser durch Lösen von 0,1 g salzsaurem Morphin in 9,9 g Wasser bereitet, oder ob 0,1 g des Salzes in soviel Wasser gelöst wird, daß 10 ccm Lösung resultieren. Ein beträchtlicher Unterschied macht sich aber geltend, wenn es sich z. B. um eine 10%ige Kampferätherlösung handelt, da eine nach Volumprozenten eingestellte Lösung natürlich ganz beträchtlich mehr Kampfer enthält als eine Lösung, die nach Gewichtsprozenten bereitet ist. Erstere Lösung, die meist in den Kampferäther-Ampullen des Handels enthalten ist, bietet dem Arzte den Vorteil, leicht die Menge des in dem zu verbrauchenden Quantum Injektionsflüssigkeit gelösten Kampfers berechnen zu können. Andererseits liegt aber keine Berechtigung vor, daß eine 1%ige Kampferäther-Injektionsflüssigkeit einen verschiedenen Stärkegrad aufweist, je nachdem sie in Ampullen oder in weithalsigen Injektionsflaschen dispensiert wird. Würden die Ärzte sich immer der genannten Unterschiede bewußt sein, so würden sie sich ohne Frage einer präziseren Ausdrucksweise beim Verordnen solcher Ampullen bedienen, so daß dem Apotheker keine Zweifel über die Art der Anfertigung dieser Rezepte kommen könnten.

Mit Rücksicht darauf, daß einerseits aus den Ampullen bei knapp bemessener Füllflüssigkeit mit dieser leicht auch Luftblasen in die Pravazspritze hineingelangen und andererseits bei jeder Entleerung einer Ampulle geringe Flüssigkeitsmengen an ihrer inneren Glaswandung haften bleiben, empfiehlt es sich, die Flüssigkeit stets etwas reichlich einzufüllen, z. B. in 1 ccm-Ampullen 1,1 ccm.

Die Ampullen, wenigstens diejenigen, die nach ihrer Füllung durch Erhitzen sterilisiert werden, dürfen nicht bis zur Kapillare gefüllt sein, da sie, wenn der Flüssigkeit bei der Erwärmung Raum zur Ausdehnung fehlt, zerplatzen. Dieser Umstand wird von den Glasbläsereien berücksichtigt, denn der Fassungsraum der in den Handel kommenden Ampullen ist in Wirklichkeit immer größer, als angegeben ist. So beträgt z. B. der Fassungsraum der 1 ccm-Ampullen ca. 1,3 ccm.

Der Apotheker, der die verschiedenen, sonst in Frage kommenden Einzeldosierungen von Arzneimitteln genau abzuwiegen gewohnt ist, wird um so weniger Grund haben, der exakten Dosierung des Ampulleninhalts keinen Wert beizumessen, als bereits häufiger von Ärzten über zu knapp gefüllte Ampullen geklagt ist.

Leider gestattet ein Teil der im Gebrauch befindlichen Füllapparate die zu wünschende Abmessung des Ampulleninhalts nicht. Bedient man sich dieser Apparate, so ist man darauf beschränkt, diejenigen Ampullen, die dem äußeren Schein nach nicht richtig gefüllt sind, auszuscheiden. Hierbei können jedoch leicht Täuschungen unterlaufen, da infolge Verschiedenheit der Wandstärke der verarbeiteten Glasröhren Ampullen, die gleich groß erscheinen, zuweilen nicht ganz unbeträchtliche Unterschiede ihres Fassungsraumes aufweisen.

Für die Auswahl der Füllverfahren sind im wesentlichen drei Gesichtspunkte zu berücksichtigen. Zunächst lassen sich zwei Arten von Verfahren unterscheiden, je nachdem die Ampullen einzeln, eine nach der anderen gefüllt werden oder die Füllung einer mehr oder weniger großen Anzahl Ampullen gleichzeitig vorgenommen wird. Zweitens sind die Füllverfahren insofern verschiedener Art, als sie nur teilweise ein genaues Abmessen der Flüssigkeit gestatten. Drittens muß das für die verschiedenartigen Flüssigkeiten auszuwählende Füllverfahren der Sterilisationsmethode, die für sie in Betracht kommt, angepaßt werden.

Zunächst sollen die wichtigsten Verfahren für die Einzelfüllung erörtert werden.

Nach einem erst kürzlich von Hillen[1]) wieder empfohlenen Verfahren, das jede Apparatur entbehrlich macht, kann man in der Weise vorgehen, daß man die Ampullen kurze Zeit über der Flamme erhitzt und dann mit der geöffneten Spitze in Wasser eintaucht. Die hierdurch in ihre Kapillaren aufgesaugten geringen Wassermengen bringt man durch Schleuderbewegungen in den Ampullenbauch hinab und erhitzt darauf die Ampullen über der Flamme, bis das Wasser verdampft ist. Sobald Wasserdämpfe nicht mehr bemerkbar sind, taucht man die Ampullen mit nach unten gerichteter Spitze tief in die Füllflüssigkeit, wodurch diese in die Ampullen aufsteigt. Ist die Füllflüssigkeit öliger Natur, so wird statt Wasser in gleicher Weise etwas Äther in die Flaschen gebracht und verdunstet.

---

[1]) Pharm. Post 1911. S. 274.

Nachteile dieses Verfahrens liegen darin, daß man damit nur bei gewisser Übung, namentlich auch in bezug auf Gleichmäßigkeit der Füllung gute Resultate erzielt. Wir haben überdies die Beobachtung gemacht, daß, wenigstens bei Verwendung gewisser Ampullenformen, das Erhitzen über der Flamme und das darauf folgende Abkühlen nicht selten einen Bruch der Ampullen verursacht.

Ein anderes, hier zu erwähnendes Füllverfahren besteht darin, daß der Kolben, in dem sich die Füllflüssigkeit befindet, nach Art der üblichen Spritzflasche mit einem Stopfen verschlossen wird, durch dessen zwei Bohrungen eine längere und eine kürzere Glasröhre hindurchführen. An die kürzere Glasröhre, die bei der Spritzflasche zum Einblasen der Luft dient, fügt man, eventuell unter Einschaltung eines Wattefilters, eine Druckballvorrichtung an, während man die längere Röhre durch einen mit Quetschhahn versehenen, kurzen Gummischlauch mit einer Pravaznadel verbindet. Diese führt man in die Ampullen ein und läßt letztere nach Andrücken des Gummiballs und Öffnen des Quetschhahns so weit vollfließen, daß sie dem Augenmaße nach richtig gefüllt erscheint. Den zur Aufnahme der Flüssigkeit bestimmten Kolben kann man vorher in der Weise sterilisieren, daß man Wasser hineinfüllt, den Stopfen aufsetzt und, nachdem man das längere Rohr so hoch hinaufgezogen hat, daß es mit seinem unteren Ende nicht mehr in das Wasser hineinragt, die Dämpfe des zum Sieden erhitzten Wassers längere Zeit durch die Glasröhren und den Gummischlauch streichen läßt.

Zweikapillarige Ampullen lassen sich auch durch Aspiration in der Weise füllen, daß man beide Kapillaren öffnet und die eine mit einer schwachen Saugvorrichtung verbindet, die andere dagegen in die Füllflüssigkeit eintaucht. Sehr empfehlenswert ist dieses Füllverfahren mit Rücksicht auf das erforderliche Zuschmelzen von zwei Kapillaren nicht.

Bei diesem wie auch bei dem vorigen Verfahren ist es nicht möglich, die in die Ampulle eingefüllte Flüssigkeit ihrer Menge nach zu kontrollieren. Dieser Nachteil fällt bei den nun zu besprechenden Füllverfahren fort.

Viel bedient man sich zur Ampullenfüllung der Pravazspritzen. Von diesen eignen sich hierfür am besten diejenigen, die völlig aus Glas bestehen, z. B. die Luersche und Liebergsche Spritze, da sie gut zu reinigen und zu sterilisieren sind. Die

Spritzen, die 1 oder auch 5 ccm fassen können und durch ihre Graduierung ein genaues Abmessen der Füllflüssigkeit ermöglichen, müssen mit einer längeren, bis in den Ampullenleib hineinreichenden Nadel versehen sein.

Ist die Zahl der zu füllenden Ampullen eine größere, so verwendet man vorteilhafter eine evtl. durch Aufkleben einer Papierskala in zweckentsprechender Weise selbst graduierte Quetschhahnbürette, deren untere Ausflußöffnung durch ein kurzes Gummischlauchstück mit einer Pravaznadel verbunden ist, oder, falls auf die Ausschaltung von Gummi und Metall Wert gelegt wird, eine Glashahnbürette, an deren Ausflußspitze eine längere dünne Glaskanüle angeschmolzen ist. Die letztere Abfüllvorrichtung ist natürlich ihrer Starrheit wegen weniger bequem in der Handhabung und auch wegen ihrer leichten Zerbrechlichkeit nicht sehr beliebt. Um ein schnelleres Ausfließen zu erzielen, was insbesondere bei dicken Flüssigkeiten von Vorteil ist, kann man die obere Öffnung der Bürette mit einem Druckball verbinden und durch Watte filtrierte Luft auf die Flüssigkeitssäule pressen.

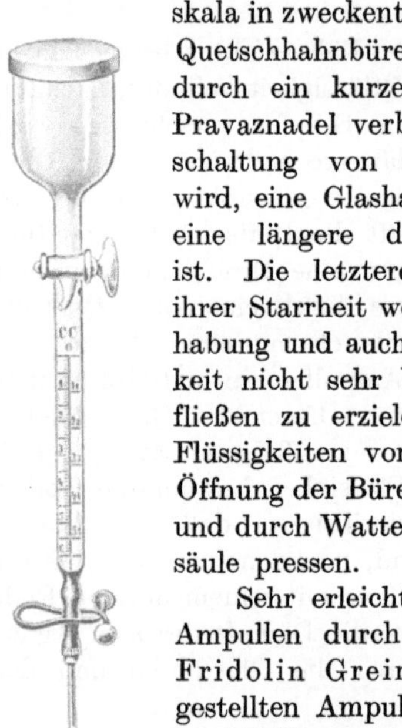

Abb. 75. Ampullen-Füllapparat nach Wulff.

Sehr erleichtert wird die Einzelfüllung kleiner Ampullen durch Benutzung des von der Firma Fridolin Greiner in Neuhaus am Rennweg hergestellten Ampullenfüllapparats nach Wulff. Der in Abbildung 75 veranschaulichte Apparat ist eine Art Nachfüllbürette von ca. 35 cm Länge. Der obere, 100—200 ccm fassende, mit lose übergreifendem Deckel zu verschließende Behälter läuft nach unten in eine Bürette aus. Zwischen beiden ist ein Glashahn eingeschaltet, der bei entsprechender Stellung des Hahnkükens die Flüssigkeit aus dem oberen Behälter in die Bürette einfließen läßt. Da beim Zulauf durch das kleine, an den Glashahn angeschmolzene, zungenförmige Röhrchen die Flüssigkeit ohne Schaumbildung in einem dünnen Strahl an der Glaswandung herabrieselt, ist die Einstellung der Flüssigkeitssäule auf den Nullpunkt sehr leicht. Durch ein rechts oben in der Bürettenwandung angebrachtes kleines Loch, das man lose mit einem Bausch steriler Watte verstopfen kann, tritt beim Füllen und Entleeren der

Bürette die Luft aus bzw. ein. Die Skala der Bürette ist doppelseitig: links ist eine gewöhnliche schwarze Graduierung von 0—6 ccm (in $^1/_{10}$ ccm-Teilung) vorgesehen, rechts dagegen speziell für die Füllung von 1 ccm-Ampullen eine rote Skala derart angebracht, daß unter Beifügung der Zahlen 1,1, 2,2, 3,3, 4,4 und 5,5 fünf längere und in der Mitte zwischen diesen fünf kürzere Teilstriche ohne Zahlenbeifügung gezogen sind. Letztere erlangen praktische Bedeutung, wenn man aus dem auf S. 226 angegebenen Grunde in 1 ccm-Ampullen von wässerigen Lösungen nur 0,55 ccm einfüllt und dann das gleiche Volumen destilliertes Wasser nachfließen läßt. Die weite Kalibrierung und die Kürze der Skala ermöglichen, letztere ohne Anstrengung der Augen leicht abzulesen. Der Apparat wird statt als Quetschhahn- auch als Glashahnbürette geliefert.

Ein verhältnismäßig leichtes Abfüllen ermöglicht ferner der Keselingsche Füllapparat der Firma Wachenfeld & Schwarzschild in Kassel[1]). Er besteht, wie Abb. 76 zeigt, aus dem zylindrischen Flüssigkeitsbehälter B, der oben mit dem übergreifenden

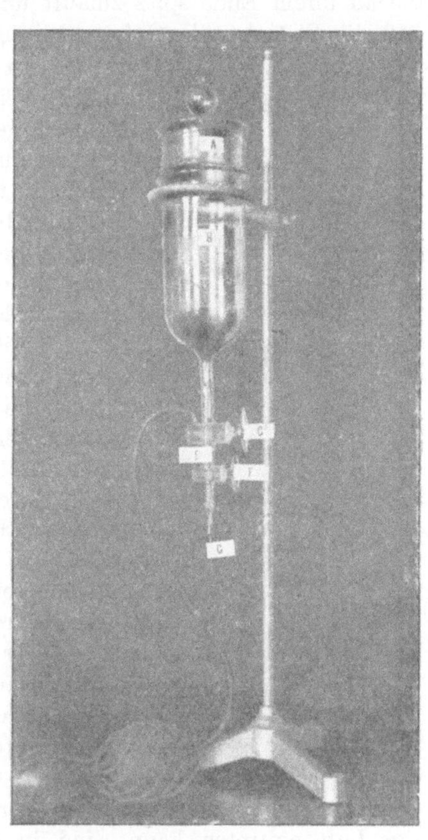

Abb. 76. **Ampullenfüllapparat von Dr. Keseling.**

Deckel A zu verschließen ist und unten in eine Röhre ausläuft. In letztere sind die beiden Hähne C und F eingeschaltet, und zwar in einem solchen Abstande voneinander, daß der zwischen ihnen liegende Röhrenteil E einen bestimmten Rauminhalt (z. B. 1,1 ccm)

---

[1]) Vgl. Pharm.-Ztg. 1911. S. 463.

faßt. Hahn C ist ein Doppelwegehahn, der gestattet, die Flüssigkeit aus dem Behälter B in den Raum E einfließen zu lassen oder in diesen, wie aus der Abbildung näher zu ersehen ist, mit Hilfe eines Gummiballgebläses Luft einzupressen. An Hahn F, der in gewöhnlicher Weise konstruiert ist, schließt sich eine Glasröhre an, die an ihrem Ende spitz zuläuft und hier mattgeschliffen ist, so daß die Platinkanüle G fest angefügt werden kann.

Abb. 77. Ampullenfüll-
apparat nach Telle.

Die Benutzung des Apparates geschieht in folgender Weise: Man läßt zunächst, während Hahn F geschlossen ist, durch entsprechende Einstellung des Hahnes C den Raum E vollfließen. Dreht man darauf Hahn C so, daß die Verbindung des Raumes E mit dem Druckgebläse hergestellt ist und öffnet Hahn F, so wird die in E vorhandene Flüssigkeit infolge der Gebläsewirkung schnell und völlig durch die Kanüle G herausgedrückt.

Zu erwähnen ist hier weiter der kleine und einfache Tellesche Füllapparat, den die Glasinstrumentenfabrik Robert Goetze in Leipzig und Halle in den Handel bringt. Wie aus Abb. 77 zu ersehen ist, sind in dem Hahnküken zwei Hohlräume von bestimmtem Rauminhalt (z. B. 1,1 ccm) ausgebohrt. Bei der gezeichneten Stellung des Hahnkükens füllt sich der rechte Hohlraum mit der im oberen Behälter befindlichen Flüssigkeit an. Dreht man darauf den Hahn um 180°, so füllt sich der linke Hohlraum, während sich gleichzeitig der rechte entleert, indem sein Inhalt durch das enge Glasröhrchen nach unten abfließt. Damit beim Ausfließen der Hohlräume in diese die nötige Luft eintreten kann, sind in dem den Küken umgebenden äußeren Hahnteil oben zwei in der Abbildung angedeutete kleine Öffnungen angebracht.

Die Sterilisation der Glasspritze, der Bürette und der beschriebenen Abfüllapparate kann im Dampf, durch trockene Hitze, durch Auskochen in flachen Emaillebecken oder auch durch längere Einwirkung von 2 %iger Formalinlösung und Nachspülen mit keimfreiem destillierten Wasser erfolgen. Sie ist zwar nicht

unbedingt erforderlich, jedoch ebenso vorteilhaft, wie z. B. die
Benutzung vorher sterilisierter Ampullen, wenn es sich um die
Einfüllung solcher Flüssigkeiten handelt, für die nach der Einfül-
lung noch eine Sterilisation bei 100 ⁰ in Betracht kommt. Die
Sterilisation einer längeren Bürette durch Dampf kann man so
vornehmen, daß man in einer Spritzflasche Wasser zum Sieden

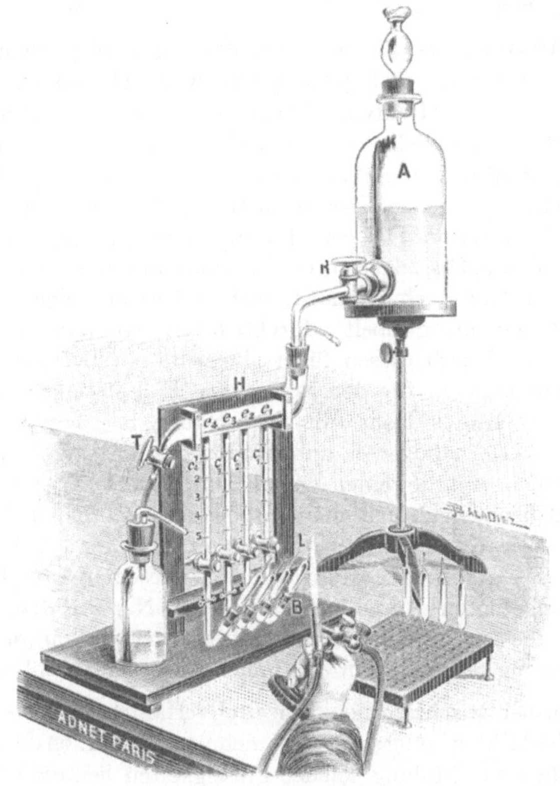

Abb. 78. Ampullenfüllapparat nach J. Paillard.

erhitzt und den aus dem kürzeren Glasrohr austretenden Dampf
durch die vorher angewärmte Bürette hindurchstreichen läßt.

Die Pravaznadeln kocht man, um ein Rosten zu vermeiden,
nicht mit Wasser, sondern mit 1%iger Sodalösung aus. Noch
sicherer erfolgt ihre Sterilisation, wenn sie, in 1%iger Soda-
oder Boraxlösung liegend, im Autoklaven erhitzt werden. In

allen Fällen muß ein sorgfältiges Nachspülen der Nadeln mit keimfreiem Wasser folgen. Platin-Iridiumnadeln, die den meist gebrauchten, vernickelten Stahlnadeln vorzuziehen sind, können in einfacher Weise durch Ausglühen steril gemacht werden. Die Stahlnadeln kann man auch erhitzen und nach Abspülen mit absolutem Alkohol bis zum Verdunsten desselben durch die Flamme ziehen.

Als Apparat, der für die Einzelfüllung großer Mengen von Ampullen, aber nur zweikapillariger geeignet ist und wie die bisher beschriebenen Abfüllvorrichtungen ein genaues Dosieren der Füllflüssigkeit ermöglicht, ist hier noch der J. Paillardsche Remplisso-Doseur d'Ampoules[1]) zu nennen, der in Abbildung 78 (vorige Seite) wiedergegeben ist. Vier in ein Holzgestell eingefügte, 5 ccm-Glashahn-Büretten mit 1 ccm-Teilung münden oben in ein gewundenes Glasgefäß, das unter Einschaltung des Glashahns T mit einer Vorlage verbunden ist, während es an seinem anderen Ende mit einem doppelt durchbohrten Gummistopfen verschlossen ist. Durch diesen führt einerseits ein Luftzirkulationsrohr, andererseits ein für den Zulauf der Füllflüssigkeit aus dem Gefäß A bestimmtes Rohr mit dem Hahne R. Die Öffnungen der spitzwinklig gebogenen unteren Bürettenfortsätze sind durch Gummistopfen mit je einer engen Durchbohrung verschlossen. In diese Bohrungen drückt man die beiderseits offenen Ampullen mit einer ihrer Kapillaren ein, läßt dann die nötige Flüssigkeitsmenge in das gewundene Rohr und aus diesem in die Büretten und die angefügten Ampullen einfließen. Nach Kollo[2]) kann man mit diesem Apparat, für dessen Sterilisation er 2%ige Formalinlösung empfiehlt, in 8 Stunden ca. 2000 Ampullen füllen.

Die bisher beschriebenen Einzelfüllverfahren gestatten nicht, die Ampullenfüllung völlig steril vorzunehmen; sie werden deshalb fast ausschließlich zur Füllung solcher Flüssigkeiten benutzt, die nach der Einfüllung in die Ampullen noch einer regelrechten Sterilisation unterworfen werden. Die Einzelfüllung mit Flüssigkeiten, die eine solche Sterilisation nicht vertragen, kann mit den Uhlenhuth-Weidanzschen Apparaten geschehen, die u. a. von der Firma Paul Altmann in Berlin NW. 6 hergestellt werden. Ein Modell

---

[1]) Hergestellt von der Firma E. Adnet, Paris 26, rue Vauquelin.
[2]) Pharm. Zentralhalle 1909. Nr. 51.

dieser Apparate [1]) ist durch Abb. 79 veranschaulicht. Das birnenförmige Gefäß c, das unten in ein graduiertes Bürettenrohr ausläuft, ist oben luftdicht mit einer eingefügten Filterkerze e verbunden. Sein seitliches Ansatzrohr mit dem Wattefilter d wird mit der Wasserstrahlluftpumpe verbunden, mit deren Hilfe die auf die Kerze gegossene Flüssigkeit in den sterilisierten Füll-apparat hineingesaugt wird. Zwischen diesem und der Luft-

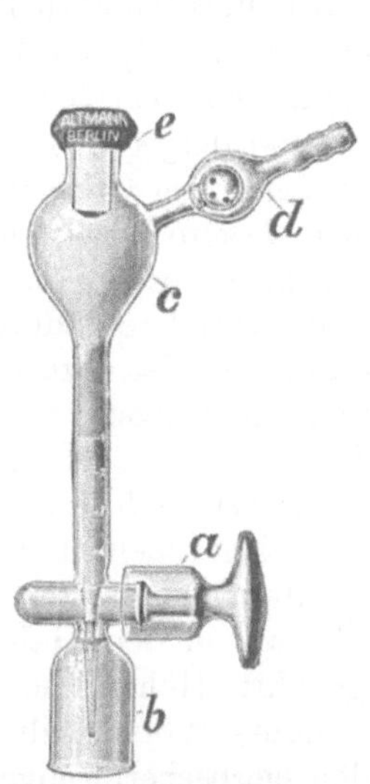

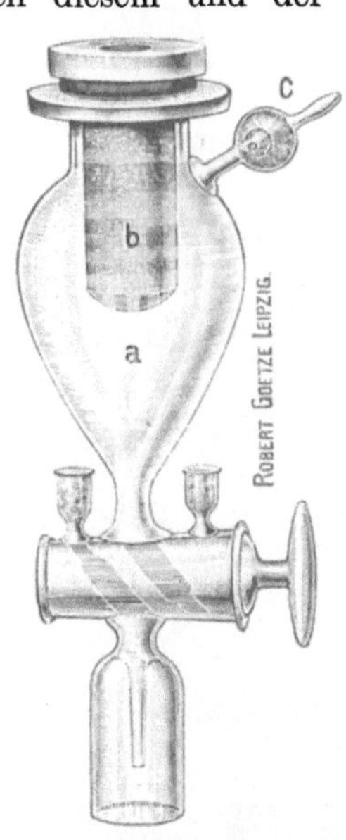

Abb. 79. Ampullenfüllapparat
nach Uhlenhuth-Weidanz.

Abb. 80. Ampullenfüllapparat
nach Telle.

pumpe wird ein Rückschlagventil und ein Dreiwegehahn ein-geschaltet, der einerseits eine Unterbrechung der Verbindung zur Luftpumpe, andererseits einen Lufteinlaß in das Gefäß c gestattet. Der das graduierte Rohr unten absperrende Hahn a ist mit einer glockenförmigen Erweiterung umgeben. In diese wird sterile Watte eingefügt, welche die Drehung des Hahnkükens nicht beeinflußt, aber das Eindringen von Luftkeimen verhindert. Das Abfüllröhrchen umgibt gleichfalls eine Schutzglocke, die, wenn sie

---

[1]) Die ursprünglich für die Ampullenfüllung nicht bestimmten Apparate wurden u. a. im Kaiserl. Gesundheitsamt benützt zur Herstellung bakterien-frei filtrierten Impfmaterials für Bekämpfung der Schweinepest. Betreffs anderer Modelle dieser Apparate vgl. Arbeiten aus dem Kaiserl. Gesundheits-amte 1908. S. 403 u. Berichte der deutsch. Pharm. Ges. 1910. S. 120 u. 121.

mit steriler Watte gefüllt ist, das Röhrchen des sterilisierten Apparates bis zum Gebrauch und nach Entfernung der Watte auch während des Abfüllens gegen Keimverunreinigung schützt. Es ist also für eine größtmögliche sterile Abfüllung bei diesem Apparat gesorgt.

Eine beachtenswerte Konstruktion bieten ferner zwei nach den Angaben von Telle von der Glasinstrumentenfabrik Robert Goetze in Leipzig und Halle hergestellte Füllapparate [1]). Der in Abb. 80 wiedergegebene Apparat ist in gewisser Hinsicht dem vorher besprochenen ähnlich, unterscheidet sich von diesem aber insbesondere dadurch, daß das Abmessen der abzufüllenden Flüssigkeitsmengen nicht mit Hilfe einer Skala erfolgt, sondern wie bereits bei dem auf S. 210 beschriebenen Telleschen Apparate näher erörtert wurde, durch zwei in dem Hahnküken ausgebohrte Hohlräume von bestimmtem Rauminhalt. Die beiden eierbecherförmigen Aufsätze des Hahns dienen zur Aufnahme von Watte, durch die bei der Entleerung der Hohlräume die in diese oben eintretende Luft filtriert wird.

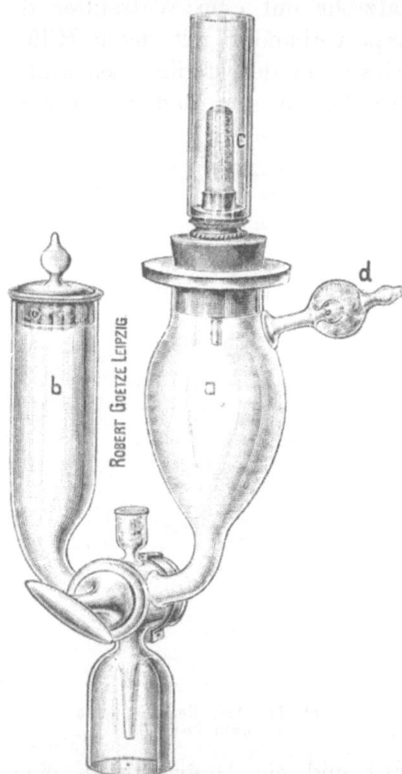

Abb. 81.   Ampullenfüllapparat nach Telle mit seitlichem Behälter für destilliertes Wasser.

Der andere, durch Abb. 81 veranschaulichte Tellesche Füllapparat ist für das auf S. 226 erörterte Füllverfahren bestimmt, nach dem man zunächst von einer in doppelter Stärke bereiteten wässerigen Lösung die Hälfte des erforderlichen Füllquantums und dann zwecks Abspülung der inneren Kapillarwandungen die gleiche Menge destilliertes Wasser in die Ampullen einfließen läßt. Die Konstruktion des Hahnkükens weicht bei diesem Apparat

---

[1]) Vgl. Pharm. Zentralhalle 1911. No. 34. S. 889.

von derjenigen des vorher beschriebenen insofern ab, als in dem
Küken nur ein Hohlraum ausgebohrt ist, der nur einen halb so
großen Rauminhalt, also statt 1,1 nur 0,55 ccm faßt. Durch verschiedene Drehungen des Hahnkükens kann man in einfachster
Weise erreichen, daß der Hohlraum in diesem erst sich mit der
in dem Behälter a befindlichen Lösung füllt, darauf sich nach
unten entleert, dann aus dem Behälter b mit sterilem Wasser
vollfließt und endlich wiederum nach unten abläuft.

Das Sterilisieren der letzten drei besprochenen Apparate kann
im Dampfe erfolgen. An ihre Auslaufspitzen werden passende
Pravaznadeln oder Glaskapillaren beliebiger Stärke
mit Schliff angefügt.

Die Füllverfahren, die eine gleichzeitige Füllung
einer Anzahl Ampullen ermöglichen, beruhen auf
verschiedenen Prinzipien. Zunächst kann man in
einfacher Weise und analog, wie S. 202 für die
Reinigung der Ampullen empfohlen wurde, unter
Anwendung des Evakuationsprinzips die Füllung
so vornehmen, daß man eine mehr oder weniger
große Anzahl Ampullen, die durch ein herumgelegtes
Gummiband bündelartig zusammengehalten werden,
mit geöffneten und nach unten gerichteten Kapillaren [1]) in ein die Füllflüssigkeit enthaltendes
Becherglas hineinbringt und dieses in einen tubulierten Vakuumexsikkator stellt. Man evakuiert letzteren dann mit Hilfe einer Wasserstrahlluftpumpe
so lange, als sich kleine, aus den Gläschen durch
die Füllflüssigkeit austretende Luftbläschen zeigen.
Läßt man darauf wieder Luft zutreten, so füllen

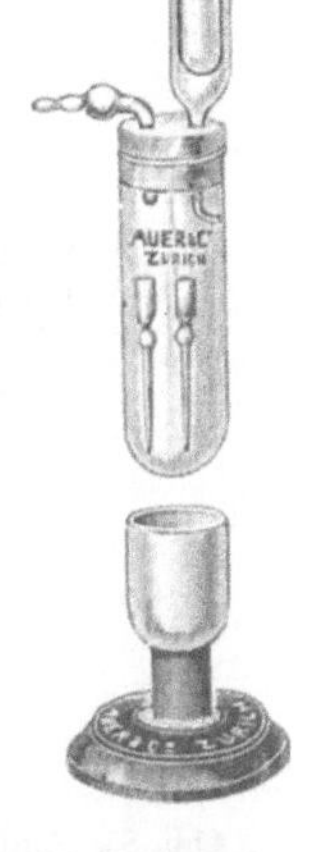

Abb. 82. Ampullen-
füllapparat von
Spindler.

sich die Ampullen sofort, und zwar um so mehr, je größer das im
Exsikkator erzielte Vakuum war.

Auf dem gleichen Prinzipe beruhen eine Anzahl Apparate des
Handels, die meist auch eine sterile Ampullenfüllung ermöglichen.
Ein namentlich durch seine Handlichkeit und leichte Sterilisier-
barkeit beliebter, billiger Apparat ist der von der Firma Auer in
Zürich hergestellte v. Spindlersche Füllapparat, der in Abb. 82
veranschaulicht ist. Durch den doppelt durchbohrten Gummistopfenverschluß des starkwandigen Glaszylinders, der in ein Holz-

---

[1]) Von Ampullen mit zwei Kapillaren wird nur eine geöffnet.

gestell eingesetzt werden kann, führen zwei Glasröhren, von denen
die für den Anschluß an die Wasserstrahlluftpumpe bestimmte
rechtwinklig gebogen und mit Watte gefüllt ist, während die andere
in ihrem oberen erweiterten Teil mit Hilfe eines Stückes Gummischlauch luftdicht mit der eingefügten Filterkerze verbunden wird.
Nachdem man den Apparat mit den hineingebrachten Ampullen
sterilisiert hat, evakuiert man ihn, indem man gleichzeitig auf die
Filterkerze die Füllflüssigkeit gießt.   Letztere wird in den Glas-

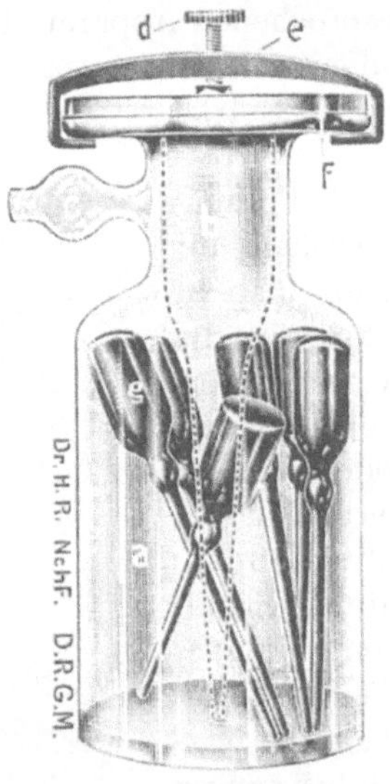

Abb. 83. Ampullenfüllapparat
von Rohrbeck.

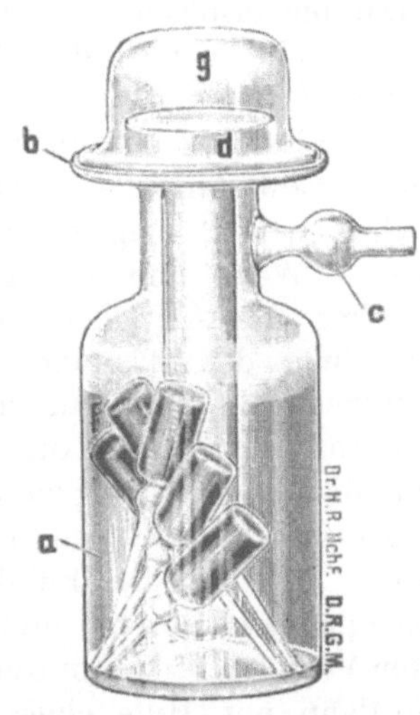

Abb. 84. Ampullenfüllapparat von Rohrbeck mit Filterkerze und Glaskappe.

zylinder hineingesogen und rieselt auf dessen Boden an der Glaswandung herab.   Wenn man später in den evakuierten Zylinder
nach Ausschaltung der Wasserstrahlluftpumpe allmählich wieder
Luft eintreten läßt, füllen sich die Ampullen.   Das zylindrische
Gefäß des Apparates ist so groß, daß 15 Ampullen von 1 ccm
hineingebracht werden können; doch wird er auf Wunsch auch in
größerer Ausführung geliefert. Die Sterilisation des Apparates erfolgt
im Dampf mit nachfolgendem Trocknen bei mäßiger Temperatur.

Einen ebenfalls sehr empfehlenswerten kleinen, billigen Apparat bringt seit kurzem die Firma Dr. H. Rohrbeck Nachf. in
Berlin NW. 6 in den Handel.   Wie Abbildung 83 zeigt, besteht
dieser aus der Flasche a, dem Einsatztrichter b, der aufgeschliffenen

starken Glasplatte f und dem Metallhalter e mit der Schraube d.
Dieser Apparat kann infolge Fehlens von Gummiteilen mit
den hineingebrachten Ampullen durch zweistündiges Erhitzen auf
150—160 ⁰ keimfrei gemacht werden. Nach dem Erkalten gießt
man die eventuell vorher auf dem Wege der Filtration durch ein
bakteriendichtes Filter sterilisierte Füllflüssigkeit durch den
Trichter b in die Flasche ein, verbindet nach Aufdecken der
Platte f das seitliche, kuglig erweiterte und mit Watte gefüllte
Ansatzstück c der Flasche mit der Wasserstrahlluftpumpe, evakuiert
und verfährt weiter, wie beim vorigen Apparat angegeben ist.

Zur Herausnahme der Ampullen aus der Flasche liefert die Firma Rohrbeck eine besonders konstruierte Pinzette.

Der Apparat läßt sich auch in der Weise benutzen, daß, wie aus Abbildung 84 zu ersehen ist, in den Hals der Flasche statt des Trichters die Filterkerze d eingefügt und die luftdicht schließende Glaskappe g mit eingeschliffenem Rand b darüber gestülpt wird.

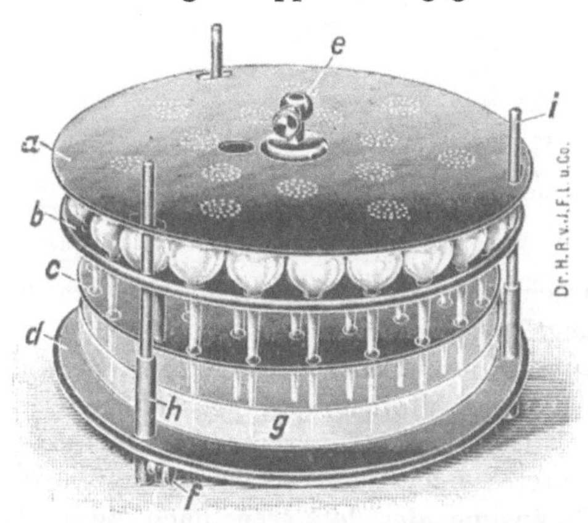

Abb. 85. Ampullengestell des Füllapparates von
Rohrbeck (Abb. 86) für eine größere Anzahl von
Ampullen.

Für das gleichzeitige Abfüllen einer großen Anzahl Ampullen
sind ebenfalls verschiedene Apparate im Handel. Zunächst sei
ein auch von der Fima Dr. H. Rohrbeck in Berlin NW. 6 in den
Handel gebrachter Apparat genannt, der im wesentlichen aus
einem gläsernen Evakuationsgefäß und einem in diesen einzu-
setzenden Ampullengestell besteht. Das äußerst praktische, ver-
nickelte Metallgestell, welches Abbildung 85 veranschaulicht, läßt
sich in drei Teile zerlegen. Das Untergestell d, das die zur Aufnahme der Füllflüssigkeit bestimmte Glasschale g trägt, hat drei
gleichzeitig als Füße dienende Rohrstutzen h mit der Schraube f.
Das Mittelgestell wird aus den beiden, in einem Abstande von
ca. 2 cm fest miteinander verbundenen Platten b und c gebildet.
Diese haben ca. 100 genau übereinander angebrachte Bohrungen, in

die die Ampullen so, wie die Abbildung erkennen läßt, hineingestellt werden. Mit seinen drei Füßen i wird dieses Mittelgestell in die Rohrstutzen h eingefügt und, nachdem es der Schale soweit genähert ist, daß die Enden der Ampullenkapillaren fast den Schalenboden berühren, durch Andrehen der Schraube f in ihrer Lage festgehalten. Das aus der Platte a bestehende Oberteil des Gestells ruht lose auf

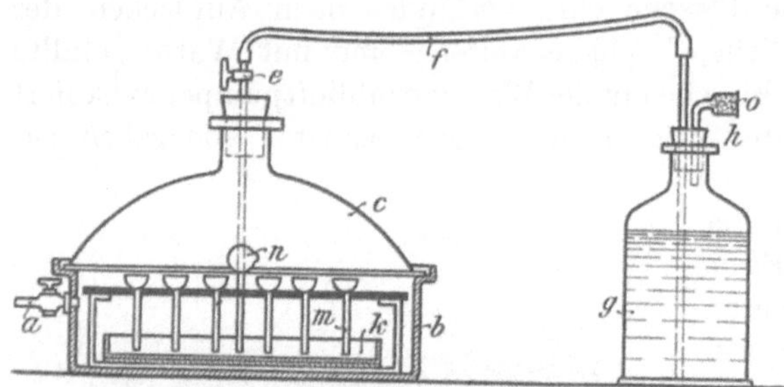

den Böden der Ampullen und ist mit der Schraube e an einem in der Mitte der Platte b senkrecht aufsteigenden Stab befestigt. Das Evakuationsgefäß, in

Abb. 86. Füllapparat von Rohrbeck.

welches das Ampullengestell eingesetzt wird, hat, wie Abbildung 86 zeigt, außer dem oberen Tubus seitlich den Hahn a, der, eventuell unter Einschaltung einer mit Watte gefüllten Glasröhre, an die Wasserstrahlluftpumpe angeschlossen wird.

Die Handhabung dieses Apparates ist im allgemeinen ohne weiteres nach dem vorher Gesagten verständlich, doch ist eine Ergänzung des letzteren nach zwei Richtungen hin noch am Platze. Sind nämlich Flüssigkeiten einzufüllen, die Substanzen suspendiert enthalten, so verbindet man, wie aus Abbildung 86 zu ersehen ist, die die Flüssigkeit enthaltende Flasche g durch Glasröhren und den Gummischlauch f derart mit dem Evakuations-

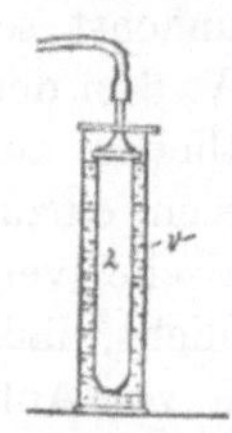

Abb. 87. Filterkerze (z) in Zylinder (v) mit zu filtrierender Flüssigkeit.

gefäß, daß die Flüssigkeit aus der Flasche in die Glasschale des Ampullengestells hinübergesaugt werden kann. Nach Schließung des Hahns e pumpt man dann das Evakuationsgefäß durch den geöffneten Hahn a genügend luftleer, schließt darauf Hahn a, schüttelt die Flüssigkeit in der Flasche g kräftig durch und öffnet dann sogleich den Hahn e. Sobald genügend Flüssigkeit in das Evakuationsgefäß eingesaugt ist und sich in der Schale gesammelt hat, wird Hahn e wieder geschlossen und Hahn a geöffnet, wodurch der für die Füllung der Ampullen erforderliche Luftdruck zur Geltung kommt. Der

Füllungsprozeß geht so schnell von statten, daß die Füllflüssigkeit, durchaus gleichmäßig gemischt, in die Ampullen eintritt.

Ist eine sterile Ampullenfüllung mit dem Apparat beabsichtigt, so ist er mit dem Gestell und den in dieses eingesetzten Ampullen durch zweistündiges Erhitzen auf 150 ⁰ zu sterilisieren. Steht ein größerer Lufttrockenschrank nicht zur Verfügung, so kann der Bratofen der Kochmaschine für diesen Zweck benutzt werden. Der Kautschukstopfen, der durch Auskochen keimfrei gemacht wird, ist hierbei durch einen Wattepfropfen zu ersetzen. Die Füllung erfolgt dann so, daß man die Flüssigkeit in der durch Abbildung 87 veranschaulichten Weise in den Zylinder v einfüllt und sie hieraus durch die Filterkerze z und den Gummischlauch f, die beide vorher zu sterilisieren sind, in die Glasschale des Evakuationsgefäßes hinübersaugt.

Sind die Ampullen gefüllt, so nimmt man das Gestell aus dem Evakuationsgefäß heraus, lockert die Schraube f (s. Abb. 85) und hebt Mittel- und Oberteil des Gestells mit den Ampullen von der Platte d und der Schale g ab. Das Gestell wird nun umgekehrt, so daß die Ampullen mit ihren Böden auf der Platte a ruhen und, im Gestell stehend, zugeschmolzen werden können.

Wie bereits bei Erörterung der Ampullenreinigungsverfahren (s. S. 202) kurz angedeutet wurde, läßt sich der soeben beschriebene Apparat auch gut zum Reinigen der Ampullen benutzen, namentlich, wenn er noch eine kleine Vervollkommnung erhält, die die Firma Dr. Rohrbeck Nachf. an dem in der Zentralapotheke der Berliner städtischen Krankenanstalten in Buch in Gebrauch befindlichen Apparat auf die von dort gegebenen Anregung noch angebracht hat. Bei dem auf dem Evakuationsprinzip beruhenden Ampullenreinigungsverfahren macht sich insofern ein kleiner Übelstand bemerkbar, als die Ampullen, nachdem sie mehrmals Waschwasser aufgesaugt und wieder abgegeben haben, sich schließlich in unerwünschter Weise nochmals mit Wasser füllen, wenn das Evakuationsgefäß zur Herausnahme der Ampullen geöffnet bzw. zu diesem Zweck zunächst Luft durch den Hahn eingelassen wird. Für die schließliche Entleerung werden dann meist die Ampullen mit nach unten gerichteter Spitze auf eine in das Evakuationsgefäß gebrachte Siebplatte gelegt und durch nochmaliges Evakuieren ihre Entleerung bewirkt. Diese Umständlichkeit läßt sich auf folgende Weise beseitigen: Durch die Bohrung des Gummistopfens, der den Tubus des Deckels des Evakuationsgefäßes verschließt,

führt man luftdicht einen ca. 8 mm starken, oben zu einem Griff
ausgebildeten und in der Stopfenbohrung verschiebbaren Metall-
stab so tief hinab, daß sein unteres Ende in eine kurze Röhre eintritt, die als Verlängerung an dem von der mittleren Gestellplatte
senkrecht aufsteigenden Stabe angebracht ist. Durch einen ein-
zufügenden Stift wird der Stab in dieser Röhre festgehalten.
Hat man nun durch Evakuation das Waschwasser aus den in das
Gestell eingestellten Ampullen entfernt, so zieht man, bevor man
Luft in den Apparat eintreten läßt, den Handgriff des Stabes
etwas in die Höhe und hebt hiermit zugleich das daran befestigte
Mittel- und Oberteil des Gestells mit den Ampullen. Da die Schrau-
ben b (s. Abb. 85) nicht angedreht sind und daher die in die Rohrstutzen eingefügten Stäbe hochgleiten können, bleibt der Unter-

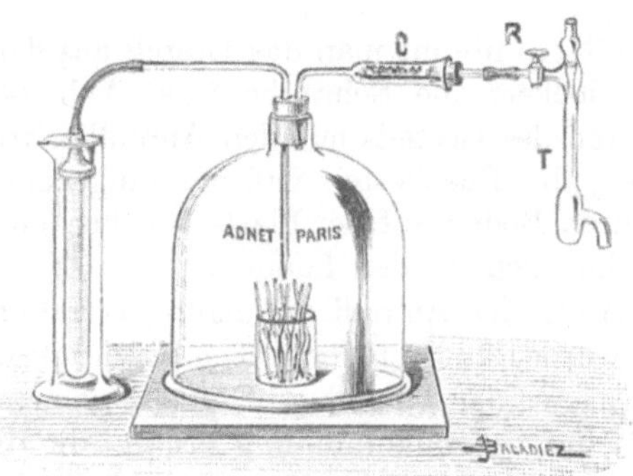

teil des Gestelles mit
der Glasschale infolge
seiner Schwere auf dem
Boden des Evakuations-
gefäßes stehen, so daß
die   Ampullenspitzen
nicht mehr in das Was-
ser eintauchen.

Statt des Evakua-
tionsgefäßes mit dem
aufzulegenden Deckel
kann auch eine tubu-
lierte, auf eine Glas-
platte aufgeschliffene

Abb. 88.   Apparat zur Reinigung und sterilen Füllung
von Ampullen von **A d n e t**, Paris.

Vakuumexsikkatorglocke benutzt werden. Apparate dieser Form
werden u. a. von der Glastechnischen Anstalt von **E r i c h K o e l l n e r**
in Jena und der Firma E. **A d n e t** in Paris 26, rue Vauquelin
geliefert (s. Abb. 88).

Seit kurzem stellt die soeben genannte **K o e l l n e r** sche Anstalt aus Metall einen auf dem gleichen Prinzip beruhenden Apparat her, der die gleichzeitige Füllung noch größerer Mengen von
Ampullen gestattet. Der als Universal-Apparat zur Reinigung,
Sterilisation und sterilen Füllung von Ampullen bezeichnete,
solid gebaute Apparat besteht, wie Abbildung 89 zeigt, im
wesentlichen aus einem kupfernen Kessel mit einem Hahnab-
flußrohr am Boden und einem Wasserstandsrohr, über dem
sich ein Sicherheitsventil befindet. Letzteres ist so konstruiert,

daß es den Dampf, wenn er eine Temperatur von 105 ⁰ angenommen hat, austreten läßt. Dem Wasserstandsrohr gegenüber ist ein mit der Wasserstrahluftpumpe zu verbindender Dreiwegehahn angebracht, durch den man das Innere des Apparates entweder nach außen hin völlig absperren oder mit der Außenluft oder der Luftpumpe in Verbindung setzen kann. Aus dem luftdicht schließenden und mit zwei Schaugläsern versehenen Deckel ragen ein Vakuummeter, ein Thermometer und ein durch einen Hahn absperrbares Glastrichterrohr mit Filterkerzenvorrichtung hervor. Im Innern des Apparates befindet sich ein Gestell mit 250 Löchern für die Aufnahme von Ampullen, darunter eine Glasschale, in die das oben erwähnte Trichterrohr hinabführt. Die Sterilisation der Ampullen und ihre sterile Füllung gestaltet sich mit Hilfe dieses Apparates folgendermaßen: Nachdem das Gestell mit den mit der Spitze nach unten hineingestellten Ampullen in den Apparat ge-

Abb. 89. Apparat zur Reinigung und sterilen Füllung von Ampullen von Koellner, Jena.

bracht und der Deckel unter Benutzung der Verschraubung fest aufgesetzt ist, wird das in dem völlig verschlossenen Apparat enthaltene Wasser erhitzt und ¼ Stunde im Sieden erhalten, so zwar, daß die gespannten, 105 ⁰ heißen Wasserdämpfe durch das Sicherheitsventil entweichen. Alsdann öffnet man für kurze Zeit den Ablaufhahn, um das Wasser aus dem Apparat abfließen zu lassen, und evakuiert letzteren, wodurch die Ampullen gleichzeitig völlig getrocknet werden. Nach genügender, durch das Vakuummeter kontrollierbarer Evakuation öffnet man den Hahn des Glastrichterrohrs, worauf die Füllflüssigkeit durch die Filterkerze in die Glasschale hinabfließt und, sobald man durch den Dreiwegehahn Luft zutreten läßt, von den Ampullen eingesaugt wird.

Man kann mit diesem Apparat natürlich auch vorteilhaft eine Ampullenreinigung vornehmen, auf deren Einzelheiten nach dem früher hierüber Gesagten nicht näher eingegangen zu werden braucht.

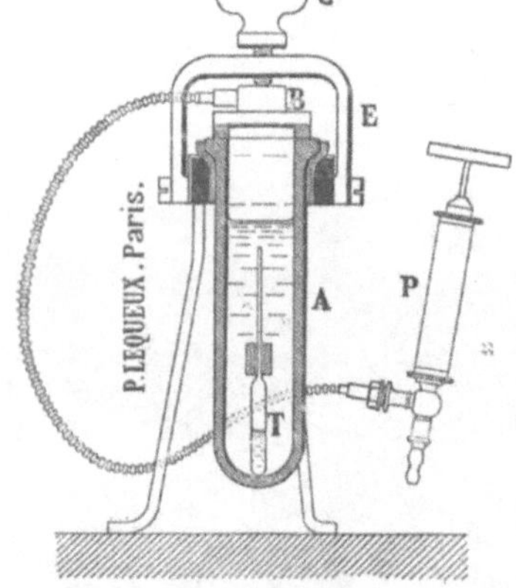

Abb. 90. **Ampullenfüllapparat von Lequeux, Paris.**

Bemerkt sei noch, daß zum Zwecke der Füllung mit leichtflüchtigen Substanzen, wie Chloräthyl, der Apparat auch in anderer Ausführung geliefert wird. Er ist dann mit einem für die Aufnahme von Eis bestimmten Außenmantel umgeben.

So beliebt auch das auf Evakuation beruhende Füllverfahren ist, weist es doch mehrere Mängel auf. Abgesehen davon, daß die Kontrollierbarkeit der in die Ampullen eingefüllten Flüssigkeitsmengen zu wünschen übrig läßt, wird man in vielen Fällen aus ökonomischen Gründen unangenehm empfinden, daß mehr Füllflüssigkeit bereitet werden muß, als in die Ampullen eingefüllt wird. Man kann das überschüssige Flüssigkeitsquantum auf ein möglichst geringes Maß beschränken, wenn beim Arbeiten im kleinen die zu füllenden Ampullen mit der Füllflüssigkeit statt in ein Becherglas in einen Glastrichter hineingebracht werden, der nach Abbrechen der Trichterröhre unten verschmolzen ist. Ein weiterer Übelstand des Verfahrens macht sich insofern bemerkbar, als die Evakuation eine Verdunstung der Füllflüssigkeit und, wenn letztere eine Lösung darstellt, eine Veränderung ihres Konzentrationsgrades hervorruft. Bei leicht flüchtigen Flüssigkeiten ist diese Verdunstung ganz erheblich, so daß z. B. Kampferätherlösung nach diesem Verfahren nicht gefüllt werden darf.

Als zweites Prinzip, das für die gleichzeitige Füllung einer
Anzahl Ampullen benutzt werden kann, ist der Druck zu nennen.
Dieses Füllprinzip ist zu Grunde gelegt bei der Konstruktion
der beiden folgenden Apparate, die die Firma Lequeux in Paris 64,
rue Gay-Lussac, in den Handel bringt. Die Handhabung des
kleineren der beiden Apparate, der in Abbildung 90 veranschaulicht ist, gestaltet sich wie folgt: In den dickwandigen, etwa
4 cm weiten Glaszylinder A bringt man die zu füllenden Ampullen
mit nach oben gerichteten Kapillaren und auch die Füllflüssig-

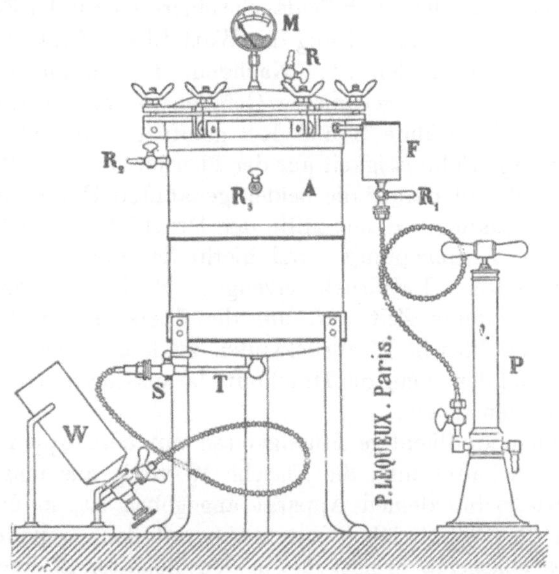

Abb. 91. Ampullenfüllapparat von Lequeux, Paris.

keit, indem man durch einen um die Kapillaren gelegten
Porzellanring von entsprechender Schwere das Emporsteigen der
Ampullen in der Flüssigkeit verhindert. Nachdem man dann den
Zylinder luftdicht mit Hilfe der Bügelschraube E durch den mit
der Druckluftpumpe P verbundenen Stöpsel B verschlossen hat,
können die Ampullen leicht dadurch gefüllt werden, daß der
Pumpenkolben einige wenige Male niedergedrückt wird.

Da in den Zylinder soviel Flüssigkeit eingefüllt werden muß,
daß ihr Niveau über den Kapillarenden steht, bleibt ein weit
größeres Quantum Flüssigkeit unbenutzt als bei den auf dem

Evakuationsprinzip beruhenden Apparaten, worin natürlich ein Nachteil des Druckfüllverfahrens zu erblicken ist. Dieses zeigt sich aber jenem, wenn auch nicht in bezug auf genaue Bemessung der Füllflüssigkeitsmengen, so doch darin überlegen, daß es keine Flüssigkeitsverdunstung herbeiführt. Deshalb erweist sich der größere Lequeuxsche Apparat, den Abbildung 91 wiedergibt, als besonders geeignet für die Massenfüllung von Ampullen mit leicht flüchtigen, z. B. ätherhaltigen Flüssigkeiten. Er besteht im wesentlichen aus dem luftdicht zu verschließenden, verzinnten Kupferbehälter A, der durch Schläuche einerseits mit der Flasche W, andererseits unter Einschaltung des Wattefilters F mit der Druckluftpumpe P verbunden ist. Nachdem die Ampullen mit den Spitzen nach oben in geeigneten Gefäßen in den Behälter A eingesetzt und die Hähne S und R 2 geöffnet sind, läßt man die leicht flüchtige Füllflüssigkeit aus der Flasche W in den Behälter A einlaufen, schließt darauf die beiden genannten Hähne und öffnet Hahn R 1. Dann wird mit Hilfe der Druckluftpumpe P Luft in den Behälter A eingepumpt, und hierin der für die Füllung der Ampullen nötige Luftdruck erzeugt. Schließlich dreht man Hahn S für kurze Zeit auf, um die überschüssige Flüssigkeit wieder in die Flasche W zurücklaufen zu lassen, und öffnet den Apparat, nachdem man die Druckluft daraus durch den Hahn R 3 hat entweichen lassen.

Sollen nicht flüchtige Flüssigkeiten mit dem Apparat gefüllt werden, so schaltet man die Flasche W völlig aus und verfährt analog, wie beim kleinen Apparat angegeben ist, in der Weise, daß man die Füllflüssigkeit zusammen mit den Ampullen in ein geeignetes Glasgefäß bringt, das in den Behälter A hineingesetzt wird.

Man kann sich unter Benutzung dieses Füllprinzips selbst einen kleinen einfachen Füllapparat konstruieren, indem man die Öffnung eines starkwandigen Glaszylinders luftdicht unter Einschaltung eines Wattefilters mit einer Fahrradpumpe verbindet. Es ist nicht ohne Interesse, daß mit dem Druck-Füllverfahren in Deutschland die ersten Ampullen in Simons Apotheke in Berlin gefüllt wurden.

Ein drittes, wenig angewandtes Füllverfahren, das hier nicht unerwähnt bleiben soll, besteht in folgendem: Man bringt die Füllflüssigkeit, sowie die mit ihren Kapillaren nach unten gerichteten Ampullen in ein Becherglas und stellt dieses, mit Pergamentpapier überbunden, $\frac{1}{4}$—$\frac{1}{2}$ Stunde in den Autoklaven und sorgt insbesondere dafür, daß die in diesem vorhandene Luft durch den aus dem schwach geöffneten Ablaßhahn austretenden Dampf möglichst vollständig ausgetrieben wird. Schließt man nach Ablauf dieser Zeit den Dampfablaß- und Zuleitungshahn und läßt später durch sterile Watte filtrierte Luft in den erkalteten Apparat eintreten, so bewirkt der zur Geltung kommende Luftdruck eine sofortige Füllung der Ampullen.

Nachteile dieses Verfahrens liegen darin, daß es erstens nur für wässerige, ein hohes Erhitzen vertragende Lösungen geeignet erscheint, zweitens eine Kontrolle der in die Ampullen einzufüllenden Flüssigkeitsmengen nicht gestattet und drittens eine, wenn auch vielleicht nur geringe Veränderung des Konzentrationsgrades der Lösungen zur Folge hat. Auf der anderen Seite kommt als Vorteil dieses Verfahrens in Betracht, daß gleichzeitig mit der Füllung auch die Sterilisation der Ampullen erfolgt.

7. Das Zuschmelzen der Ampullen schließt sich ihrer Füllung sofort an. Damit beim späteren Sterilisieren ein Zerplatzen der in zulässigem Maße gefüllten Ampullen (vgl. S. 205) möglichst verhindert wird, sind sie zweckmäßig unmittelbar vor dem Zuschmelzen ungefähr auf die in Frage kommende Sterilisationstemperatur zu erhitzen. Auch für diesen Zweck erweist sich das auf Seite 217 beschriebene Ampullengestell recht brauchbar, da man es mit den hineingestellten Ampullen in auf eine entsprechende Temperatur erwärmtes Wasser stellen und zwecks Zuschmelzens mit einer geeigneten Flamme von Kapillare zu Kapillare über die angewärmten einzelnen Ampullen hinfahren kann. Will man von einem Anwärmen der gesamten Ampullen absehen, erscheint es mindestens ratsam, jede einzelne Ampulle zur Erhitzung der über der Füllflüssigkeit stehenden Luftschicht, bevor die Flamme der Spitze genähert wird, mit ihrem ungefüllten Teil einmal kurz durch die Flamme zu ziehen.

Sehr störend können beim Zuschmelzen kleine, von der Füllung her am Innern der Kapillaren haften gebliebene Flüssigkeitsmengen werden. Sofern es sich nicht um flüchtige Substanzen handelt, entstehen nämlich hierdurch beim Erhitzen der Kapillaren in der Flamme leicht Verkohlungen, durch die Zersetzungsprodukte in die Füllflüssigkeit hineingelangen und die Ampullen auch in ihrem äußeren Ansehen beeinträchtigt werden. Man sucht deshalb eine Reinigung der Ampullenkapillaren vor dem Zuschmelzen vorzunehmen. Beysen[1]) empfiehlt, hierzu eine entsprechend zugestutzte, feine Gänsefeder zu nehmen, die man kochendem Wasser entnimmt, um sie nach jedesmaligem Gebrauch wieder in dieses hineinzulegen. Eine solche Reinigung ist natürlich eine umständliche und zeitraubende Arbeit. Man wird daher gut tun, bei der Füllung darauf zu achten, daß nach Möglichkeit eine Benetzung der Kapillaren mit der Füllflüssigkeit unterbleibt. Nimmt man die Füllung z. B. mit einer Pravaznadel vor, so wischt man zweckmäßig vor dem Einführen in die Ampullen die jener anhaftende Flüssigkeit ab und entfernt einen an der Nadelspitze etwa noch hängenden kleinen Tropfen vor dem Herausziehen der Nadel dadurch, daß man sie, bevor sie in die Kapillare hineingelangt, an der innern Glaswandung abstreicht. Dies gelingt besonders leicht an den Einschnürungen, welche einige der auf Seite 198 wiedergegebenen Ampullenmodelle aufweisen.

Zwecks Entfernung größerer Mengen Flüssigkeiten, die bei Anwendung anderer Füllmethoden meist in den Kapillaren verbleiben, kann man in diese eine an eine Wasserstrahlluftpumpe angeschlossene Pravaznadel einführen oder auch die Ampullen mit nach oben gerichteten Kapillaren evakuieren.

Die Einfüllung wässeriger Lösungen leicht löslicher Substanzen kann man mit Hilfe der Nadel auch in der Weise vornehmen, daß man in die einzelnen Ampullen zunächst den halben Raumteil, also z. B. statt 1,1 nur 0,55 ccm einer in doppelter Stärke hergestellten Lösung hineinbringt. Läßt man dann später einen gleichen Raumteil Wasser nachfließen, so werden mit diesem die in den Kapillaren etwa haften gebliebenen Flüssigkeitsmengen in den Ampullenleib hinabgespült. Auf dieses Füllverfahren ist auch bei der Graduierung des S. 209 beschriebenen Wulffschen Füllapparates Rücksicht genommen.

Das Zuschmelzen der Ampullen selbst bereitet bei einiger Übung keine Schwierigkeiten. Man bringt die Spitzen der Kapillaren am besten in die kleine Flamme einer Gas- oder Spiritusgebläselampe, bis sie zugeschmolzen erscheinen. In Abbildung 92 ist eine bequem zu handhabende kleine Gasgebläselampe in liegender Form veranschaulicht, an die ein Schlauch mit Glasmundstück angefügt wird, um durch Blasen mit dem Munde eine Stichflamme zu erzeugen; Abbildung 93 zeigt dagegen eine für Spiritusverbrauch eingerichtete Lampe. Die Spiritusgebläselampen füllt

------

[1]) Pharm. Ztg. 1908. S. 859.

man vorteilhaft mit hochprozentigem Weingeist, der mit etwas
Äther oder Benzin versetzt ist. Vortrefflich eignet sich ein Sauer-
stoffgebläse. Ein unnötig langes Hineinhalten der Kapillare in
die Flamme ist zu vermeiden, da sonst, namentlich wenn die Luft
in der Ampulle vorher nicht erwärmt ist, kugelige, äußerst dünn-
wandige Auftreibungen entstehen, die, abgesehen davon, daß sie
das gute Aussehen der Ampulle beeinträchtigen, bei der Sterilisation nicht den genügenden Widerstand leisten.

In Ampullen eingefüllte, leicht entzündliche Flüssigkeiten
wie Äther kann man vor Entzündung und Verflüchtigung beim
Zuschmelzen der Ampullen dadurch bewahren, daß man eine
mit kleinen Löchern versehene Asbestplatte wagerecht auf ein
Gestell legt, die Ampullen mit ihren Kapillaren von unten in diese

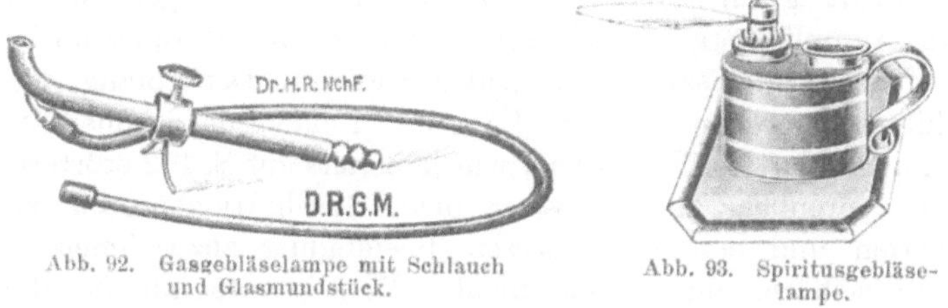

Abb. 92. Gasgebläselampe mit Schlauch   Abb. 93. Spiritusgebläse-
     und Glasmundstück.   lampe.

Löcher hineindrückt und dann eine spitze Stichflamme auf die
Kapillarspitzen wirken läßt.

8. **Die Prüfung auf dichten Verschluß der Ampullen,** die nunmehr folgt, geschieht zweckmäßig in der Weise, daß man sie in
eine Lösung von Methylenblau oder einem anderen geeigneten,
der Regel nach wässerigen Farbstoff bringt und durch eine aufgelegte Siebplatte unter das Flüssigkeitsniveau drückt. Man
erhitzt nun die Farblösung zum Sieden bzw. so hoch, als die Füllflüssigkeit gestattet und läßt sie erkalten. Nimmt man später
die Ampullen aus der erkalteten Flüssigkeit heraus, so macht sich
eine etwa vorhandene Undichtigkeit einzelner Ampullen durch
eine Färbung ihres Inhalts bemerkbar. Auch bei Ampullen aus
braunem Glase ist die Blaufärbung der Füllflüssigkeit deutlich
wahrzunehmen.

Die Sterilisation ist nicht für alle Ampullen erforderlich. Es
scheiden diejenigen aus, deren Füllflüssigkeiten ein Erhitzen auf
höhere Temperaturen nicht vertragen und daher auf dem Wege
der Filtration durch die Kerze keimfrei gemacht oder, unter An-

wendung des aseptischen Herstellungsverfahrens bereitet, mit Hilfe sterilisierter Apparate eingefüllt sind. Auch für Flüssigkeiten, die wie Äther als keimfrei anzusehen sind, fällt die Sterilisation natürlich fort.

Nach der Beständigkeit der jeweiligen Füllflüssigkeit richtet es sich, ob die Ampullen durch Tyndallisation, durch Erhitzen auf 100 ^{0} oder eine noch höhere Temperatur zu sterilisieren sind. Hinsichtlich der hier in Frage kommenden Einzelheiten muß auf das im vorigen Abschnitte über die Sterilisation der verschiedenen flüssigen Arzneimittel Gesagte, insbesondere auf den Inhalt der dort eingefügten Tabelle verwiesen werden. Das Erhitzen kann im Wasserbade, im Luftbade oder auch im Dampf vorgenommen werden. Der erstgenannte Weg ermöglicht es, die Sterilisation mit der Prüfung auf keimdichten Verschluß zu vereinigen, indem man die Ampullen statt in Wasser in einer Farbstofflösung kocht bzw. auf die Tyndallisationstemperatur erwärmt. Der Vorzug, den das Erhitzen im gespannten Dampf gegenüber einem gleich hohen Erhitzen im Heißluftsterilisator hat, wurde bereits auf S. 162 erörtert.

Die Ampullen ungeschlossen dem Sterilisationsprozeß zu unterwerfen und erst nach dessen Beendigung zuzuschmelzen, empfiehlt sich im allgemeinen nicht. Dies könnte nur für die Dampfsterilisation solcher Ampullen in Betracht gezogen werden, die mit wässerigen Lösungen nicht flüchtiger Substanzen gefüllt sind, und bietet vielleicht bei denjenigen Lösungen, die sehr empfindlich gegen Glasalkalität sind, einen kleinen Vorteil. Die Menge des aus dem Glase abgespaltenen und in die Lösung übergehenden Glasalkalis steigt nämlich nicht nur mit der Zunahme der auf die Ampullen einwirkenden Temperaturgrade, sondern auch mit dem im Innern der Ampullen herrschenden Druck, was erst kürzlich wieder von Budde[1]) festgestellt wurde. Dieser konnte nachweisen, daß schon eine Erhöhung des Druckes um 1 At. die Menge des frei gewordenen Glasalkalis mehr als um das Doppelte vermehrte. Sehr groß wird aber der Druck in den Ampullen nicht sein, wenn man, wie auf S. 161 bzw. 225 angeraten wurde, bei Lösungen solcher Substanzen, die vom Glas leicht angegriffen werden, mit der Sterilisationstemperatur nicht über 100 ^{0} hinausgeht und vor dem Zuschmelzen die Ampullen entsprechend erhitzt.

---

[1]) Veröffentlichungen aus dem Gebiete des Militär-Sanitätswesens Heft. 45. 1911. S. 105.

9. Das Einritzen eines Bruchstriches an den Ampullenkapillaren, das dem Arzte ermöglicht, ihre Spitze leicht und glatt, ohne daß Splitterung erfolgt, abzubrechen, wird von manchen Apothekern noch als eine zur Zubereitung der Ampullen gehörige Arbeit angesehen und gleich im Anschluß an das Zuschmelzen bzw. Sterilisieren vorgenommen. Für dieses Anritzen des Glases eignen sich kleine Sägen oder Dreikantfeilen (s. Abb. 94), am besten aber Glasschneidemesser (s. Abb. 95). Letztere sind besonders empfehlenswert, weil sie, durch längeren Gebrauch stumpf geworden, mit Hilfe eines Sandsteines wieder geschliffen werden können.

Wenn nun auch die meisten Ärzte einen Vorteil darin erblicken werden, Ampullen mit bereits eingeritzten Kapillaren in die Hand zu bekommen, so schließt dieses frühzeitige Einritzen doch auch nicht gering anzuschlagende Nachteile in sich. Einer-

Abb. 94. Dreikantfeile zum Anritzen der Ampullen.

Abb. 95. Ampullenmesserchen.

seits verursacht die eingeritzte Bruchstelle auf dem Wege des Transportes leicht ein Abbrechen der Kapillarspitzen, andererseits stellt ein allzuscharfes Einritzen den luftdichten Abschluß des Ampulleninhalts und hiermit dessen Sterilität in Frage. Die Mehrzahl der Apotheker nimmt daher von dem Einritzen der Kapillaren Abstand und fügt bei der Dispensation den Ampullen eine kleine Feile bei, mit der dann der Arzt das Einritzen selbst vorzunehmen hat.

10. Die Prüfung der sterilisierten Ampullen auf Keimfreiheit kommt in der Regel nur für diejenigen Ampullen in Betracht, die vom Apotheker zwecks gelegentlicher Dispensation im voraus sterilisiert oder gefüllt und sterilisiert bezogen sind. Bei auf Grund ärztlicher Verordnung frisch fertig gestellten Ampullen wird von einer bezüglichen Prüfung, da sie einen Zeitaufwand von mehreren Tagen erfordert, fast immer abgesehen werden müssen.

Die Prüfung geschieht durch Stichproben; man sucht möglichst solche Ampullen heraus, deren Inhalt durch ein von den anderen abweichendes Aussehen, z. B. geringere Klarheit auffällt. Die zu untersuchenden Ampullen öffnet man durch Abbrechen der Spitze und entnimmt ihnen einige Tropfen, was zweckmäßig mit Hilfe einer an einem Ende in eine feine Kanüle ausgezogenen kleinen Glasröhre geschieht, die vorher durch mehrmaliges Durchziehen durch die Flamme sterilisiert ist. Man bringt die Tropfen in ein Reagenzglas mit sterilem Nährboden und beobachtet, ob sich Keime entwickeln. In dieser Hinsicht in Betracht kommende Einzelheiten sind aus dem späteren Abschnitt „Prüfung von Arzneimitteln und Verbandstoffen auf Keimfreiheit" zu ersehen.

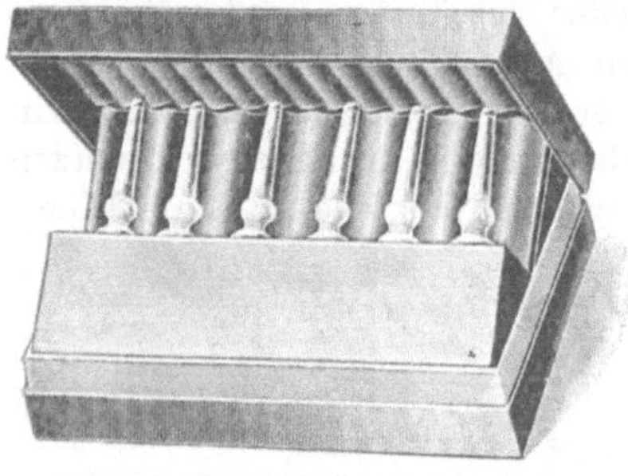

Abb. 96.   Karton zur Verpackung von Ampullen.

11. Das Signieren der einzelnen Ampullen, das nie unterlassen werden darf, geschieht zweckmäßig durch Aufkleben kleiner, schmaler Etiketten mit aufgeschriebener oder besser mit aufgedruckter Inhaltsangabe. Diese werden vorteilhaft dem Ampullenleibe in der Längsrichtung aufgeklebt, da sie so leichter lesbar sind. Man kann sie sich aus Papierstreifen unter Benutzung eines kleinen Druckapparates mit Gummitypen, der in für diesen Zweck brauchbarer Größe sehr billig zu kaufen ist, selbst ohne Mühe herstellen. Erwähnt sei noch, daß auch Ampullen mit eingeätztem, beliebigem Aufdrucke im Handel zu beziehen sind.

Hält der Apotheker Ampullen mit häufiger verordnetem Inhalt sterilisiert vorrätig, so wird es von Interesse für ihn sein, jederzeit feststellen zu können, wie lange sie bereits lagern. Es empfiehlt sich für diesen Fall, die einem gemeinsamen Sterilisationsprozeß unterworfenen Ampullen mit einer kleinen, auf der Etikette zu vermerkenden Nummer zu versehen und diese Nummer mit dem zugehörigen Datum in ein kleines „Sterilisationsbuch" einzutragen. Einige Apotheker beobachten dieses Verfahren für alle von ihnen sterilisierten Ampullen sowie auch Verbandstoffpackungen.

12. Die Abgabe von Ampullen erfolgt am besten in besonderen Ampullenkartons (s. Abb. 96), in denen die Ampullen nebeneinander, gegen Bruch geschützt, lagern.

13. Besondere Ampullenformen. Am Schlusse dieses Abschnittes soll noch näher auf einige für besondere Zwecke ausgebildete Ampullenarten eingegangen werden.

Der naheliegende Gedanke, die Ampulle, das billigste und brauchbarste Behältnis für sterilisierte Arzneimittel, als Tropfenampulle besonders auszubilden, ist verwirklicht in der durch Abb. 97 veranschaulichten Normaltropfenampulle Modell „Schwan" nach Wulff-Hillen. An den eiförmigen Ampullenleib, der auf seiner unteren, etwas eingedrückten Seite fest stehen kann und hinten in eine lange Kapillare ausläuft, ist vorn ein dickwandiges und englumiges, schwanenhalsartig gebogenes Röhrchen angeschmolzen. Dieses hat wie die gemäß den Brüsseler Be-

Abb. 97. Normaltropfenampulle „Schwan" nach Wulff-Hillen.

schlüssen vom Deutschen Arzneibuch und einigen Pharmakopöen anderer Staaten vorgeschriebenen Tropfenzähler einen äußeren Durchmesser von 3 mm, so daß 20 aus dem Röhrchen abfallende Tropfen bei einer Temperatur von 15^0 1 g wiegen.

Diese „Schwanenampullen" sind insbesondere für Augen- und Ohrentropfen bestimmt, sie erscheinen aber auch geeignet, als Sterilisations- und Aufbewahrungsgefäße wenig haltbarer Arzneimittel (z. B. Mutterkornextraktlösung), die gelegentlich in geringer Menge innerlich verabreicht und häufig auch schnell benötigt werden, in den Arzneischränken der Krankenanstalten, Gefängnisse und Schiffe zu dienen. Ebenso können sie auch mit Vorteil benutzt werden, um in den Apotheken, wie auf S. 164 näher erörtert ist, Arzneimittel in konzentrierter Lösung sterilisiert vorrätig zu halten, um daraus im Bedarfsfalle durch entsprechendes Verdünnen mit sterilem Wasser sterile Lösungen von vorgeschriebener Stärke herzustellen.

Die Schwanenampullen werden von der Firma Fridolin Greiner in Neuhaus am Rennweg aus Jenaer Glas hergestellt und zugeschmolzen geliefert. Ihre Füllung geschieht durch die hintere Kapillare unter Anwendung eines für die Einzelfüllung in Betracht kommenden Füllverfahrens.

Da die Sterilisierung einer Spritze zeitraubend und für den vielbeschäftigten Arzt lästig, ebenso auch je nach ihrer Beschaffenheit mehr oder weniger schwierig und unsicher ist, sind Ampullen konstruiert worden, die es ermöglichen, ihren Inhalt, unter Umgehung des Einfüllens in eine Spritze, direkt zu Ein- und Ausspritzungen zu benutzen.

Von diesen Vorrichtungen seien zunächst genannt die Ampoules du Docteur Dhotel directement injectables, die gefüllt vom Laboratoire Freyssinge in Paris 6, rue Abel zu beziehen sind. Wie Abb. 98 zeigt, handelt es sich um

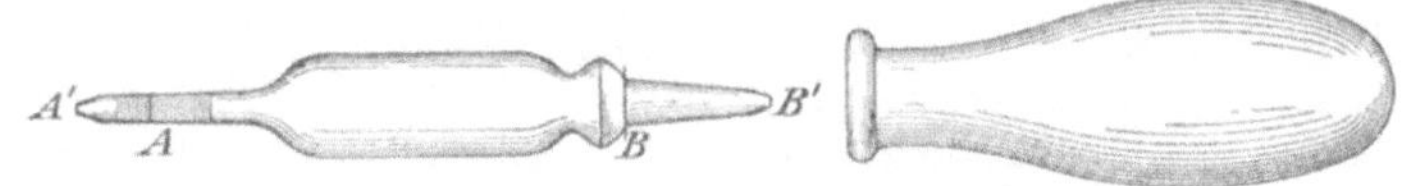

Abb. 98. Ampulle nach Dr. Dhotel zur direkten Injektion.

eine besondere Art zweikapillariger Ampullen, an deren hinteres Ende ein kleiner Gummiball angefügt werden kann. Soll der Inhalt einer Ampulle ausgespritzt werden, so feilt man die beiden Kapillaren an den markierten Stellen B und A an, bricht dann zunächst die hintere Kapillare bei B ab und fügt den Gummiball an die Ampulle an. Hierauf wird die Spitze der vorderen Kapillare bei A abgebrochen. Diese Kapillare ist besonders starkwandig und äußerlich geschliffen, so daß man ihr die Pravaznadel luftdicht aufsetzen kann. Das Ausspritzen der Ampulle erfolgt durch allmähliches Andrücken des Gummiballs.

Weiter seien hier erwähnt die Robertschen Ampullenspritzen (Ampoules-seringues de Robert), die vom Laboratoire générale de Stérilisation de Robert et Carrière in Paris 37, rue de Bourgogne, gefüllt in den Handel gebracht werden. Es sind, wie aus Abb. 99 zu entnehmen ist, eigenartige einkapillarige Ampullen, an deren geschliffene Kapillare die Pravaznadel luftdicht angefügt werden kann. Für den Gebrauch bricht man sie oberhalb des ringförmigen Wulstes ab und nimmt dann das Ausspritzen in der Art vor, daß mit Hilfe eines Glasstabes der im oberen Teil der Ampulle sitzende und mitsterilisierte Gummistopfen heruntergestoßen wird.

Zum Schluß sei noch auf eine neue von Wulff und Hillen konstruierte Vorrichtung (s. Abb. 100) hingewiesen, die es ermöglicht, Ein- und Ausspritzungen der verschiedensten Art unter Abmessung der Flüssigkeitsmenge aus der Ampulle vorzunehmen. Die Vorrichtung, deren Herstellung die Glastechnische Anstalt Erich Koellner in Jena übernommen hat, besteht in einer Verbindung von Spritzapparat und zweikapillariger Ampulle. Der Spritzapparat unterscheidet sich von einer graduierten, ganz aus Glas gearbeiteten Injektionsspritze im wesentlichen nur durch das Vorderteil. Letzteres zeigt nämlich eine Erweiterung, in die ein Gummistopfen mit einer nach hinten schwach konisch zulaufenden Bohrung fest hineingeschoben ist. In diese Bohrung werden bei hochgezogenem Spritzenkolben die beiderseits geöffneten Ampullen mit ihrem hinteren Ende luftdicht ein-

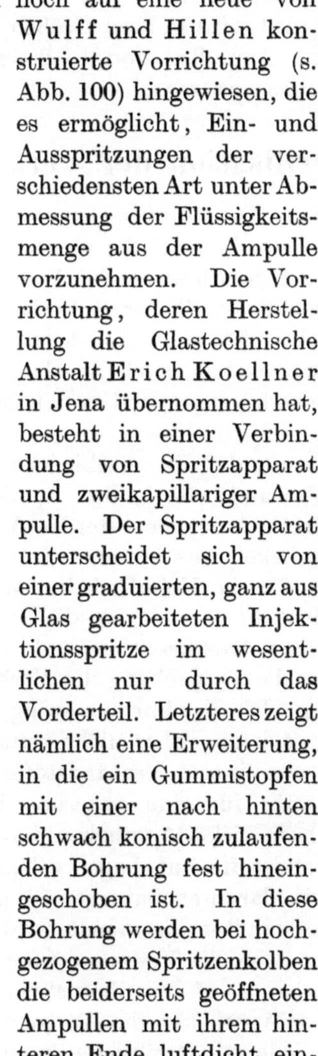

Abb. 99. Robertsche Ampullenspritze.

Abb. 100. Ampullenspritze nach Wulff-Hillen.

gefügt. Von den Ampullen sind diejenigen, die mit der Pravaznadel verbunden werden, an ihrer vorderen Spitze in gleicher Weise wie die vorher beschriebenen französischen Ampullen geschliffen, während die übrigen, deren Inhalt zum Ausspritzen der Augen, Ohren etc. Verwendung finden soll, eine gewöhnlich ausgezogene Vorderspitze haben.

Der Spritzapparat wird in zwei Größen geliefert; das kleinere Modell dient dazu, Ampullen von 1—2 ccm, das größere solche von 5—10 ccm auszuspritzen.

G. Sterilisation der Verbandstoffe.

1. Allgemeines. Der Sterilisation der Verbandstoffe in den Apotheken wird vielfach nicht die gleiche praktische Bedeutung beigemessen wie der Sterilisation der Arzneimittel, da ein großer Teil der Apotheker die sterilisierten Verbandstoffe aus Verbandstoffabriken bezieht. Es mag aber hervorgehoben werden, daß die Verbandstoffsterilisation auch zu dem eigentlichen Arbeitsgebiet des Apothekers gehört und von letzterem auch unschwer auszuführen ist.

Weiter sei betont, daß in verschiedener Hinsicht das Selbststerilisieren der Verbandstoffe in den Apotheken Vorteile bietet. Bei der Abgabe fertig bezogenen sterilen Verbandmaterials trägt natürlich der Apotheker, aus dessen Offizin es entnommen wird, die Verantwortung für die Keimfreiheit. Wenn nun auch, woran im allgemeinen nicht zu zweifeln ist, die Sterilisation in den Verbandstoffabriken mit Sachkenntnis und Sorgfalt vorgenommen wird, so läßt leider die Verpackung des Verbandmaterials vielfach zu wünschen übrig. Die Konkurrenz zwingt zu möglichst billigen Preisnotierungen; es kann daher nicht wundernehmen, daß auch Umhüllungen für sterilisierte Verbandstoffe im Handel sind, die keine sichere Gewähr für eine dauernde Erhaltung der Keimfreiheit bieten. Da in vielen Apotheken die verschiedensten Arten sterilisierter Verbandstoffe auf Lager gehalten werden und sich im Laufe der Zeit darunter naturgemäß auch eine Anzahl sogenannter alter Ladenhüter ansammelt, wird es für den Apotheker nicht immer leicht sein, die Verantwortung für die Sterilität der abzugebenden Verbandstoffe zu übernehmen.

Sterilisiert der Apotheker die Verbandstoffe selbst, so wird er zunächst, da er jederzeit sterilisieren kann, seinen Bedarf hieran nicht auf lange Zeit im voraus bereiten, ferner etwa länger aufbewahrtes sterilisiertes Verbandmaterial gelegentlich einer erneuten Sterilisation unterwerfen.

Das Selbststerilisieren bietet weiterhin dem Apotheker auch den Vorteil, daß er den eventuellen Wünschen, welche die Ärzte hinsichtlich der Zusammenstellung der einzelnen sterilisierten Verbandstoffpackungen haben, leicht nachkommen und auch stets frisch sterilisiertes Verbandmaterial, worauf ärztlicherseits vielfach großer Wert gelegt wird, liefern kann.

Was nun das geeignete Verfahren für die Sterilisation der Verbandstoffe anlangt, so erscheint die Anwendung trockener Hitze, die u. a. Ohnmais[1]) empfahl, nicht angebracht, da eine mehrstündige Einwirkung einer Temperatur von 150 ^{0}, wie sie zur sicheren Keimabtötung erforderlich ist, die verschiedenen Verbandmaterialien (Watte, Mull etc.) gelb färbt und auch brüchig macht.

Fraktionierte Sterilisation bei niedriger Temperatur verspricht deshalb keinen sicheren Erfolg, weil die Bakteriensporen auf Verbandmaterial erfahrungsgemäß meist schwer auskeimen. Auch ist bei trockenem Erhitzen der Verbandstoffe mit der Tatsache zu rechnen, daß die Hitze sehr langsam in das Innere eines größeren Verbandstoffpaketes eindringt. So muß z. B. ein Paket Verbandwatte von 250 g, wie Versuche ergaben, etwa vier Stunden in einem auf 100 ^{0} erwärmten Trockenschranke liegen, um bis ins Innerste hinein auf 100 ^{0} erwärmt zu werden. Durch Auskochen die Verbandstoffe keimfrei zu machen, ist ebenfalls nicht empfehlenswert, da sie meist trocken verwendet werden. Ein Nachtrocknen derselben im Trockenschrank wäre zeitraubend, umständlich, sowie kaum ohne Gefahr einer nachträglichen Infektion ausführbar. Überdies ist bekannt, daß durchnäßte Watte beim Trocknen ihre besonders geschätzte lockere Beschaffenheit mehr oder weniger einbüßt.

Ebensowenig geeignet für den genannten Zweck erweisen sich im allgemeinen die antiseptischen Mittel. Es sei hier nur daran erinnert, daß sie, wie früher erörtert worden ist (siehe S. 124), in bezug auf keimabtötende Wirkung zu wünschen übrig lassen. Auch ist damit zu rechnen, daß Verbandmaterial, das steril einer bakteriziden Flüssigkeit entnommen wird, beim Auspressen und Trocknen leicht wieder Keime aufnimmt. Nur für die Sterilisation bestimmter Verbandmittel, insbesondere des Katguts, kommen antiseptische Mittel zur Anwendung.

Ein vorzügliches Sterilisationsmittel für Verbandstoffe ist dagegen der Dampf. Gespannter Dampf verdient auch hier den Vorzug, und zwar zunächst deshalb, weil er im Vergleich zu ungespanntem

---

[1]) Journ. d. Pharm. von Elsaß-Lothr. 1897. S. 188.

Dampf eine größere Sterilisationswirkung hat. Wendet man ungespannten Dampf an, so ist eine mehrmalige Sterilisation anzuraten, ebenso ist dann ganz besonders darauf zu achten, daß die Dampfwirkung nicht durch in dem Sterilisationsapparat vorhandene Luft beeinträchtigt wird. Um letztere möglichst zu entfernen, pflegt man zuweilen, namentlich wenn umfangreiche Sterilisationsobjekte vorliegen, wohl den Apparat zu evakuieren; man kommt jedoch auch ohne dieses zum Ziel, wenn man den Dampf genügend lange den Sterilisationsraum durchströmen läßt. In früherer Zeit vermied man ängstlich Apparate, die im Innern Winkel und Ecken aufweisen, da man annahm, daß hier die Luft hartnäckig festgehalten werde. Heutzutage hält man aber rechtwinklige Apparate für ebenso brauchbar wie zylindrische. Nur legt man Wert darauf, daß der Dampf oben in den Apparat ein- und unten austritt [1]). Auf diese Weise wird die Luft, die spezifisch schwerer ist als Dampf, leicht aus dem Apparat entfernt, indem sie gewissermaßen aus ihm herausfällt.

Abgesehen von seinem größeren Keimabtötungsvermögen bietet der gespannte Dampf dem ungespannten gegenüber ferner den Vorteil, daß er schneller in das Innere der Verbandstoffpakete eindringt.

Im allgemeinen wird die Sterilisationsdauer bei Anwendung gespannten Dampfes auf eine Viertelstunde, bei Anwendung ungespannten Dampfes auf eine halbe Stunde bemessen und von dem Zeitpunkte an gerechnet, wo das Thermometer des Sterilisationsapparates die in Frage kommende Temperatur erreicht hat. Insbesondere bei Verbandmaterial, das von dichter Beschaffenheit ist oder in größeren Paketen sterilisiert werden soll, muß berücksichtigt werden, daß eine mehr oder weniger lange Zeit vergeht, bis die im Apparat erreichte Sterilisationstemperatur auch im Innern der Verbandstoffpakete herrscht, besonders wenn diese von Hüllen umgeben sind, die dem Dampf nicht von allen Seiten ungehindert den Zutritt gestatten. Es mag hier ein Versuch von Bratz [2]) angeführt werden, der ergab, daß bei der Sterilisation von 500 g Watte, die in einer Schimmelbusch-Büchse (s. S. 244) von 25 cm Durchmesser und 20 cm Höhe untergebracht war, von dem Zeitpunkte an, an dem das Thermometer des Appa

---

[1]) Bratz (Arch. f. klin. Chirurg. LXVIII. S. 679) mißt dieser Art der Dampfzuleitung keine wesentliche Bedeutung bei.

[2]) Münchener Med. Wochenschr. 1901. S. 56.

rates 100 ⁰ zeigte, noch 29 Minuten vergingen, bis der gleiche Temperaturgrad auch im Innern der Watte festzustellen war. Würde das genannte Sterilisationsobjekt in der Büchse nur eine halbe Stunde dem ungespannten Dampf ausgesetzt, so würde es unvollkommen sterilisiert dem Apparat entnommen werden. Will man auf eine erfolgreiche Sterilisation rechnen, so muß man die für die beiden Dampfarten angegebene Sterilisationsdauer um diejenige Zeit verlängern, die der Dampf braucht, um bis in das Innere der Verbandstoffpackungen vorzudringen, oder, mit anderen Worten ausgedrückt, die Sterilisationsdauer erst von dem Zeitpunkt bemessen, wenn die Sterilisationstemperatur im Innern des Verbandmaterials erreicht ist.

Hieraus ergibt sich, wie wichtig der Nachweis ist, daß der Dampf bis in die innersten Verbandstoffschichten wirklich eingedrungen ist und auch die erforderliche Zeit hier eingewirkt hat.

Für diese Feststellung kann man sich außer den Maximumthermometern der sogenannten Testobjekte bedienen, auf die in den früheren Abschnitten bereits mehrfach Bezug genommen ist. Als solche verwendet man z. B. kleine, aus einer bei bestimmter Temperatur schmelzenden Metallegierung (z. B. aus Wismut, Blei oder Zinn) gefertigte Drahtstifte. Diese werden, in kleine Steckkapselgläschen eingeschlossen, im Innern der zu sterilisierenden Verbandstoffpäckchen untergebracht. Stich[1]) hat mit Hilfe einer solchen Legierung ein besonderes Maximalthermometer für Sterilisationszwecke konstruiert. In der äußeren Form ähnlich der bekannten Sand- oder Eieruhr, beruht es darauf, daß eine kleine Menge einer Metallegierung, sobald die Temperatur ihres Schmelzpunktes erreicht ist, aus der oberen in die untere Glaskugel herabfließt.

Man hat ferner vorgeschlagen, zwischen Fließpapier ins Innere der Verbandstoffpakete ein kleines Körnchen einer trockenen Anilinfarbe (z. B. Fuchsin) zu legen, das, wenn der Dampf bis zu ihm vorgedrungen ist, zerfließt und eine geringe Färbung der Papierhülle bewirkt.

Drittens kann man auch Chemikalien von bestimmtem Schmelzpunkt in kleinen Glasröhrchen in die inneren Verbandstoffschichten einbetten, um aus dem erfolgten Schmelzen jener den Schluß auf die erreichte Temperatur zu ziehen. Je nach der Höhe der festzustellenden Sterilisationstemperatur kann man verwenden z. B.

---

[1]) Münch. Med. Wochenschrift 1901. Nr. 28.

Phenantren (Schmelzpunkt 98—100 ^{0}),
Acetanilid (Schmelzpunkt 113—114 ^{0}),
subl. Schwefel (Schmelzpunkt 117 ^{0}),
kristallisierte Benzoesäure (Schmelzpunkt 120 ^{0}) [1]).

Gérard [2]) empfiehlt für den gleichen Zweck Mischungen von Farbstoffen und Chemikalien, die in kleinen Glasröhrchen von etwa 6 mm Durchmesser und 4—5 cm Länge eingeschmolzen werden und beim Schmelzen der Chemikalien in auffälliger Weise ihre Farbe verändern. So nimmt z. B. die rosafarbige Mischung von Fuchsin und Benzonaphthol (1 : 250) bei 110 ^{0} eine rubinrote, die azurfarbige Mischung von Brillantgrün und Acetanilid (1 : 100) bei 115 ^{0} eine tiefgrüne und die schwach violette Mischung von Methylviolett und Terpinhydrat (1 : 100) bei 117 ^{0} eine dunkelblauviolette Färbung an [3]).

Alle bisher genannten Testobjekte erfüllen ihren Zweck nur unvollkommen. Sie beweisen, daß der Dampf bis ins Innere der Verbandstoffpackungen vorgedrungen ist, bzw. daß eine bestimmte Temperatur hier geherrscht hat, nicht aber, wie lange der Dampf bzw. die betreffende Sterilisationstemperatur hier zur Einwirkung gekommen ist.

Immerhin ist man aber mit ihrer Hilfe in der Lage, aus einer Anzahl von richtig geleiteten Versuchen für die Sterilisation gleicher Objekte bestimmte Schlüsse hinsichtlich der erforderlichen Sterilisationsdauer zu ziehen.

Eine Kontrolle darüber, ob der Dampf auch auf das Innere eines sterilisierten Verbandstoffpaketes die erforderliche Zeit eingewirkt hat, ermöglicht das Einlegen eines Streifens des v. Mikuliczschen Reagenzpapiers [4]). Dieses wird in der Weise hergestellt, daß man ein bandförmiges Stück nicht geleimten Papieres mit dem Aufdruck „sterilisiert" dick mit 3 %igem Stärkekleister be-

---

[1]) Um beim Verfahren der Heißluftsterilisation festzustellen, daß die erforderlichen höheren Temperaturgrade erreicht worden sind, kann man z. B. Phthalsäure (Schmelzp. 129 ^{0}) oder Salicylsäure (Schmelzp. 155 ^{0}) verwenden.

[2]) In seinem Buche „Technique de Stérilisation". 1911. S. 157.

[3]) Ähnliche Gemische empfahl Demande (Rép. de Pharm. 1903. Nr. 6, ref. Pharm. Ztg. 1903. S. 543), der für höhere Temperaturen noch Gemische von Brillantgrün und Benzoesäure (Schmelzp. 121 ^{0}) und von Enzianviolett und Harnstoff (Schmelzp. 132 ^{0}) angab.

[4]) Vgl. Zentralbl. für Chirurg. 1898. Nr. 26.

streicht und, sobald es halbtrocken ist, in eine Lösung von Jod-jodkaliumlösung (1 : 2 : 100) eintaucht, wodurch das Papier blau gefärbt und der Aufdruck unsichtbar gemacht wird. Wird dieses Jodstärkepapier dem Dampf ausgesetzt, so wird es, je nach der Dauer seiner Einwirkung, mehr oder weniger wieder entfärbt, so daß der Aufdruck wieder zum Vorschein kommt. Dampf von 106—107 ⁰ bleicht das Papier in 10 Minuten. Legt man es in Verbandstoffpakete ein, so tritt bei deren Sterilisierung das Abblassen des Papiers um so später ein, je dichter und umfangreicher sie sind. Ungespannter Dampf vermag das Papier erst nach einer Zeit von mehr als einer Stunde zu entfärben. Daß die Entfärbung des Papiers nicht immer mit zu wünschender präziser Gleichmäßigkeit eintritt, dürfte seinen Grund darin haben, daß es nicht an allen Stellen gleiche Mengen Jodstärke enthält.

Seit einiger Zeit wird in dem chemischen Laboratorium von L. Müller in Leipzig nach den Angaben von Prof. Torggler ein auf einem ähnlichen Prinzip beruhendes Reagenzpapier hergestellt.

Brauchbarer als das letztgenannte Papier erweist sich nach Versuchen von Kutscher[1]) das Stichersche Kontrollröhrchen[2]), das auch von Heymann[3]) und v. Esmarch[4]) empfohlen wurde. Es ist ein enges, zylindrisches, beiderseits zugeschmolzenes Glasröhrchen, das eine geringe Menge chemisch reinen Phenantrens enthält und von einem zweiten, etwas weiteren und gleichfalls an beiden Enden zugeschmolzenen Röhrchen umgeben ist. Durch richtige empyrische Wahl der Stärke und des Durchmessers der Gläser sowie der Dicke des zwischen beiden Gläsern vorhandenen Luftmantels ist dafür gesorgt, daß erst nach Verlauf einer gewissen Zeit das Phenantren (Schmelzpunkt 98—100 ⁰) in dem von Dampf umströmten Röhrchen schmilzt. An dem völligen Schmelzen der Kristallblättchen wird die richtige Dauer der Dampfeinwirkung erkannt. Für die Sterilisation mit gespanntem Dampf dienen Kontrollröhrchen mit Brenzkatechin (Schmelzpunkt 104 ⁰) und Resorzin (Schmelzpunkt 110 ⁰).

---

[1]) Berl. Klin. Wochenschr. 1910. S. 821.

[2]) Zentralbl. für Chirurg. 1899. Nr. 49 und 1900. Nr. 25. Die Röhrchen werden hergestellt von der Firma F. u. M. Lautenschläger, Berlin N. 39, und von der Glasbläserei Aloys Schmidt in Breslau.

[3]) Zeitschr. f. Hygiene. 1905. Bd. 50.

[4]) Bericht des XIV. intern. Kongr. f. Hygiene u. Demogr. (Demogr. Sekt. X. Bd. 2.)

Erwähnt sei noch, daß man sich zwecks Feststellung der im Innern von Verbandstoffpackungen herrschenden Temperatur auch der Kontaktthermometer bedienen kann. Diese sind gewöhnlich derart konstruiert, daß ein Platindraht in das Quecksilbergefäß des Thermometers eingeschmolzen ist und ein anderer, der verschiebbar ist und bei jedem beliebigen Teilstrich der Skala durch eine Klemmschraube festgehalten werden kann, von oben in die Quecksilberröhre herabragt. Das Thermometer ist in den Kreis einer Batterie von zwei Daniel- oder eines größeren Chromsäureelementes eingeschaltet. Sobald die Temperatur von 100 ° erreicht ist, wird der Strom geschlossen, und es ertönt eine in diesen gleichfalls eingeschaltete Klingel.

Billiger sind die Klammer-Kontaktthermometer, die darauf beruhen, daß eine bei einer bestimmten Temperatur, z. B. 100 ° schmelzende Metallegierung einen elektrischen Strom öffnet oder schließt und ein Klingelsignal ertönen läßt.

Auch das Weylsche Klingelthermometer, das die Firma F. und M. Lautenschläger in Berlin N. 39 herstellt, sei hier erwähnt [1]).

Ganz exakte Messungen ermöglichen kleine Thermosäulen, durch deren Erwärmung elektromotorische Kraft erzeugt wird, die an einem Galvanoskop abgelesen werden kann.

Es wird in der Regel genügen, wenn man bei der Sterilisation von Verbandstoffen unter Benutzung der angegebenen Methoden für je eine der Packungen gleicher Größe und gleichen Inhalts den Nachweis der stattgehabten richtigen Dampfeinwirkung erbringt oder für jede Art Verbandstoffpackung durch entsprechende Versuche in dem zu benutzenden Sterilisationsapparat ein für allemal die Sterilisationsdauer feststellt. Außerdem wird man häufig durch Stichproben, wie S. 256 näher erörtert ist, auf Keimfreiheit prüfen und sich auch auf diese Weise überzeugen, daß die Sterilisation eine einwandfreie war.

Ein Unterschied zwischen gespanntem und ungespanntem Dampf macht sich weiter insofern zugunsten des ersteren bemerkbar, als die durch diesen sterilisierten Verbandstoffe relativ weniger feucht dem Apparat entnommen werden können.

Damit in dem Dampfzuleitungsrohr angesammeltes Kondenswasser nicht in den Sterilisationsraum hineingelangen kann und

---

[1]) Beschrieben „Weyl, Handb. d. Hygiene" Bd. 9. S. 654.

das darin befindliche Verbandstoffmaterial in unnötiger Weise anfeuchtet oder gar durch aus dem Rohre mitgerissene Rostpartikel beschmutzt, empfiehlt es sich, den Dampfzuleitungshahn, unmittelbar bevor dieses Rohr in den Apparat einmündet, anbringen zu lassen, und zwar in Form eines Zweiwegehahns, so daß es möglich ist, den Dampf, solange er noch nicht wasserfrei erscheint, nach außen austreten zu lassen.

Um auch sonst dem Feuchtwerden der Verbandstoffe beim Sterilisieren nach Möglichkeit vorzubeugen, pflegt man sie meist vorgewärmt der Dampfwirkung auszusetzen, ebenso auch das Innere des Dampfapparates vor dem Beginn der Sterilisation vorzuwärmen. Mit einem Mantel umgebene Sterilisatoren ermöglichen das Vorwärmen des Sterilisationsraumes und der hineingebrachten Verbandstoffe in einfacher Weise, indem man den Dampf zunächst nur in den Mantel eintreten läßt. Bei mantellosen Apparaten verfährt man so, daß man den Dampf zwecks Erwärmung des Sterilisationsraumes erst diesen eine Zeitlang durchstreichen läßt, dann den Apparat nach Abstellung der Dampfzufuhr für einen Augenblick öffnet, um ihn mit einem Tuche trocken zu wischen und die anderwärts vorgewärmten Verbandstoffe hineinzubringen.

Was das Vorwärmen der Verbandstoffe anlangt, so muß hier darauf hingewiesen werden, daß es unter Umständen auch nachteilig für die Sterilisation wirken kann.

Rubner[1]) machte zuerst darauf aufmerksam, daß bei der Erwärmung der Sterilisationsobjekte im Dampf bei 100^0 außer der Verdrängung der Luft durch Dampf und dem Freiwerden von Wärme durch Dampfkondensation auch die Hygroskopizität der Objekte einen wichtigen Faktor bildet. In mit Wasser nicht hygroskopisch gesättigten Objekten kann durch Bindung hygroskopischen Wassers eine derartige Temperatursteigerung hervorgerufen werden, daß der auf sie einwirkende gesättigte Dampf in überhitzten verwandelt wird, der ersterem gegenüber eine wesentlich geringere bakterientötende Kraft besitzt (vgl. S. 120). Versuche Rubners ergaben z. B., daß in trockener Wolle, die in den strömenden Dampf von 100^0 gebracht wurde, in einigen Minuten die Temperatur auf 114—115^0 anstieg und sich über eine halbe Stunde auf dieser Höhe hielt. Noch größere Temperaturer-

---

[1]) Hyg. Rundschau 1898. S. 726.

höhungen beobachtete er, wenn die Sterilisationsobjekte vorgewärmt wurden. So stellte er im Innern eines Wollknäuels, das längere Zeit in einem auf 105 ° erwärmten Trockenschrank gelegen hatte und dann in den strömenden Dampf von 100 ° gebracht wurde, nach einer 16 Minuten währenden Dampfeinwirkung eine Temperatur von 147,5 ° fest, die erst im Laufe einer Stunde unter 140 ° herabsank.

Bratz[1]), der, durch die Rubnersche Mitteilungen angeregt, analoge Versuche mit Mull und Watte anstellte, konnte, als er auf 83 ° bzw. 89 ° vorgewärmte Verbandstoffe im strömenden Dampf von 100 ° sterilisierte, in diesen Temperaturen von 117,5 bzw. 122 ° nachweisen. Aus seinen Versuchen zog er den Schluß, daß das Vorwärmen der Verbandstoffe mit Rücksicht auf die dadurch veranlaßte Bildung überhitzten Dampfes zu vermeiden sei.

Beckmann[2]) und Borchardt[3]), die den weitgehenden Schlußfolgerungen Bratz' entgegentraten, sehen dagegen keine Bedenken in dem Vorwärmen, vorausgesetzt, daß der Sterilisationsapparat eine hierfür geeignete Konstruktion besitzt bzw. die Objekte nicht höher als auf etwa 50 ° vorgewärmt werden. Durch ein nur derartig geringes Vorwärmen wird aber der damit beabsichtigte Zweck nach den Ausführungen von Bratz[4]) nicht erreicht.

Als völlig geklärt kann die Frage des Vorwärmens noch nicht betrachtet werden, zumal die genannten Autoren bei der großen Anzahl der angestellten Versuche nur den ungespannten Dampf berücksichtigten.

Nachdem der Dampf im Sterilisationsapparat genügend lange auf die Verbandstoffe eingewirkt hat, stellt man den Dampfzuleitungshahn ab und überbindet die Dampfaustrittsöffnung mit steriler Watte, damit beim Abkühlen des Apparates in diesen nur keimfreie Luft eintreten kann. Erst wenn die Verbandstoffe ziemlich erkaltet sind, werden sie aus dem Apparat herausgenommen.

Vorher kann man noch ein Nachtrocknen des Verbandmaterials in der Weise vornehmen, daß man eine Zeitlang Luft durch den Apparat hindurchsaugt. Dies kann z. B. geschehen, indem die in dessen Deckel angebrachte, für die Einfügung des Thermo-

---

1) Münch. Mediz. Wochenschr. 1901. S. 55.
2) Deutsch. Mediz. Wochenschr. 1903. S. 299.
3) Arch. f. klin. Chirurg. Bd. LXV. S. 545.
4) Arch. f. klin. Chirurg. LXVIII. S. 679.

meters dienende Öffnung mit einer Wasserstrahlluftpumpe verbunden wird. Benutzt man einen Apparat mit Außenmantel, so
ist es zweckmäßig, letzteren, solange Luft durch den Sterilisationsraum hindurchgeleitet wird, zu erhitzen. Bei Apparaten dieser
Art nimmt man meist von dem Durchleiten der Luft gänzlich
Abstand und beschränkt sich darauf, das Nachtrocknen allein
durch die vom Außenmantel ausgehende Wärme zu bewirken.
An einigen Apparaten des Handels ist die Vorkehrung getroffen,

Abb. 101. Verpackungsarten für Verbandstoffe.

daß die hineinzusaugende Luft zunächst eine feine, zum Glühen
erhitzte Platinröhre durchströmt, so daß sterile, mit großem
Trocknungsvermögen ausgestattete erhitzte Luft zur Einwirkung
gelangt. Das nicht zu empfehlende Nachtrocknen der sterilisierten
Verbandstoffe außerhalb des Sterilisationsapparates wird nur als
Notbehelf in Frage kommen.

Zu erörtern bleibt noch, welche Umhüllungs- bzw. Verpackungsarten für die zu sterilisierenden Verbandstoffe geeignet erscheinen.
Verbandmaterial uneingehüllt in den Dampfapparat zu bringen
und erst nach der Sterilisation einzupacken, ist natürlich nicht

zulässig, da mit der Möglichkeit oder sogar der Wahrscheinlichkeit zu rechnen ist, daß es schon während des Einpackens wieder Keime aufnimmt.

In gewissen Fällen, wenn nämlich das sterilisierte Verbandmaterial ohne weiteren Transport zum sofortigen Verbrauch in die Hand des Arztes gelangt, kann es in einfacher Weise mehrmals in Leinwand eingeschlagen und in zugebundenen Spankörben sterilisiert und verabfolgt werden. Letztere erhalten vielfach noch einen Nesselüberzug (s. Abb. 101).

Ferner können für diesen Zweck Metallgefäße benutzt werden, von denen zunächst die in Kliniken und Krankenhäusern viel gebrauchten Schimmelbusch-Büchsen genannt seien (s. Abb. 101). Meist ist rings um den Mantel dieser trommelartigen Büchsen, die einen gut schließenden Deckel haben, für den Dampfeintritt oben und unten je eine Reihe Löcher angebracht, die während der Sterilisation offen bleiben, nach deren Beendigung aber durch einen einfachen Mechanismus geschlossen werden. Kommen in solchen Büchsen größere Mengen von Verbandstoffen in festerer Packung zur Sterilisation, so können, da der Dampf nicht ungehindert von allen Seiten eindringen kann, 20—40 Minuten vergehen, bis er zu den innersten Verbandstoffschichten vordringt. Als vorteilhafter erweisen sich Büchsen, in denen sich die Löcher statt im Mantel im Boden und im Deckel befinden. Auf die Innenseite des Bodens dieser Büchsen wird ein feines Drahtnetz gelegt, damit Teile der Verbandstoffe nicht in die Löcher des Bodens hineingelangen. Bratz [1]) hält viereckige Verbandstoffkästen mit zur Hälfte aufklappbarem Deckel und durchlöchertem Boden, für die zweckmäßigsten, Borchardt [2]) dagegen Kästen, bei denen sowohl Mantel als auch Boden und Deckel durchlöchert sind.

Man kann bei den verschiedenartigen Gefäßen, in denen größere Mengen Watte und Gaze zu sterilisieren sind, das Einströmen des Dampfes in das Verbandmaterial dadurch wesentlich erleichtern, daß es durch hineingebrachte Drahtgestelle von der inneren Gefäßwand ferngehalten wird.

In der Regel wird es sich für den Apotheker darum handeln, auf Vorrat zum Zweck der gelegentlichen Abgabe Verbandstoffe in kleineren Mengen zu sterilisieren. Die einfachsten Gefäße hierfür sind runde Dosen aus verzinntem Eisenblech mit über-

---

[1]) Archiv f. klin. Chirurg. LXVIII. S. 688.
[2]) Archiv f. klin. Chirurg. LXV. S. 540.

greifendem Deckel und verlöteten Falzen. Diese Dosen werden mit dem hineingebrachten, in Filtrierpapier eingeschlagenen Verbandmaterial liegend und ohne Deckel der Dampfwirkung ausgesetzt und nach beendeter Sterilisation durch die mitsterilisierten Deckel sofort verschlossen. Will man von einem Verlöten Abstand nehmen, so verklebt man den Rand zwischen Deckel und Dose mit einem Gipsmullstreifen.

Für Verbandstoffe in Rollenform, insbesondere Mull und imprägnierte Mullsorten verwendet man auch gern die sogenannten Doppel-Schlitzdosen, zwei in ihrer Größe etwas verschiedene, ineinander zu stellende verzinnte Eisenblechdosen, von denen die kleinere zum Durchziehen des Verbandstoffes einen senkrecht im Mantel angebrachten Schlitz hat.

Leichter vollzieht sich das Eindringen des Dampfes in die Verbandstoffe, wenn die verzinnten Eisenblech-Behälter keinen Boden haben, vielmehr aus beiderseits mit übergreifenden Deckeln zu verschließenden Zylindern bestehen. Die in diesen unterzubringenden, ebenfalls mit Filtrierpapier umhüllten Verbandstoffpakete macht man zweckmäßig so groß, daß sie beim Hineinbringen seitlich schwach zusammengedrückt werden müssen. So wird einem unerwünschten Herausgleiten derselben aus dem Zylinder vorgebeugt. Der Verschluß der Zylinder mit den beiden Deckeln nach der Sterilisation geschieht analog wie bei den Blechdosen.

Für die Lieferung an Ärzte hält Ludwig[1]) aus Nickelin gefertigte Gefäße derselben Art für geeigneter. Diese sollen gar nicht durch Dampf leiden und auch nach häufigerem Gebrauch ein sauberes und elegantes Aussehen behalten. Für den nämlichen Zweck können auch die Einmache-Blechbüchsen mit Gummiringverschluß vorteilhaft Verwendung finden.

In der Zentralapotheke der Berliner städtischen Krankenanstalten in Buch werden Watte, Tupfer, Kompressen, Binden, Tampons meist in Einmachegläsern mit Gummiringverschluß keimfrei gemacht. Diese Sterilisationsgefäße, die in verschiedenen Größen und Formen billig im Handel zu haben sind, bieten den schätzenswerten Vorteil, daß man ihren Inhalt von außen zu überblicken vermag. Sie können immer wieder für Sterilisationszwecke benutzt werden; hin und wieder springt einmal ein Deckel, der ebenso wie ein abgenutzter Gummiring billig zu ergänzen ist.

---

[1]) Pharm. Ztg. 1900. S. 53.

Liegend werden sie der Sterilisation unterworfen, und zwar so, daß zwecks Freihaltung einer größeren Spalte für den Dampfeintritt zwischen dem oberen Glasrand und dem an diesen durch einen besonderen Drahtbügel angedrückten Deckel ein kleines Stück eines dickeren Glasstabes geklemmt ist. Nach beendetem Sterilisationsprozeß werden die Gläser mit den Deckeln verschlossen, und über letzteren die gewöhnlichen Drahtbügel befestigt. Tags darauf kommen sie geschlossen nochmals zur Sterilisation. Hierdurch wird erreicht, daß noch einzelne in die Gläser vor ihrem völligen Verschluß etwa eingedrungene Keime vernichtet und die Deckel angesogen werden. Diese Art Sterilisationsgefäße wird der Apotheker auch bei der Lieferung von pro statione verordneten sterilisierten Verbandstoffen verwenden können.

Die Behälter aus Glas zeigen sich, wie hier noch bemerkt sei, denjenigen von Metall auch bei der Sterilisation gewisser imprägnierter Verbandstoffe überlegen. Es mag genügen, daran zu erinnern, daß Jodoformverbandstoffe enthaltende Blechgefäße öfters durch freigewordenes Jod stark angegriffen werden und hierdurch auch zuweilen das eingeschlossene Verbandmaterial äußerlich verunreinigt wird.

Das Bestreben, sterilisierte Verbandstoffe möglichst billig in den Handel zu bringen, hat dazu geführt, daß auch Papierpackungen hierfür in Aufnahme gekommen sind. Vor den vorher erwähnten Metall- und Glasbehältnissen haben diese außer dem mäßigeren Preis noch den Vorteil, daß sie ein geringeres Gewicht haben, sich leichter öffnen lassen und, da sich eine Papierhülle der Form eines Verbandstoffpaketes leicht anpassen läßt, weniger umfangreich sind. Andererseits ist aber in Betracht zu ziehen, daß Papierpackungen im allgemeinen nur eine geringere Widerstandsfähigkeit gegen äußere Einwirkungen haben. Der hierin liegende Nachteil verdient besondere Beachtung, wenn sterilisierte Verbandstoffe in Papierpackungen einen größeren Transport durchzumachen haben oder damit zu rechnen ist, daß sie vor ihrem Gebrauch längere und unbestimmte Zeit lagern.

Papierpackungen werden z. B. so hergestellt, daß das zunächst in Filtrierpapier eingeschlagene und darüber in der Regel verschnürte Verbandmaterial in Pergamentpapierbeutel[1]) mit $\boxed{\times}$-för-

---

[1]) Für das dampfdichte Kleben von Pergamentpapierbeuteln gibt Zelis folgende Vorschrift: Guten Kölner Leim läßt man in kaltem Wasser zu einer gleichmäßigen Masse 1 Tag oder länger völlig aufquellen,

migen Boden gebracht wird, die erst nach beendeter Sterilisation geschlossen werden.

Abb. 102 zeigt zwei weitere Verpackungsarten. Bei der oberen, von Stich empfohlenen, ist die den Verbandstoff einschließende Filtrierpapierhülle an beiden Seiten mit Heftdraht, an dessen Stelle auch Steck- oder Sicherheitsnadeln benutzt werden können, zu-

sammengehalten, während die äußere Hülle von starkem Papier erst nach der Dampfeinwirkung zu schließen ist. Den unteren, von Prof. Perthes angegebenen Verpackungsmodus verwendet die Firma Max Arnold in Chemnitz. [Bei diesem dient zur Aufnahme des gleichfalls in Filtrierpapier eingeschlagenen Verbandstoffpäckchens ein starker Papierbeutel, der, nachdem er gefüllt ist, mittelst eines besonderen Papierstreifens verschlossen wird. In ähnlicher Weise wird von Stich neuerdings die Herstellung eines sterilisierten Impf-

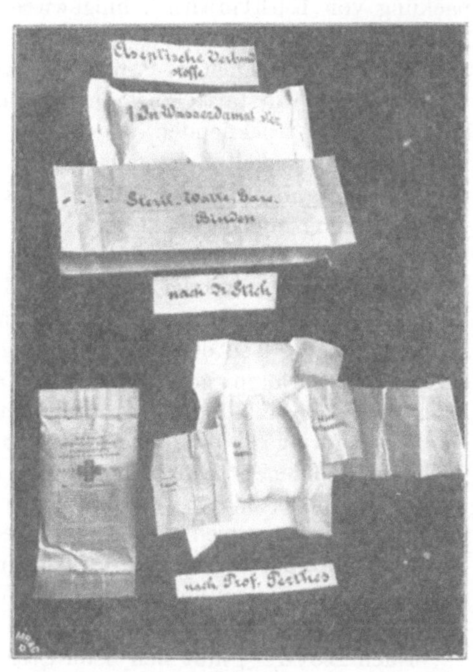

Abb. 102. Papierpackungen für Verbandstoffe.

schutzes empfohlen, bestehend aus einem ovalen, umsäumten Stück Papierwatte, das in einer kleinen Papphülse mit eingestecktem Wattebausch trocken sterilisiert wird. Nach vollendeter Sterilisation wird oberhalb des Wattebausches noch ein Blechröllchen Leukoplast zum Anheften des Schutzwatte zugegeben.

---

schmilzt diese nach dem Abgießen des überstehenden Wassers im kochendheißen Wasserbade und streicht den verflüssigten heißen Leim mit dünnem Pinselstrich auf die zusammenzuklebenden Papierstellen auf. Nachdem man mit dem Falzbein die Klebestellen geglättet hat, bestreicht man diese äußerlich noch mit einem in Formalin getauchten Pinsel.

Nicht unerwähnt soll hier ferner die zweckmäßige W. R-Packung der **Handelsgesellschaft Deutscher Apotheker, G. m. b. H., Berlin**[1]) bleiben, die aus einfacher, eleganter Faltschachtel mit schlitzförmiger Verschlußkappe und verschiebbarer Schutzhülle besteht.

Endlich mag auch noch kurz auf die praktische neue **Klotho**packung von **Kuhlmann**[2]) hingewiesen werden. Bei dieser befinden sich die Verbandstoffe in einem Schlauch von Pergament- oder anderem geeigneten Papier, der nach der Sterilisation an beiden Enden wurstartig zusammengebunden und dann äußerlich mit einer bald trocknenden, einen keim- und luftdichten Überzug bildenden Flüssigkeit behandelt wird.

2. Imprägnierte Verbandstoffe zu sterilisieren, ist, wenn die Imprägnierungsmittel flüchtiger Natur sind, ohne mehr oder weniger großen Verlust an diesen nicht möglich. Der Arzt, der Verbandmaterial anwendet, welches z. B. mit Sublimat, Jodoform, Salizylsäure, Karbolsäure oder Thymol imprägniert ist, muß damit rechnen, daß ein Teil der Imprägnierungsmittel durch die Dampfeinwirkung verloren gegangen ist. **Salzmann**[3]), der Sterilisationsversuche mit Jodoformverbandmaterial anstellte, konnte in einer Jodoformgaze mit einem Gehalt von 12,21 % Jodoform, nachdem strömender Dampf eine halbe Stunde auf sie eingewirkt hatte, nur noch 5,94 % Jodoform nachweisen. **Anselmino**[4]) untersuchte aus verschiedenen Fabriken stammende Jodoformgaze und fand, daß die meisten Proben einen auf die vorgenommene Sterilisation zurückzuführenden, zum Teil beträchtlichen Mindergehalt an Jodoform aufwiesen.

Nach **Heyde**[5]) läßt sich beim Sterilisieren der mit Jodoform imprägnierten Gaze der Verlust an letzterem auf ein Geringes beschränken, wenn man sie in ein geeignetes Stoffmaterial einbettet. Er verwendet hierfür Mull-Wattekompressen, die aus zwei Schichten Mull mit einer zwischen diesen liegenden, 2 cm dicken Schicht Watte bestehen. Trommelartige Drahtkörbe, die mit solchen Mullkompressen allseitig auszulegen sind, verfertigt

---

[1]) Apoth.-Ztg. 1908. S. 811.

[2]) Berichte d. Deutsch. Pharm. Gesellsch. 1911. S. 298 u. Apoth.-Ztg. 1911. S. 302.

[3]) Pharm. Zentralhalle 1892. S. 566.

[4]) Pharm. Zentralhalle 1907. S. 1056.

[5]) Zentralbl. f. Chirurg. 1906. S. 1225.

nach den Angaben von Prof. Friedrich, die Firma Lautenschläger in Berlin N. 39.

Mit Rücksicht darauf, daß die flüchtigen Imprägnierungsmittel sich um so mehr verflüchtigen, je höher die Temperatur des
einwirkenden Dampfes ist, wird man sich bei dieser Art Sterilisation
zweckmäßig auf die Benutzung ungespannten Dampfes beschränken.

3. Nähmaterial. Für die Sterilisation des chirurgischen Nähmaterials sind zahlreiche Methoden bekannt geworden. Entsprechend dem Charakter dieses Buches können nur die wichtigsten
der als bewährt angesehenen Methoden näher beschrieben werden.

Seide wird, auf Glasspulen aufgerollt, zwecks Sterilisation
vielfach in einfacher Weise eine Viertelstunde oder länger mit
Wasser ausgekocht. Ein Auskochen in Sodalösung empfiehlt sich
nicht, weil diese der Seide den Bast entzieht und ihre Festigkeit
beeinträchtigt. Antiseptische Substanzen dem Wasser zuzusetzen
ist ebensowenig angebracht, da die damit imprägnierten Fäden
meist ebenfalls in Bezug auf Widerstandsfähigkeit nachteilig beeinflußt werden oder einen Reiz auf das zu nähende Gewebe ausüben.

Zweckmäßiger als durch Aufkochen wird die Seide durch
halb- bzw. viertelstündiges Erhitzen im ungespannten oder gespannten Dampf keimfrei gemacht. Man setzt die gleichfalls auf
Glasröllchen aufgewickelten Fäden in Reagenzgläsern oder Steckkapselgläsern, die einen Wattepfropfen erhalten, der Dampfeinwirkung aus und verschließt sie nach beendeter Sterilisation durch
eine sterile Gummikappe bzw. Metallkapsel.

Zur Aufbewahrung kann die sterilisierte Seide in steriles
2—5 %iges Karbolwasser oder in eine Lösung aus 1 Teil Sublimat
in 900 Teilen Weingeist und 100 Teilen Glyzerin gelegt werden.
Bewahrt man sie, was vielfach bevorzugt wird, trocken auf, so
ist sie vor dem Gebrauch eine Zeitlang in 0,1 %ige Sublimatlösung einzulegen.

Bemerkt sei noch, daß geflochtene Seide weniger gut die
Sterilisation aushält als gedrellte oder gezwirnte, und daß nur minderwertiges Seidenmaterial im gespannten Dampf angegriffen wird.

Als weitere Sterilisationsmethode für Seide kommt das Erhitzen mit Alkohol unter Druck in Frage, das analog auszuführen
ist, wie es Codex medic. Gallic. für Katgut vorschreibt (s. S. 251).
Ein einfacher und wenig kostspieliger Apparat hierfür ist von
Foederl [1] konstruiert worden.

---

[1] Wiener klin. Wochenschr. 1905. S. 1366.

Das Schwartzsche Sterilisationsverfahren, das schließlich noch angeführt werden soll, besteht darin, daß man die Seide, die vorher mit Seifenspiritus gewaschen wurde und dann einige Zeit in 1—2 %iger Sodalösung lag, mit Glyzerin einige Minuten auf 135—140⁰ erhitzt und, nachdem sie langsam erkaltet ist, mit 5 %igem Karbolwasser wäscht und hierin auch aufbewahrt.

Über die Behandlung der Seide mit Aktollösung nach Credé vgl. Zentralbl. f. Chirurg. 1908, S. 9.

Auf die Silberkautschukseide nach Wederhake[1] kann hier nur hingewiesen werden.

Zwirn wird in gleicher Weise wie Seide meist durch Auskochen mit Wasser oder durch Wasserdampf keimfrei gemacht. Erwähnt seien hier die gläsernen „Ligaturkugeln“ nach Braun. Zwei durch Glasschliff dicht aneinander gesetzte Halbkugeln sind am Schliff mit mehreren Löchern versehen, durch die während der Sterilisation der Dampf eindringt. Nach der Sterilisation wird die Kugel durch Drehung geschlossen. Der Oberteil ist mit einer Öffnung für das Durchziehen des Fadens versehen. Sterilisiert und geschlossen, werden diese Kugeln für den weiteren Gebrauch in Sublimatlösung gelegt.

Silberdraht sterilisiert man in der Regel ebenfalls durch Auskochen in Wasser und bewahrt ihn in 90 %igem Alkohol auf.

Katgut. Da die als Ausgangsmaterial des Katguts dienenden Hammel-, Schaf- und Katzendärme sehr häufig pathogene Keime, darunter nicht selten solche von Tetanus enthalten, muß das Keimfreimachen der Katgutfäden ganz besonders sorgfältig geschehen. Schwierigkeiten bietet die Sterilisation deshalb, weil verhütet werden muß, daß die Fäden an ihrer Festigkeit, Elastizität und Resorbierbarkeit Einbuße erleiden. Heißluft- und Wasserdampfsterilisation, wie auch Auskochen in Wasser können keine Anwendung finden.

Jodkatgut: Am meisten beliebt ist zur Zeit die Sterilisation durch Jod nach folgendem, zuerst von Claudius[2] angegebenen Verfahren: Das Rohkatgut wird auf Glasplatten von etwa 20 cm Länge aufgewickelt, in eine Weithalsflasche mit Glasstopfen gegeben und von einer Lösung aus je 10 g Jod und Jodkalium in 1000 Teilen Wasser soviel hinzugegossen, daß es ganz von Jodlösung umgeben ist. Nach 8 Tagen ist der Faden steril.

---

[1] Zentralbl. f. Chirurg. 1906. S. 939.
[2] Deutsche Zeitschr. f. Chirurg. 1902. Bd. 64. H. 5 u. 6.

Vielfach läßt man ihn 10—14 Tage und auch noch länger in der Flüssigkeit liegen, doch fängt er, wenn die Jodlösung etwa vier Wochen darauf eingewirkt hat, an, brüchig zu werden.

Nachdem der aufgewickelte Faden an dem einen Ende der Glasplatte durchschnitten ist, können die Einzelfäden in keimfreien Fließpapierhüllen in sterilen Gläsern aufbewahrt werden. Vor dem Gebrauch kommen die trockenen oder der Jodlösung direkt entnommenen Fäden in der Regel einige Stunden in 95 %igen Weingeist zwecks Entfernung des überschüssigen Jods, dann noch kurze Zeit in 0,1 %ige Sublimatlösung.

Anstatt der wässerigen Jodjodkaliumlösung, der Schmidt[1]) noch einen Zusatz von Formaldehydlösung und Glyzerin macht, benutzen Burmeister[2]) eine Lösung von Jod in Chloroform, Tanton[3]) eine Lösung von Jod in Aceton, während Kozlowski und Mindes[4]) durch Verwendung einer Benzinjodlösung das Benzinjodkatgut herstellen.

Vorschrift des Codex medicam. Gallic: Das durch Äther völlig entfettete Katgut trocknet man 6 Stunden bei 85° und läßt es über Schwefelsäure im Exsikkator erkalten. Darauf wird es 45 Minuten lang in zugeschmolzenen oder anderweit luftdicht verschlossenen Flaschen mit absolutem Alkohol auf 120° erhitzt. Vor dem Gebrauch ist es eine Viertelstunde in steriles Wasser zu legen. Für die im Alkoholdampf unter Druck vorzunehmende Katgut-Sterilisation sei nochmals auf den von Foederl konstruierten Apparat hingewiesen[5]).

Statt mit Alkohol empfiehlt Guerbet[6]) das Katgut mit Chloroform, Legeu[7]) mit Benzol, Triollet[8]) mit Aceton unter Druck zu erhitzen.

Cumolverfahren nach Krönig. Zwei Stunden im Trockenschrank auf 70° erwärmte Katgutrollen werden in ein Becherglas gebracht und mit Cumol übergossen. Das zur Vermeidung von Entzündung mit einem engmaschigen Drahtnetz bedeckte Becherglas wird auf einem größeren Sandbade vorsichtig erhitzt, so zwar,

---

[1]) Pharm.-Ztg. 1906. S. 439.
[2]) Zentralbl. f. Chirurg. 1906. S. 45.
[3]) Apoth.-Ztg. 1906. S. 391.
[4]) Zentralbl. f. Chirurg. 1906. Nr. 51.
[5]) Wiener klin. Wochenschr. 1905. S. 1366.
[6]) Journ. de Pharm. et Chim. 1902. XVI. Nr. 12.
[7]) Presse médic. 1906. S. 79. ref. Apoth.-Ztg. 1906. S. 134.
[8]) Gazette des hôpitaux 1904. Nr. 37.

daß das Cumol eine Stunde lang 155—165 ⁰ zeigt. Ist nach dem Entfernen der Flamme der Inhalt des Becherglases, das man gegen Keiminfektion durch Auflegen eines Stückes steriler Watte schützt, erkaltet, so bringt man die Rollen zwecks Entfernung des Cumols für einige Stunden in Benzin, dann in die zur Aufbewahrung bestimmten Stöpselgläser. Letztere werden, mit einem Wattepfropfen versehen, bis zum Verdunsten des Benzins gelinde erwärmt, dann mit den sterilisierten Stopfen verschlossen und mit keimfreiem Pergamentpapier überbunden.

Die Verfahren von Lister[1] (Chromsäure- und Sublimatbehandlung), von Stich[2] (Silbernitratbehandlung), von Credé[3] (Aktolbehandlung), von Elsner[4] (Erhitzen mit Ammonsulfatlösung), von Bartlett[5] (Erhitzen mit flüssigem Paraffin), von Lérat[6] (Erhitzen mit Vaselin) und von Budde[7] (trockenes Erhitzen) können hier nur erwähnt werden.

Hingewiesen sei auch noch auf die sehr eingehende Bearbeitung der Katgutsterilistion in dem Gérardschen Buche „Technique de Stérilisation".

Über die spezielle bakteriologische Kontrolle des Katguts vgl. Bertarelli, Zentralbl. f. Bakteriol. Bd. 53, 1910, S. 465.

4. **Drains** werden meist durch Auskochen oder durch Dampf keimfrei gemacht. Barthe[8] empfiehlt, die Drains einzeln mit 5 %igem Karbolwasser in lange Glasröhren zu bringen, letztere, mit Wattepfropfen verschlossen, 1 Stunde auf 120 ⁰ zu erhitzen und dann mit sterilen Kork- oder Gummistopfen zu verschließen.

5. **Schwämme**: Da das Spongin, aus dem das maschenartige Schwammgerüst im wesentlichen besteht, die Dampfsterilisation und auch ein trockenes Erhitzen auf hohe Temperaturen nicht verträgt, bereitet das Keimfreimachen der Schwämme Schwierigkeiten.

Schimmelbusch ließ die Schwämme, in Leinwand eingeschlagen, in 1 %iger Sodalösung einmal aufkochen und nach

---

[1]) Zentralbl. f. Bakteriol. 1909. Bd. 50. S. 620.
[2]) Zentralbl. f. Chirurg. 1906. S. 1209.
[3]) Zentralbl. f. Chirurg. 1908. S. 9.
[4]) Deutsche Med. Ztg. 1901. S. 1177.
[5]) Zentralbl. f. Chirurg. 1905. Nr. 15.
[6]) Journ. de Pharm. de Liège 1909. S. 65 ref. Apoth.-Ztg. 1910. S. 202.
[7]) Veröffentl. aus d. Gebiete des Militär-Sanitätswesens. Heft 41. III. Teil. 1909.
[8]) Gérard, Technique de Stérilisation. 1911. S. 220.

Abstellung des Feuers in dieser Lösung noch eine halbe Stunde liegen, dann mit sterilem Wasser waschen und schließlich in einer antiseptischen Flüssigkeit, z. B. 5 %igem Karbolwasser oder 0,1 %iger Sublimatlösung aufbewahren.

Nach Elsberg werden die Schwämme durch 24stündiges Lagern in 8 %iger Salzsäure vom Kalk befreit, dann nach vorherigem Auswaschen mit Wasser 10—20 Minuten in eine Lösung von 10 g Kal. caustic, 20 g Acid. tannic. in 1 Liter destilliertes Wasser gelegt, hierauf mit Karbol- oder Sublimatwasser so lange ausgewaschen, bis sie die dunkelbraune Färbung völlig verloren haben, und schließlich in 2—5 %igem Karbolwasser aufbewahrt.

Codex medicam. Gallic. gibt für spongiae asepticae folgende Vorschrift: Die durch Klopfen vom Sand befreiten Schwämme werden 12 Stunden in 3 %ige Salzsäure gelegt, dann nach dem Auswaschen so lange mit einer 0,4%igen Permanganatlösung behandelt, bis sie ausgepreßt eine schokoladenbraune Farbe zeigen, darauf ausgewaschen und durch eine wässerige Lösung von schwefliger Säure entfärbt. Schließlich werden sie mit aseptisch gemachten Händen ausgedrückt, mit sterilisiertem Wasser gewaschen und sofort in 5 %iges Karbolwasser, 0,1 %ige Sublimatlösung oder gesättigtes Thymolwasser gebracht.

Das Tyndallisationsverfahren wird vielfach den bisher genannten Methoden vorgezogen, wenn es auch nicht eine völlig sichere Gewähr für erzielte absolute Keimfreiheit bietet. Man kann es in der Weise in Anwendung bringen, daß man die Schwämme, nachdem sie zunächst mit verdünnter Salzsäure behandelt und darauf mit Wasser gewaschen sind, feucht in Glasgefäßen 6—7 Tage lang täglich 1 Stunde auf 65 ° erhitzt.

Wasserstoffsuperoxydlösung in Verdünnung mit drei Teilen Wasser hat sich bei 24stündiger Einwirkung auch als recht brauchbares Sterilisationsmittel für Schwämme erwiesen.

H. Prüfung der Arzneimittel und Verbandstoffe auf Keimfreiheit.

Nur ausnahmsweise wird es sich darum handeln, zu prüfen, ob ein Arzneimittel (z. B. Äther), ohne daß es einen Sterilisationsprozeß durchgemacht hat, als keimfrei angesehen werden kann. In der Regel wird die Prüfung auf Keimfreiheit auf sterilisierte bzw. als sterilisiert bezeichnete Arzneimittel und Verbandstoffe beschränkt bleiben. Diese können entweder frisch sterilisiert oder nach einer kürzeren oder längeren Aufbewahrung zur Untersuchung gelangen. Im ersteren Falle beweist ein positiver Untersuchungsbefund, daß die Sterilisation eine unvollkommene war, während ein festgestellter Keimgehalt in Sterilisationsobjekten, die eine Zeitlang gelagert haben, auch auf eine nachträgliche Infektion von außen infolge ungeeigneter Aufbewahrung (z. B. in Flaschen mit nicht keimdichtem Verschluß) zurückzuführen sein kann.

Bei Flüssigkeiten macht sich eine Verunreinigung durch Keime häufig schon durch Veränderung der Farbe oder Auftreten eines Geruches und einer Trübung bemerkbar. Mitunter bildet sich auch ein wolkiger, mehr oder weniger dichter, gewöhnlich aus sedimentierten Keimen bestehender Bodensatz, während die überstehende Flüssigkeit klar sein kann. Bei grober Verunreinigung ist es möglich, die betreffenden Flüssigkeiten direkt mikroskopisch zu untersuchen, indem man einen Tropfen davon möglichst vom Boden des Gefäßes mit steriler langer Pipette entnimmt und auf ein Objektglas bringt, um ihn entweder gefärbt oder ungefärbt unter dem Deckglase zu untersuchen.

Findet man bei dieser mikroskopischen Untersuchung keine Keime, so bringt man, indem man genau so verfährt, wie über das Abimpfen der Röhrchen S. 37 gesagt ist, einige Tropfen der Flüssigkeit in ein Reagenzglas mit Nährbouillon. Dieses wird 2—3 Tage bei 37—38⁰ in den Brutofen gestellt und täglich 1—2 mal betrachtet. Zeigt sich der Inhalt des Glases völlig klar, so darf mit Wahrscheinlichkeit auf Keimfreiheit der Flüssigkeit geschlossen werden. Eine entstandene mehr oder weniger starke Trübung deutet dagegen auf einen größeren oder geringeren Keimgehalt, der dann mikroskopisch näher festgestellt werden kann.

Statt Nährbouillon kann man auch verflüssigte Nährgelatine oder Nähragar mit der zu prüfenden Flüssigkeit abimpfen und weiterhin das S. 34 beschriebene Plattenausgußverfahren anwenden.

Vermutet man nur einen geringen Keimgehalt, so entnimmt man, damit die Untersuchung ein zuverlässigeres Resultat ergibt, mit einer sterilisierten Pipette, und zwar am besten vom Boden des Gefäßes, etwa 10 ccm Flüssigkeit, vermischt diese in einem Erlenmeyerschen Kolben mit etwa 50 ccm verflüssigter Nährgelatine und betrachtet die Entwickelung der Kolonien.

Bei Untersuchungen von Gelatine-Injektionsflüssigkeit ist es von größter Wichtigkeit, unter Anwendung einer der auf S. 38 für die Anaërobenzüchtung angegebenen Methoden auch auf Tetanuskeime zu fahnden. Für die Erzielung eines sichereren Prüfungsergebnisses empfiehlt sich hier gleichfalls ein Arbeiten mit größeren Mengen des Untersuchungsmaterials. Haben sich in den abgeimpften und von Sauerstoff befreiten Reagenzgläschen oder Kölbchen nach 48 Stunden im Brutschrank Kolonien entwickelt, wird zunächst mikroskopisch mit Hilfe von Deckglaspräparaten festgestellt, ob borstenförmige, sporentragende Bazillen vorhanden sind, und dann die Impfung von Versuchstieren (Meerschweinchen und Mäusen) vorgenommen.

Wurde mikroskopisch das Vorhandensein einer größeren Menge anderer Keime festgestellt, so kann man letztere dadurch für die mikroskopische Untersuchung ausschalten, daß man den Kolben eine Stunde lang auf ein vorher auf 80⁰ erhitztes Wasserbad stellt. Darauf wird der Kolben aufs neue in den Brutofen gesetzt und die eventuell neu ausgewachsenen Kolonien für die mikroskopische Prüfung und das Tierexperiment verwertet.

Ölige Körper kann man in ungefärbten Präparaten mikroskopisch untersuchen. Auch hier nimmt man das Prüfungsmaterial möglichst von einem etwa vorhandenen Bodensatze. Zur Prüfung auf dem Wege des Kulturverfahrens werden Öle am besten mit verflüssigtem Gelatine- oder Agarsubstrat emulgiert und die Emulsionen oder Verdünnungen dieser auf Platten ausgegossen.

Bei der Prüfung pulver- und tablettenförmiger Substanzen auf Keimgehalt verspricht das mikroskopische Verfahren, abgesehen von dem Nachweis von Schimmelpilzen, keinen Erfolg, wohl aber das Kulturverfahren. Man bringt in verflüssigte Gelatine- oder Agarnährböden 3—5 Ösen des Pulvers, macht Verdünnungen und gießt nach guter Durchmischung auf Platten aus. Den einzelnen auf den Platten feinverteilten Pulverkörnern etwa anhaftende Keime gehen dann als Kolonien auf. Bei Bolus kommt auch die Prüfung auf Tetanuskeime in Betracht.

Salben, Pasten, Pflaster werden durch gelindes Erwärmen verflüssigt und erforderlichenfalls mit sterilem Öl verdünnt. Darauf schüttelt man sie mit 40⁰ warmer Agarlösung und legt Kulturen damit an. Auf der Platte lassen sich die ausgewachsenen Kolonien von den Fettröpfchen leicht durch ihren geringeren Glanz, größere

Rauheit der Oberfläche und erheblichere Undurchsichtigkeit unterscheiden und als Bakterienhaufen erkennen.

Bei den Verbandstoffen kann oft schon Auge oder Nase eine Keimverunreinigung wahrnehmen. Ein großer Teil der Luftkeime, von denen gelegentlich eine Infektion ausgeht, bildet gelbe, rote, grüne und schwärzliche Farbstoffe und erzeugt auf dem Verbandmaterial Flecken in den genannten Farbennuancen. Manche Keime, namentlich Anaëroben verbreiten einen üblen Geruch; Schimmelpilze riechen eigenartig muffig.

Zur Prüfung auf Keimfreiheit befreit man ein Verbandstoffpaket mit sterilen Händen von seiner Hülle und entnimmt mit steriler Pinzette oder Schere, namentlich den eventuell verfärbten Stellen kleine Stückchen. Diese bringt man, wie vorher für die Arzneimittel angegeben ist, in sterile Nährbouillon oder verflüssigte Nährgelatine oder Agarlösung.

Bei Katgut ist beobachtet worden, daß eine Trübung im ersten abgeimpften Bouillonröhrchen nicht eintrat, wohl aber in einem zweiten, aus diesem überimpften Röhrchen. Den Grund hierfür hat man dem antiseptischen Stoffe zugeschrieben, der dem Katgut anhaftete. Es ist daher ratsam, unter Umständen das Untersuchungsmaterial, bevor es für den bakteriologischen Versuch verwendet wird, einige Stunden mit Wasser bei etwa 30^0 zu digerieren.

Eine verdienstvolle Arbeit, hinzielend auf die Erkennung der Keimfreiheit in flüssigen Heilmitteln, lieferte B. Gosio: Indikatoren des Bakterienlebens und ihre praktische Bedeutung [1]). Als Ausgangspunkt für seine Untersuchungen benutzte Gosio die Erfahrung, daß Tellur- und Selenverbindungen im lebenden Organismus zersetzt werden [2]), eine Beobachtung, die eine weitere Begründung erfahren hatte durch die Untersuchungen von Beyer [3]), wonach eine Pigmentation der Zellen eintritt, die in Berührung mit gewissen Präparaten der genannten Metalloide gestanden haben. Als für unsere Betrachtungen wichtiges Resultat der genannten und weiteren Arbeiten erwähnen wir die Feststellung der Tatsachen,

---

[1]) Zeitschr. für Hygiene und Infektionskrankheiten. 1905. S. 70.

[2]) K. Hansen, Versuche über die Wirkung des Tellurs auf den lebenden Organismus. Ann. der Chemie und Pharm. 1853. Bd. LXXXVI.

[3]) J. L. Beyer, Durch welchen Bestandteil der lebendigen Zellen wird die Tellursäure reduziert? Archiv für Physiologie von Du Bois-Reymond. 1895.

daß die reduzierenden Eigenschaften „wachsender" Bakterien mittelst Natrium selenosum (Na_2SeO_3) und tellurosum (Na_2TO_3) demonstriert werden können, und daß diese reduzierende Wirkung nicht von den Stoffwechselprodukten der Bakterien herrührt, sondern daß gerade nur sie die Prozesse der lebenden Bakterienzelle sind, welche diese Reaktion auslösen.

B. Gosio erkannte nun in diesen Verbindungen ein Reagenz, welches gestattet, noch eine äußerst geringe Bakterienentwicklung zu erkennen. Es ist erforderlich, daß das Reagenz sehr weit verdünnt (1 : 50000—100000) zur Anwendung kommt, um eine Giftwirkung auszuschalten. Auch dürfen andere bakterizide Substanzen nicht anwesend sein.

Zu berücksichtigen ist endlich, daß die Dosis des Tellurzusatzes nicht über die Grenzen hinausgehen darf, jenseits welcher die in Frage stehenden Mikroorganismen sie nicht mehr vertragen.

Die praktische Bedeutung des biotellurischen Reagenzes Gosios geht zunächst dahin, Serumpräparate als keimfrei zu erkennen, und zwar bedarf es für die Funktion des Indikators äußerst geringer Mengen (1 : 100000). Zusatz von 0,5—1% Rohrzucker soll die Empfindlichkeit noch um das Dreifache steigern. Sera, die beim Lagern keine Bräunung oder schwärzliche Wölkchen zeigen, würden als steril zu bezeichnen sein, auch wenn sie trübe wären. 181 Keime wurden auf die Reaktionsfähigkeit gegen Selenite und Tellurite geprüft und so deren Indikationswert erkannt. Natürlich sind auch chemische und physikalische Einflüsse zu berücksichtigen, die zur Reduktion der selenigen und tellurigen Salze führen können, wie reduzierende Säfte der pflanzlichen und tierischen Gewebe, Erhitzung, längeres Einwirken gesteigerter Temperaturen, Einwirkung eines Vakuums auf lange Dauer.

Zur Auslösung der biotellurischen Reaktion wird ferner eine gute Entwicklung der Keime gefordert, ihr Stoffwechsel muß rege sein. Latente Formen, wie Sporen, vermögen sich nicht oder nur unsicher an der Reaktion zu beteiligen.

Der mikrobiologische Nachweis nach Gosio erfährt demnach eine für die pharmazeutische Praxis weitgehende Einschränkung und darf zunächst als bedeutsamer Versuch bezeichnet werden für eine Kontrolle der Sera. Als Indikator für lebende Keime in vorrätig gehaltenen sterilisierten Flüssigkeiten, die zumeist einer höheren Temperatur ausgesetzt sind, dürfte er in der ausgearbeiteten

Form nicht in Frage kommen. Besonders spricht auch die lange Beobachtungsdauer von 5—6 Tagen und die Forderung einer günstigen Wachstumstemperatur dagegen.

Für den Keimnachweis in Flüssigkeiten, die durch Wärme sterilisiert sind, bleibt der Kulturnachweis herausgegriffener Stichproben bestehen.

Anhang.
Zur Desinfektion der Hände.

Für den Apotheker hat die Desinfektion der Hände nicht nur beim bakteriologischen Arbeiten, sondern auch bei der Ausführung gewisser pharmazeutischer Arbeiten praktische Bedeutung. Es mag hier z. B. an die Anfertigung von Wundstäbchen erinnert werden. Auch bei der Sterilisation der Verbandstoffe ist Wert darauf zu legen, daß die Sterilisationsbehälter (Metallbüchsen, Gläser usw.) durch desinfizierte Hände aus dem Apparat genommen und geschlossen werden.

Ein näheres Eingehen auf die umfangreiche, über die Händedesinfektion vorliegende Literatur, die namentlich den Chirurgen angeht, ist hier nicht möglich. Insbesondere können auch die theoretischen Ansichten über die Wirkung der bekannten bakteriziden Substanzen als Hautdesinfektionsmittel nicht erörtert werden, zumal, wie schon ausgesprochen wurde, der Einfluß dieser Substanzen auf die Lebenstätigkeit der Mikroorganismen nur in einigen Richtungen untersucht ist. Die Adsorption der Mikroorganismen, ihre Permeabilität und die im Innern des Protoplasmas ruhenden Faktoren entziehen sich in ihrer Bedeutung als solche und in ihrer Korrelativwirkung noch vollkommen unserem Einblick [1]).

Die Abtötung der Keime an den Händen ist eine schwierige Aufgabe. Daß die chemischen Desinfektionsmittel für diesen Zweck nur Unvollkommenes leisten, liegt zunächst darin, daß ihre Lösungen keine sehr intensive bakterizide Kraft besitzen und ihre Wirkung nur langsam entfalten. Weiter ist zu berücksichtigen, daß die Keime vielfach tief in den Schrunden und Rissen der Haut sitzen und überdies vom Hautfett umgeben sind. Dieses bietet ihnen direkten Schutz, sofern wässerige Lösungen von Chemikalien zur

---

[1]) Vgl. Fußnote auf S. 125.

Einwirkung gelangen. Bereitet man dagegen die Lösungen mit Alkohol, so erhält man zwar Desinfektionsflüssigkeiten, die das Hautfett lösen, die aber den wässerigen Lösungen beträchtlich an keimtötender Wirkung nachstehen.

Da die Hände sich umso leichter keimfrei machen lassen, je glatter sie sind, ist es angezeigt, sie häufiger einzufetten und hierdurch dafür zu sorgen, daß die Bildung von Rissen und Schrunden möglichst unterbleibt.

Ein Nachteil der chemischen Desinfektionsmittel macht sich bei der Händedesinfektion auch insofern bemerkbar, als die Haut mancher Menschen gegen gewisse Mittel große Empfindlichkeit zeigt. So wird z. B. Sublimat selbst von gut gepflegten Händen oft nicht vertragen.

In Anbetracht der wenig befriedigenden Wirkung, welche die Chemikalien beim Keimfreimachen der Hände zeigen, sucht man vielfach auch auf physikalischem Wege die Keime in der Weise unschädlich zu machen, daß man durch Schaffung einer Hautschutzdecke auf die Verhinderung bzw. Herabsetzung der Keimabgabefähigkeit hinwirkt. Diesem Zwecke dient z. B. das nach den Angaben von Klapp und Dönitz[1] hergestellte und von der Firma Krewel in Köln in den Handel gebrachte Chirosoter, das aus einer auf die Haut aufzusprayenden Lösung von verschiedenen wachs- und balsamartigen Stoffen in Tetrachlorkohlenstoff besteht und der Haut eine dauerhafte Imprägnation verleiht.

Aber auch das Vorgehen auf physikalischem Wege leistet keine Gewähr für sicheren Erfolg, es muß vielmehr mit der Tatsache gerechnet werden, daß es bisher keine Verfahren gibt, eine absolute Keimfreiheit der Hände zu erreichen[2].

Die Händedesinfektion beginnt mit einer Reinigung und eventuell auch Kürzung der Fingernägel; hierauf folgt meist ein gründliches Waschen und Bürsten mit warmem Wasser und Seife. Es ist ratsam, die Bürsten in einem Tonbecken oder aseptischen Handbürstenbehälter, wie sie die Handlungen für ärtzliche Instrumente führen, unter 1%iger Sublimatlösung aufzubewahren. Letztere färbt man zum Unterschied von der rötlich gefärbten

---

[1] Deutsche med. Wochenschr. 1907. Nr. 34.
[2] Vgl. Paul u. Sarwey, Münch. med. Wochenschr. 1899. Nr. 49 u. 51. 1900. Nr. 27—31. 1901. Nr. 37 u. 38 u. Kutscher, Berliner klin. Wochenschr. 1910. S. 82.

0,1 %igen Lösung vorteilhaft schwach mit Smaragdgrün. Für die Weiterbehandlung der mit Seife gereinigten Hände kommt u. a. in Betracht Alkohol von 80—95 %, ferner wässerige Lösungen von 0,1—0,2 % Sublimat, von je 0,1 % Quecksilberoxyzyanid oder von Sublamin (Quecksilbersulfat — Äthylendiamin) oder

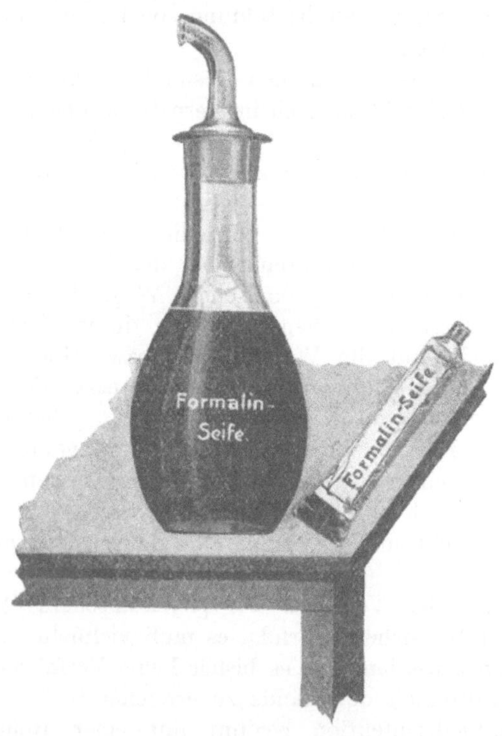

Abb. 103. Pasteurflasche zur aseptischen Seifenentnahme.

eine 10 %ige Wasserstoffsuperoxydlösung.   Auch 1—3 %ige flüssige Formalinseife kommt häufig zur Benutzung. Erwähnt seien ferner die von der Firma Bayer in Elberfeld hergestellten Afridolseife[1]), die 4 % oxyquecksilber-o-toluylsaures Natrium enthält; ferner die nach den Angaben von Selter bereitete und von der chemischen Fabrik Marquardt in Beuel bei Bonn in den Handel

---

[1]) Apoth.-Ztg. 1910. S. 930.

gebrachte fettsaure Alkoholpaste „Chiralkol"[1]), die durch Lösung von 14 Teilen Kernseife in 86 Teilen absolutem Alkohol in der Wärme erhalten wird.

Im folgenden seien noch einige bekannte Vorschriften für die Händedesinfektion wiedergegeben:

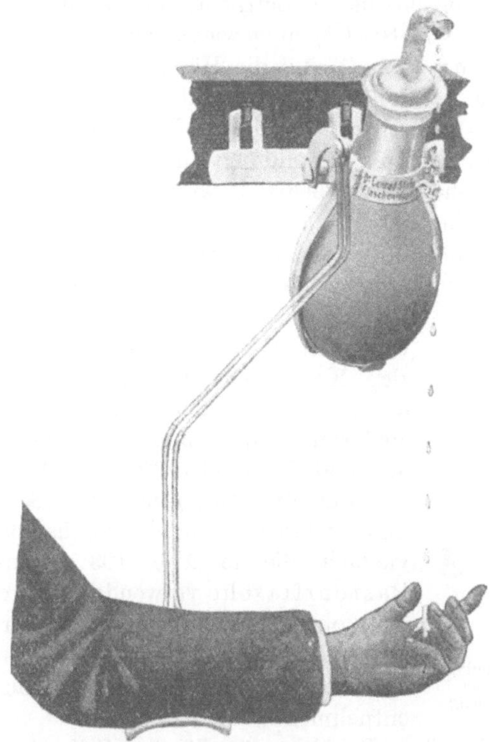

Abb. 104. Kippapparat zur aseptischen Seifenentnahme nach Dr. C. Stich.

Nach Ahlfeld[2]) sind die Hände zunächst drei Minuten mit sehr warmem Wasser und Seife zu waschen und eventuell auch zu bürsten, darauf mit klarem Wasser abzuspülen und dann mit 96 %igem Alkohol unter Benutzung von handgroßen Flanell-läppchen abzureiben. Rauhe Hände sind je fünf Minuten zu waschen und darauf ebenso lange mit Alkohol zu bürsten.

[1]) Deutsche med. Wochenschr. 1910. S. 1563.
[2]) Deutsche med. Wochenschr. 1895. S. 851. 1896. Nr. 6 u. 1897. S. 113.

Nach **Fürbringer** [1]) werden die mit warmem Wasser und Seife gewaschenen und gebürsteten Hände nacheinander je eine Minute lang mit 80 %igem Alkohol und 0,2 %iger Sublimatlösung behandelt.

Nach **Mikulicz** [2]) kommt für die Händedesinfektion ausschliesslich Seifenspiritus in Betracht, auf dessen Vorzüge erst kürzlich wieder von **Siek** [3]) hingewiesen wurde.

Nach **Schumburg** [4]) sind die Hände mehrere Minuten lang mit 96 %igem Alkohol zu waschen oder unter Benutzung eines Wattebausches abzureiben. Bei diesem Verfahren, das namentlich in der Militärchirurgie Anwendung findet und u. a. auch von **Kutscher** [5]) sehr günstig beurteilt wurde, ist ein vorheriges Erweichen der Haut durch Waschen mit Seife zu vermeiden. Zusätze von Äther oder Salpetersäure oder Formalin, die **Schumburg** anfangs dem Alkohol machte, haben sich zwecklos erwiesen. Nach **Kutschers** Ansicht wirkt der Alkohol nicht durch seine bakterizide Kraft, seine Wirkung besteht vielmehr in seiner fettlösenden, mechanisch reinigenden, epidermislösenden und vor allem schrumpfenden und fixierenden Eigenschaft.

Für die Entnahme von Seifenlösungen und anderen Desinfektionsflüssigkeiten wird vielfach die in Abb. 103 veranschaulichte Pasteurflasche verwendet. Aus dieser kann man, ohne sie mit der Hand zu berühren, mit Hilfe des von **Stich-Leipzig** konstruierten Kippapparates den Inhalt, wie Abb. 104 zeigt, entnehmen.

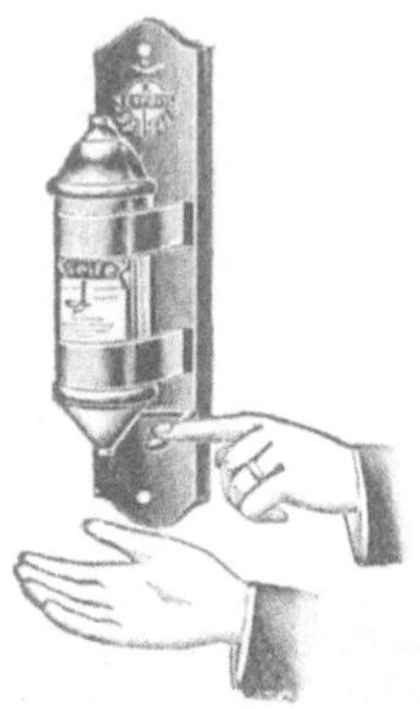

Abb. 105. Seifenpulver-Sparautomat von A. Bester, Leipzig.

Als praktischer Behälter für flüssige Seife hat sich der von der Berliner Apparatebau-G. m. b. H., Berlin N 24, hergestellte **Seifen-Liquidon** und für Seifenpulver der **Sparautomat Express** (Abb. 105) der Firma A. Bester, Leipzig, Nordplatz 1, bewährt.

---

[1]) Deutsche med. Wochenschr. 1897. S. 81.
[2]) Deutsche med. Wochenschr. 1899. S. 385.
[3]) Deutsche med. Wochenschr. 1911. S. 789, ref. Apoth.-Ztg. 1911. S. 402.
[4]) Deutsche med. Wochenschr. 1908. S. 330 u. 1910. S. 1075.
[5]) Berliner klin. Wochenschr. 1910. S. 82.

Register.